단순하게 살기

Radical Simplicity

단순하게 살기

국립중앙도서관 출판시도서목록(CIP)

단순하게 살기 /
짐 머켈 지음 ; 홍대운 옮김.
— 서울 : 황소자리 출판사, 2005 p. ;   cm

원서명 : Radical simplicity
원저자명 : Merkel, Jim
ISBN : 89-91508-08-1 03530

331.4-KDC4
304.2-DDC21   CIP2005001839

일러두기
저자는 생태 발자국을 측정할 때 도량형 단위를 한 가지로 통일할 것을 권한다.
이 책 한국어판에서는 부록 A의 표 A-7을 근거로 하여 미국식 표준 단위를 한국식 미
터법으로 변환, 적용했다.

단순하게 살기

Radical Simplicity

짐 머켈 | 홍대운 옮김

당신의 생태 발자국을 줄여라!

황소자리

　　스웨덴 스톡홀름에 있는 로열 바이킹 호텔, 나는 거물급 중역들 사
이에 끼여 벨기에식 흑맥주를 마셨다. 1989년 3월이었다. 수중뿐만
아니라 전투 군함 갑판에서도 사용할 수 있는 군사용 컴퓨터 설계를
끝낸 지 얼마 안 된 터라 널찍하고 호화로운 바에 앉아서 숨을 돌린다
는 건 여간 기분 좋은 일이 아니었다. 충격에 견딜 수 있도록 표면이
울퉁불퉁하게 설계된 이 컴퓨터는, 손 안에 쏙 들어가는 크기의 암호
처리 알고리듬이 내장되어 있어서 공중전화 송화기에도 부착하여 암
호를 전송할 수 있었다. 원자폭탄이 터져도 끄떡없을 물건이었다. 별
생각 없이 호텔 방을 둘러본 다음 감시하는 사람이 아무도 없다는 확
신이 들자, 나는 작은 수첩을 펼쳐들고 외국군을 상대로 실시할 세일
즈 절차를 되새겼다.

　　다음날은 스위스 군 최고 고관들을 몇 만나서 내가 설계한 지능적
인 알고리듬이 가진 극비 기능을 선보일 것이었다. 거래가 성사될 수

도 있지만, 그들이 이쪽 의도를 간파하고 유럽 쪽 경쟁사와 맺은 거래를 철회하지 않을 확률이 더 높았다. 고용주인 TRW측과 컨설턴트들이 내게 충분히 설명해준 상황이었다. TV에서 맥주 광고가 나왔고, 나는 생각난 듯이 맥주를 들이켰다. 그때 갑자기 뉴스 속보가 화면에 뜨더니 엄청난 양의 시커먼 기름으로 뒤덮인 곳으로 장면이 이어졌다. 가마우지들이 원유를 흠뻑 뒤집어쓰고 있었고, 갈매기들은 울부짖으면서 기름이 묻지 않은 깨끗한 해변으로 이동하느라 버둥거리며 느릿느릿 움직이는 중이었다. 험준한 알래스카 산맥이 배경으로 어렴풋이 보였다. 숲은 이리들의 천국이고, 강물에는 연어가 펄떡거리며, 회색 곰을 볼 수 있는 곳, 알래스카. 어린 시절, 누구나 꿈에 그려보는 곳!

TV 화면에서는 보도 기자들이 엑손 발데즈 호의 선원들을 상대로 사고의 책임 소재를 추궁하고 있었지만, 거울에 비친 값비싼 술집 내부를 건너다본 순간, 잘못은 바로 내게 있다는 걸 깨달았다. 나는 운전도 하고 비행기도 탄다. 작년만 해도 국내선 4회, 국외선 3회였다. 내가 만일 변호사고 고통스러워하는 열두 마리의 고래들이 배심원이라면, 나는 그들 앞에서 어떤 변론을 할 수 있겠는가? 내가 소비하는 모든 물건에 화석 연료가 들어간다는 걸 아는데 말이다. 물론 나 말고도 산업화된 세계 전체가 기소되어 법정에 서야 할 것이다. 최고의 기동력, 최고의 진보, 최고의 성장을 요구하는 세계가 바로 우리를 이런 재앙으로 몰아넣은 것이니 말이다. 하지만 그 순간 내 머릿속에 떠오른 것은 나 혼자라도 나서서 이 피해를 자백해야겠다는 생각뿐이었다.

다음날, 일을 마치고 캘리포니아로 돌아왔다. 비행기가 착륙하면서 흔들리는 바람에 잠에서 깨어났다. 꿈에서 나는 공항 주차장에 주차되어 있던 차가 사라져서 마치 무거운 짐에 허덕이는 나귀처럼 땀범벅이 된 채로 산 루이스 오비스포San Luis Obispo 거리를 걸어 집으로 가고 있었다. 이상한 꿈이었다. 하지만 차는 그대로 있었다. 먼지를 뒤집어쓴 채였지만 여전히 내 생활의 큰 부분을 차지하는 존재. 나는 곧바로 회사로 차를 몰아 일급비밀 보관함에 암호 알고리듬을 안전하게 보관한 다음 집으로 와서 차를 주차시켜놓았다. 집 안에는 독신 남자가 쓰는 텅 빈 찬장뿐, 서둘러 처리할 일이 아무것도 없었으므로 자전거에 짐바구니를 싣고 상점에 갔다. 여전히 이상한 꿈을 계속 꾸고 있는 듯한 기분이 들었다. 화학 비료에서부터 운반, 가공 처리, 포장 그리고 시리얼 박스 안에 경품용으로 들어 있는 조그만 플라스틱 장난감에 이르기까지 슈퍼마켓은 석유와 관련된 제품 투성이였다. 갑자기 원유로 범벅이 된 가마우지 한 마리가 시리얼 상자에서 툭 튀어나와 시리얼 그릇 속으로 풍덩 빠지는 모습이 떠올랐다.

아무것도 사지 못하고 거길 나와 건너편에 있는 쿠에스타 조합 매점으로 갔다. 채소들도 석유와 완전히 무관한 건 아니었지만, 그곳 제품은 지방에서 나는 100퍼센트 유기농 채소들이었다. 포장된 제품은 하나도 사지 않은 채 바구니 네 개를 가득 채운 나는 자전거를 몰아 집으로 돌아왔다. 다음날 아침, 평소보다 10분 일찍 집에서 나와 굽이치는 푸른 언덕의 공기를 들이마시며 신선한 안개에 싸인 조용한 거리를 자전거로 달렸다

그때부터 내 저녁 시간은 사람들을 만나 정보를 나누는 것으로 채워졌다. 한 친구가 시에라클럽Sierra Club(미국에서 생겨난 세계적 환경 운

동 단체. 금광 개발로 서부 삼림 지대가 훼손되자 이를 지키기 위해 모임을 만든 것이 시에라클럽의 효시이다—편집자) 행정위원회 임원 자리를 제안해왔고, 나는 곧 산타루치아 지부의 부회장이 되었다. 대학생들, 진보적 성향의 변호사 한 명과 함께 대안교통수단프로젝트ATTF 팀을 구성한 뒤 자전거 전용 도로망 조성 계획안을 작성했다. 그것은 우리가 꿈꾸는 가공할 만한 최신식 교통 시스템이었다. 대담하게도, 우리는 시의 연례예산심의회에 참석하여 자전거 사용 시스템에 할당된 예산을 20배 늘려달라고 요구했다. 시의회 간부들이 빼곡히 앉은 심의실에서 실업가들이 입는 줄무늬 양복에 강한 인상을 주는 타이를 매고 들어가 간접비와 관련한 알록달록한 차트를 선보인 우리는 결국 우리 계획을 관철시켰다. 그날 저녁, 수십 명의 자전거 행동주의자들이 작은 술집에 모여 첫 승리를 축하했다. 자전거 전용 도로를 조성하기 위한 예산을 한 해 2만 달러에서 20만 달러로 10배 늘리기로 한 것이다. 첫 승리를 축하하면서 마신 맥주는 지방의 소규모 양조장에서 제조한 것이었다.

《나의 모든 것*All of Me*》에서 릴리 톰린Lily Tomlin과 스티브 마틴Steve Martin은 하나의 마음으로 여러 가지 생각을 품는 것은 괴로운 일이라고 썼는데, 나 또한 그랬다. 낮에는 레이건을 지지하는 세일즈맨으로 군을 상대로 제트기를 타고 다니며 세일즈를 하고, 밤에는 피 끓는 평화주의자, 환경과 채식주의의 열렬한 신봉자가 되었다. 1989년 7월, 마침내 나의 이중적인 삶은 끝이 났다. 나는 블라인드를 내리고 집 안에 틀어박혀서 기계공학과 경제학 교과서들을 모두 찢어버렸다. 환경운동가를 자처하는 내가 관심 있는 것은 내게 필요한 최소한의 것이었지만, 세일즈맨으로서 나는 얼마나 벌 수 있느냐에 몰두했다. 장·단기 계획에 합당한 당월 현금 유동량을 계산해본 뒤 엔지니어인 나는 그 도전에 부담을 느꼈고, 환경을 생각하는 내 삶이 지구 환경에 걸맞는 소박하고 자유로운 것이기를 원했다. 자전거 전용 도로나 노령 천연림 조성 프로젝트를 위해 자유롭게 투쟁하고 싶었고, 어느 때든 자전거를 타고 알래스카로 떠날 수 있는 여유를 누리길 원했다. 그러나 세일즈맨인 또 다른 나는 주식 시장이 폭락해도 끄떡없는 견고한 경제적 안정을 바랐고, 새로이 깨닫게 된 비현실적이고 근시안적인 열정 때문에 경제적 여유를 잃어버리고 싶지 않았다.

어두운 밀실 같은 군 장비 세일즈 분야의 일을 마무리한 뒤, 나는 스스로에게 폭력적이지는 않지만 아주 비중 있는 제한을 가할 계획을 세웠다. 이 계획에 따르면 나는 살인 청부업자들을 재정적으로 원조하는 일에서 손을 떼야 했고, 무엇보다 계획 자체가 제도적으로 가족과 국가, 생태계의 평화를 증진시키는 체제를 갖추어야 했다.

나는 최종 계획안을 뚫어지게 바라보았다. 이것저것 빼고 더한 계산서와 계산기가 침대 위에 널브러져 있는 가운데 나의 계획이 모양을 갖추기 시작했다. 너무 쉬워 보였다. 정부에서 세금을 물리지 않을 만큼만 수입을 올리면 되는 것이다. 그렇게 하면 탐나는 자원이 묻혀 있다고 해서 그 주변에 사는 죄 없는 농부들에게 폭격을 가하거나 총을 들이대는 일에 내가 가진 돈 중 동전 한 푼도 들어가지 않을 것이었다. 그건 그렇고 어떤 방법으로 평화를 증진시킬 것인가? 나는 마음속 소리에 귀기울여 보았다.

"평화를 증진시키려면 공평한 삶을 살아야 한다." 내게 돌아온 대답은 이러했다. 그리고 나는 환경 운동을 하기 위해 쌓아놓은 책자 중에 세계 인구의 연평균 임금이 4,500달러라는 내용이 있었다는 사실을 곧 기억해냈다. 그러자 살인 청부업자들을 지원하는 일을 하지 않고도 보통 가족들과 비슷한 수준으로 살 수 있다는 커다란 깨달음이 가슴을 쳤다. 나는 계산기를 집어들었다. 그러고는 전후 황폐화된 이탈리아에서 침대보를 팔았던, 영화 〈자전거 도둑〉에 나오는 아내처럼 내가 가진 재산을 모두 표로 작성했다. 그 뒤 부채가 될 것으로 예상되는 사항들을 연필로 그어 표시해두었다. 보트, 식당 출입은 줄을 그어 지워버렸고, 맥주는 한 달에 네 번꼴로 마시는 것으로 하고, 밴은 눈에 띄지 않는 곳에 놓고, 정기 간행물 구독은 취소하기로 했으며, 집에 있는 남아도는 방 세 개를 세를 놓아 한 달에 1,100달러가 들던 유지비를 200달러로 줄였다. 급료 이외에 받는 수입이나 혜택은 빼버리고, 쓰레기 양을 간단하게 줄이고, 그런 다음 숫자 계산을 하고, 합계를 내고, 계획을 수정하고 다시 현금 유동량을 재고, 합계를 내고 또 고치는 등 몇 시간 동안 이 과정을 반복했다. 지금 내 상황에서 일년 지출 예산을 5,000달러로 잡고 나니 적당한 수준이라는 느낌이 왔다.

내 계획은 이러했다. 지금까지 다니던 직장을 그만두고 4년 동안 아내를 도우면서 저축액에 의존해서 살아간다. 이 기간 동안 내 소유인 4가구용 공동주택에서 생기는 수입을 재투자를 통해 늘리고 불필요하게 소유한 모든 것들을 팔아버린다. 그러고 나서 4년 안에 이 공동주택과 내 집을 팔아 돈을 융통한다. 이렇게 하면 융자 수익을 받아 몇 년 간 내가 정한 한 달 생활비를 충당할 수 있다. 몇 달치 수익금을 모아 비싸지 않은 오두막이 있는 땅을 살 것이다. 서른 살의 나이에 직장으로부터 자유로워진다는 계획. 이루어지기엔 너무 행복한 계획이다. 나는 최악과 최선의 시나리오를 생각해보았다. 최악의 경우는 첫째, 지구를 엉망으로 만들며 사는 동안 두려움에 떨면서 내 생애를 낭비하는 것이고, 둘째, 앞으로 20년 간 필요에 따라 시간제로 일해야 한다는 것이다. 월요일에 나는 직장에 통지를 하고 차를 치워버렸으며 내 집에 있는 방 네 개 중 세 개를 세를 놓고 밭을 만들었다. 이제 자유의 몸이 되었지만, 그보다 중요한 건 내가 열정에 불타고 있다는 점이었다.

이 책 《단순하게 살기*Radical Simplicity*》는 자신에게 맞는 소박한 삶의 여정을 시작하는 데 실질적인 안내서가 되어주는 동시에 도움을 주는 도구 역할을 한다. 이 여행을 해나가면서 자신이 날마다 남기는 발자국이 얼마나 큰지 깨닫고 놀라겠지만, 또한 진실로 당신 자신이 얼마나 작은 발자국을 원하는지 알면 더 한층 놀랄 것이다. 나는 여기서 14년 동안 연구를 해오면서 내가 발견한 구체적인 세 가지 방법을 독자와 나누고자 한다. 마티스 웨커나이젤Mathis Wackernagel과 윌리엄 리스William Rees가 공동 저술한 《우리의 생태 발자국 *Our Ecological Footprint*》에서 소개한 것으로 '대지의 당월 재정 잔액 내역서' 즉 당신이 소유한 부를 공급하기 위해 매달 얼마만큼의 자연이 소모됐는지 측정하는 법을 알 수 있을 것이다. 그런 뒤에는 비키 로빈Vicki Robin과 조 도밍게즈Joe Dominguez가 공동 저술한 《당신의 돈인가, 삶인가 *Your Money or Your Life*》에 나오는 9단계를 기초로 하여 자신만의 경제 규모를 계획할 수 있을 것이다. 이것은 수단과 방법을 가리지 않는 세계 경제를 상대로 하여 매우 엄격한 제한에 따라야 하는 과정이긴 하지만, 당신의 돈을 절약하게 돕고 빚더미에서 해방시켜주며 자신만의 가치를 좇아 일할 수 있는 기회를 줄 것이다. 지구의 소리에 귀를 기울이고 그 비밀을 듣는다면, 당신은 그 소리에 고무되어 모든 인류와 다른 생물들이 공유하는 자연 속으로 들어가고 싶어질 것이다. 그때에는 이 세계의 신비와 매력이 드러나고 지속 가능한 생태계 안에서 당신이 차지해야 할 공간을 알게 될 것이다.

이 방법들이 서로 맞물려 작용하기 시작하면 자체 강화 시스템이 생명력을 얻는다. 갑자기 시간적 여유가 생기고 돈이 절약된다. 누가 그렇게 되리라고 생각했겠는가. 당신은 더 안전하게 기술을 습득하며 좀더 성실하고 책임감 있는 태도를 보이는 동시에 자유에 관한 전혀 새로운 시각을 지니게 된다. 가능성은 무한해지고 새로운 희망이 보인다.

지구를 회복시키기 위해 우리가 살 수 있는 삶의 형태는 무한하며, 지구에 이득도 해도 가하지 않는 삶의 형태도 무수히 많다. 또 지구에 해를 끼치는 삶의 형태 역시 그러하다. 우리 인류는 복잡성과 단순성, 아름다움과 추함, 진보와 퇴보, 온정과 탐욕을 동시에 지닌 존재로 진화 발전하고 사회화되어왔다. 이렇듯 복잡하고 모순적으로 보이는 특성들을 지니고도 과연 인간이 이 모든 것을 극복하고 지구의 모든 존재들이 공존하는 꿈의 세계를 창조할 방법이 있을까?

우리는 많은 것을 잃겠지만, 결국 아무것도 잃는 게 없다. 다시 말

하면 모든 것을 얻어도 결국 아무것도 얻는 것이 없다는 말이다. 살아
간다는 것은 사랑하는 사람들과 소리없이 존재하는 생물들 그리고 대
지와 앞으로 태어날 세대들에게 우리가 져야 할 책임이 있다는 것을
뜻한다.

제3부 　통합 Integration

제 1 부

단순함으로 가는 여정

1장

전체를 위한 삶의 사례

> 모든 피조물은 죽어 있지 말고 살아 있어야 한다. 사람이나 사슴이나 소나무나 매한가지인데, 이 이치를 올바로 알고 있는 사람이라면 그 생명을 파괴하기보다는 보호하려 할 것이다.
>
> – 헨리 데이비드 소로 *Henry David Thoreau*

먼저 당신이 뷔페 파티에 초대받았고, 음식을 먹으려고 기다리는 사람들의 맨 앞줄에 서 있다고 상상해보자. 얼마만큼 접시에 담아야 적당한지 어떻게 알 수 있을까? 음식과 음료뿐 아니라 집과 옷을 장만하고 내 건강을 관리하며 교육을 받는 데 필요한 물질도 함께 놓여 있다고 가정해보자. 그럴싸한 음식들은 맛있는 냄새를 풍기고 있다. 게다가 당신은 몹시 배가 고프다. 접시에 무엇을 담을 것이며, 뒤에 선 당신의 이웃들 몫으로 얼마를 남기는 게 좋을까? 이 풍성한 음식이 차려진 상을 오늘날의 세계 경제로 확장시켜보자. 세계 경제 속에서 우리는 생활에 필요한 물건들을 세계 각지에서 공급받는다. 60억 인구가 지구를 180회 이상 돌아야 하는 길이만큼 어깨를 맞대고 줄지어 있다. 그들 역시 접시를 들고 왕성한 식욕을 느끼며 기다린다. 배고픈 기린, 남아프리카산 영양, 해우, 거미 그리고 알려지지 않은 수백만 종의 생물, 엄청난 숫자의 진기한 생명체들도 그들과 함께 있다. 그들 뒤엔 또한 인류와 장차 이 모든 생물들에게서 태어날 2세들이 존재한다.

이들 모두가 사이좋게 성찬을 즐기는 일이 어쩌면 가능할 수도 있을 것이다. 하지만 우리가 들고 있는 게 접시가 아니라 자연에서 원료를 얻어 생산한 물건들을 내 집과 다락, 지하실, 창고에 실어나를 쇼핑카트나 화물 트럭이라면 어떨까. 우리는 창고를 빌려서까지 물건들을 채워넣으려고 할 텐데. 이렇게 되면 약간의 제약을 가하는 것, 말하자면 욕구를 어느 정도 제약할 필요가 있다.

세계 각지에서 온 이 새로운 사람들, 생물들과 함께 음식이 잔뜩 차려진 식탁에 앉아 있는 상황에서 우리는 어느 선에서 공평하다 여기고 만족하며, 또 어느 선에서 불공평하다며 불평을 할 것인가?

'전체를 위한 삶Global Living' 프로젝트는 북미 지역에서 환경을 파괴하지 않고 살아갈 수 있는 방법을 찾자는 목표를 가지고 지난 1995년에 시작됐다. '전체를 위한 삶'이란 전세계 인류뿐 아니라 약 700~2,500만에 이르는 생물들 그리고 셀 수 없이 많은, 앞으로 태어날 다음 세대가 조화롭고 공평하게 살자는 삶의 방식이다. 한 개인이 이 삶의 방식을 실천한다면, 그가 매일매일 하는 행위가 지역에서 점차 세계로 확산돼 전체적인 번영을 증진시킨다. 그러면 생태, 사회,

정치, 정신 분야의 시스템이 모두 같은 선상에서 혁신되고 번영할 수 있을 것이다.

이렇게 엄청나게 긴 줄의 맨 앞에서 당신은 접시를 손에 들고 서 있다. 끝없이 이어진 듯한 훌륭한 뷔페 음식들을 보면서 당신은 공정하게 행동해야지, 하고 결심한다. 뒤를 돌아보니 그 길이는 도저히 헤아릴 수 없을 만큼 길다. 어느 낙원 같은 섬에 친구 셋과 함께 온 거라면 음식을 얼마만큼 담아야 할지는 느낌으로 안다. 커다란 피자 한 판을 놓고 나누는 경우와 마찬가지로 전혀 어려울 게 없다. 하지만 이 뷔페의 경우는 그 양이 엄청나서 적당한 양을 판단하기에는 무리가 따른다. 현실을 생각하자니 갈등이 생긴다. 아마도 다음에 열거한 것들 가운데 한 가지 이상을 놓고 갈등할 것이다.

- 세상에는 모든 사람에게 넘칠 만큼 먹을거리가 풍부하지 않은가?
- 내가 가져가지 않으면 다른 사람이 차지하겠지.
- 늘 많이 차지하는 쪽은 엘리트들이야.
- 우리는 할 수 있는 만큼 최선을 다하고 있어.
- 만사가 이런 식인 데는 다 이유가 있는 거지.
- 돈을 벌기 위해서 난 정말 열심히 일했어.
- 다음번에 월급이 오르면 좋은 일을 해야지.
- 소비자로서 내 역할을 하지 않는 것은 남들의 일거리를 빼앗는 일이야.
- 모든 사람들이 적게 가져가지 않는 이상 소용없는 일이야.

- 인간은 생물학적으로 소비하며 살게 돼 있어, 적자생존의 원리지.
- 생각해보니 어떤 면에선 난 예외야. 나는 어찌어찌해서 이게 꼭 필요
  하거든.
- 누가 알아? 많이 갖는 게 내 운명인지도. 가난한 것도 숙명이야.
- 왜 이런 죄책감을 느껴야 하지? 어서 먹자고!

정말 맛있는 냄새를 풍기며 고기가 지글지글 익어간다. '저것부터 먹어야지' 하며 빵 위에 손을 얹으려는 순간, 《새로운 미국을 위한 식이법*Diet for a New America*》이란 책을 읽었던 게 기억난다. 식품 피라미드 위쪽에 있는 식품군을 생산하는 데는 땅이 훨씬 많이 필요한데, 많게는 채식주의자들이 먹을 채소를 재배하는 데 필요한 땅의 50퍼센트가 더 든다. 줄 서 있는 사람들은 많다. 국토 횡단 여행을 하던 때 몇 날 며칠 동안 나란히 줄지어 선 옥수숫대만 눈에 보이던 것, 또 그 옥수수들이 단지 가축 사료용이었던 것이 떠오른다. 그리고 벌거숭이가 된 숲과 초원들, 퇴비며 흙이 강이나 호수, 바다로 흘러 들어가고 미국 땅덩어리의 43퍼센트가 가축용 방목지나 사료 재배용으로 쓰인다는 사실을 기억해낸다. 고기 소비가 환경에 미치는 영향력은 자동차의 영향력 다음이다.

"알았어, 알았다구." 당신은 이렇게 말하면서 두부로 만든 버거를 찾는다. 고기나 두부나 매한가지로 가공 처리, 포장, 선적 과정을 거치면서 쓰레기나 오염 물질의 흔적을 남긴다. 하지만 콩이 식품 피라미드 아래쪽에 있는 식품군이고, 고기를 생산하는 데 필요한 토지의 16분의 1에 해당하는 공간만을 차지하는 데다 고기와 동일한 양의 단

백질을 함유한다는 것도 익히 알고 있다. 물론 두부 버거도 완벽하지는 않다. 유전자 변형콩을 단일 경작지에서 농약을 뿌려 키웠다는 생각에 꺼림칙하다. 하지만 토지를 이용하는 데 드는 비용을 크게 절감할 수 있는 식품이고, 게다가 맛도 좋다.

　일단 식욕이 해소되자 당신은 꿈에 그리던 곳에 가볼 생각을 한다. 이 거대한 뷔페 안에는 없는 게 없다. 발리행 항공 티켓 두 장이면 당신은 22시간 내에 곧 다가올 겨울 한파에서 벗어날 수 있을 것이다. "망고도 맛보고, 뜨끈한 모래찜질을 할 수 있어. 어쨌든 비행기는 출발하니까……." 하지만 좀더 깊이 생각해보니 그것이 정말 원하던 것인지 의혹이 생긴다. 재빨리 계산해보니 일년에 한 번, 왕복 44시간이 걸리는 항공 여행을 할 경우 당신이 탈 비행기에서 배출되는 배기 가스를 흡수하려면 1만 6,188제곱미터(4에이커)의 숲이 필요하고, 또 일년이라는 시간이 통째로 걸려야 하며, 비행기 연료는 재생이 불가능하고 일단 연소되면 대기 중의 이산화탄소 농도를 상승시킨다는 것이 떠오른다. 그 다음으로 비행기 티켓 비용 1,280달러가 평범한 발리 주민의 일년치 급료와 맞먹는다는 생각이 양심을 일깨우자, 당신은 그럴 바엔 차라리 그냥 집에 있겠다는 결론을 내리고 추운 겨울을 나기 위해 고속 인터넷이 깔린 컴퓨터나 활용해야겠다는 생각을 한다. 최신 정보를 얻어 뭔가 근사한 일을 해볼 수 있을 거란 희망과 함께. 하지만 결정하기에는 아직 이르다. 곧, 컴퓨터를 제작하는 데 350종의 해로운 화학 물질을 포함하여 1,000가지 재료가 필요하다는 내용을 읽었던 걸 기억해낸다. 컴퓨터 기종이 업그레이드되는 것은 예정된 일이고, 1998년에는 2,000만 대의 컴퓨터가 제대로 쓰이기도 전에 폐기되었다. 또 중국의 쌀 재배지였던 구이유라는 지방 도시가 전자 제품 쓰레기 처리장이 되어버렸다는 기사를 읽었던 것도 기억해낸다. 그곳의 여자와 아이들은 컴퓨터를 분해해서 하루에 1달러 50센트를 번다. 그곳의 토양과 수질을 검사한 결과 세계보건기구WHO가 지정한 납 함유량이 기준치보다 2,400배나 높게 나타났고, 몇몇 다른 중금속 수치도 미국 환경보호청EPA이 정한 기준보다 훨씬 웃도는 것으로 드러났다. 바륨 10배, 주석 152배, 크롬 1,338배였다. 전자제품 폐기물 처리장으로 쓰여진 지 일년 뒤에는 공간이 부족해 폐기물을 물 속에 던져넣어야 했다. 그중 다량의 물질들이 발암 물질이거나 선천성 기형아 출생을 유발하고 피부와 폐에 염증을 일으키는 물질로 알려졌다.

북미 지역에서 환경과 크게 무관하거나 부정적 영향을 미치지 않는 상품을 찾기는 사실상 어려운 일이다. 우리가 손쉽게 손에 넣을 수 있는 것들을 거부하거나, 또 소유하는 게 마땅한 것처럼 보이는 물건들을 부정하기도 쉽지 않다. 우리가 사용하는 재화와 서비스에 대해 좀 더 깊이 알아본다면, 스스로에게 이런 질문을 하게 된다. '나는 스스로 선택한 물건들을 통제할 능력이 있는가?' 만일 대답이 '노No'라면 당신 대신에 누가 통제하고 있는 것일까? '욕구를 조절하려고 할 때 우리는 왜 저항감을 느끼는가?' 이 질문에는 정신적이고 사회적이며 심리적인 동시에 감정적인 요소가 모두 녹아 있다. 우리가 느끼는 저항감은 충분히 소유하지 못한다는 데 대한 내적 두려움에서 오는 것일까, 아니면 외부 환경이 야기하는 병적인 압박감의 산물일까?

내적인 고민

마음속 갈등이 더 심해진다. 철저하게 검소한 삶을 실천하기로 결심한 뒤 결국 집도 절도 없이 배를 곯는 처지로 떨어지는 건 아닐까? 새 옷은 장만할 수 있을까? 병원 치료비는 충당할 수 있을까? 학교는 어떻게 마치며, 아이들 양육비는? 나를 고용해줄 회사가 있을까? 수입의 일부를 제하고도 가끔씩 여가를 즐길 수 있을까? 내 지위나 평판, 친구들을 잃게 되지는 않을까? 여행이나 내가 하고 싶은 일들을 하며 살 수는 있는 걸까? 어쩌면 아이들은 날 원망하고 부모님은 절대 이해 못 하실 것이다. 부모님은 내색은 않겠지만 실망하실 게 분명하다. 내가 늙으면 누구의 보살핌을 받을까? 요금 청구서는 또 누가 지불한담? 전체를 위해 살아가기, 좋은 생각이긴 하지만 정말 두렵다.

외적인 고민

나는 소비를 부추기는 압박감이 어디서 기인하는지 고민해본 적이 있는가? 빠르게 돌아가는 현대문명이 문제를 제기할 여지도 없이 획일적인 길 위에서 매일 앞만 보고 달려가도록 나 자신을 내모는 것은 아닐까? 나는 깨끗한 물이 고갈되고 지구 온난화로 생기는 비극적인 결과를 피할 방법이 더 이상은 없다는 사실을 알고 자포자기한 것은 아닐까?

우리가 만든 정부, 우리가 몸 바쳐 일하는 회사들, 우리가 다니는 학교와 교회. 이 모든 사회가 경제 성장 그리고 지속성에 반대되는 행위 전부를 후원하고 있다. 주요 대중 매체와 기업 광고주들은 엄청난 양의 정보를 쥐고 흔들면서 누구를 대통령으로 뽑을지 좌지우지하고, 그 영향력은 실로 엄청나 수백만의 국민들이 투표조차 하지 않게 된다. 이렇게 조직이 만능 기계처럼 작동하는 이유는 어렵잖게 알 수 있다. 미국의 상황이 다음과 같기 때문이다.

- 미국 내 가정의 99.5퍼센트가 TV를 소유하고 있다.
- 미국인의 95퍼센트가 매일 TV를 시청한다.
- 보통 가정에서 하루 평균 TV를 시청하는 시간은 여덟 시간이다. 성인은 다섯 시간, 2~5세 아동은 세 시간 반, 55세 이상 성인의 경우는 거의 여섯 시간에 달한다.
- TV 시청은 수면과 노동 시간 외에 미국인이 주로 하는 활동이다.

북미 지역을 포함한 전세계 문명사회에서 성장한 보통 시민인 당신은 일년에 TV에서 방영되는 4,000회의 상업 광고를 보고 자랐다. 거기에 더해 라디오나 인쇄 매체, 광고 게시판, 표지판이나 로고 등을 통해 전달되는 광고의 홍수 속에 살았을 것이고, 그러므로 당신 마음속에 물건을 소유하고자 하는 욕구나 동경이 아로새겨진 것은 아주 당연한 일이다. 일단 이런저런 물건에 대한 욕구를 만족시키는 게 가능해지면, 유혹에 빠져든다. 더 색다른 휴가를 떠나거나 미용실, 명상 센터 같은 곳에 더 자주 들락거리고, 또 스키나 설상차雪上車 타기처럼 연료 소비가 많은 오락을 더 즐기고 싶은 것이다. 광고주들은 소비자가 돈을 쓰게 하는 법을 알고 있다. 외적인 것에서 만족을 추구하게

끔 만들고, 당신이 꿈꾸는 환상 속에다 자신들의 상품과 가치관을 심어놓는다. 그들은 자신들의 이상을 곧 당신의 이상으로 만드는 훈련을 받은 사람들이기 때문이다.

12년에서 20년 정도 제도권 교육을 받았다면 이것 외에도 극복해야 할 영향력이 또 있다. 뉴욕 주에서 '올해의 교사'로 뽑혔던 존 가토John T. Gatto는 《우리를 바보로 만드는 것들Dumbing Us Down》에서 공립학교 대부분이 어떻게 학생들에게 지시에 복종하도록 가르쳐왔는지에 대해 썼다. 우수한 학교들도 일부 있을 수 있다. 그러나 가장 개방적이고 활동적일 시기에 아이들 특유의 창조력이나 생기 발랄함, 호기심, 자발적으로 동기를 부여할 수 있는 능력 등이 꺾이는 일이 종종 있다. 자연은 아이들을 향해 열려 있는데 열을 지어 앉아 교사의 지시에 따르며 실내에만 갇힌 채 이 시기를 보낸다는 것은 슬프고 부당한 일이다. 개인적 가치로 이루어진 자기만의 삶의 방식을 영위하는 법도 하나의 기술이다. 그러나 꿈을 실현시키기 위해 몸소 실천하는 가족이나 어른 혹은 영감을 주는 스승을 만나는 행운을 누리기 전에는 결코 배우지 못할 기술이다.

대부분의 대·소도시에서는 차도 위주로 도로가 꾸준히 재편돼온 반면에 버스 노선이나 자전거 전용 차선이 거의 없다시피 하다. 걸어서 이용할 수 있었던 주변 편의시설들, 이웃들과 잡담을 나누다가 잠깐 들러 식료품을 사들고 집에 올 수 있었던 모퉁이 가게들은 대부분 사라졌다. 직장은 집에서 한참 멀고, 물건을 사려면 집과 정반대 방향에 있는 쇼핑몰에 가야 할 수도 있다. 마음에 드는 공원엘 가려 해도 완전히 도시를 가로질러야 하고, 친한 친구 집은 내가 사는 주 반대편에 있으며 가족들은 전국 방방곡곡에 흩어져 살 수도 있다. 자체 제작하여 배설물로 퇴비를 만들 수 있는 화장실, 정수 처리를 해서 물을 재활용하는 중수 시스템 설치를 불법으로 규정한 도시도 많다. 때로는 너무 단순한 구조의 주택은 주택으로 인정하지 않는다는 법이 만들어지기도 하며, 아무리 자기 땅이라도 밤에 야외에서 불을 피우거나 노래를 부르고 다니는 행위가 불법으로 규정되는 주도 종종 있다.

이쯤 되면 자신만의 삶의 방식을 재창조하는 일은 시작부터 꽤 녹록치 않아 보인다. 우리가 몸담고 있는 이 세상에서 벌어지는 극심한 불균형의 원인들을 깊이 파고들수록 자신도 모르는 사이에 우리가 협조해온 폭력의 전모를 더 잘 깨닫게 된다. 우리가 버린 전자제품 폐기물로 인해 중국 아이들이 병에 걸린다는 것, 육식 위주의 식단이 브라질의 환경을 파괴한다는 것, 화석 연료에 대한 지나친 의존이 해수면을 높이고, 폴리네시아의 수중 생물 서식지를 유독 물질로 채운다는 것, 전깃불 스위치를 한 번 켜는 것이 애리조나에 거주하는 원주민들을 몰살시키는 원인 중 하나일지 모른다는 사실을 말이다. 누가 우리에게 이 같은 사실들을 가르쳐주었는가?

방위산업체의 비호를 받는 기업 정부의 정치 활동과 세계화를 겨냥한 경제 활동에 참여하는 우리는 사실 인류 역사상 유례 없이 거대한, 인간과 자연에 대한 착취 행위에 매일매일, 열성적으로 참여하고 있다. 다음의 통계를 보자.

— 현재 지구의 지속 가능한 총생산량과 맞먹는 양을 세계에서 가장 부유한 10억의 인구가 단독으로 소비하고 있으며, 세계 인구 60억은 지

속 가능한 총생산량의 20퍼센트를 초과 소비하고 있다.

- 인구는 2050년까지 90억 명에 이르고, 최고 110억 명까지 치솟을 전망이다.
- 고소득 국가에서 민간인의 소비액은 1980년 4조 7,520억 달러에서 1998년에는 14조 540억 달러로 늘어났다.
- 전문가들이 밝힌 통계에 따르면 매일 1,000에서 10만 종의 생물이 멸종하고 있으며, 이것은 정상보다 100~1,000배나 빠른 속도다.
- 사용 가능한 모든 지표 담수의 절반 이상을 인간이 소비한다.
- 대기 중 이산화탄소 농도가 산업혁명 전엔 280ppm이던 것이 오늘날에 와서는 360ppm까지 증가했고, 2050년까지 560ppm에 이를 전망이다. 150명의 전문가들은 지구 평균 온도가 2100년까지 화씨 3.6~6.3도 오를 것이라고 경고했다.
- 잔여 석유 보유고의 70퍼센트 이상을 홍해에서 인도네시아에 이르는 아시아 지역 이슬람 국가가 소유하고 있으며, 미국은 석유 수입에 연간 190억 달러를 쓰고 있다. 석유 공급량을 유지하기 위해 연간 55억 달러가 추가로 든다. 1990년대에 발발한 걸프전에서 미군 사망자 수는 19명인 데 반해 사망한 이라크인은 16만에서 22만 명에 이른다.
- 지난 10년 간 전쟁으로 사망한 사람의 수는 1억 7,500만 명이다. 전세계적으로 군비로 쓰인 7,800억 달러 중 미국이 쓴 돈은 3,800억 달러이다.

이렇게 우리에게 불리하게 작용하는 요소들이 안팎으로 존재하기에 전체를 위한 삶을 살기는 불가능하지 않느냐는 의문을 가지는 것도 당연하다.

우리에겐 선택의 여지가 없다

우리가 먼저 알아야 할 것은 우리의 행위가 무가치하다는 것이다. 그럼에도 그 사실을 모르는 척 계속 행동해야 한다. 이것이 마법사의 절제된 어리석음이다.

— 돈 후안Don Juan

미래가 지속되기를 바란다면 모두가 함께 지구를 공유하자는 것이야말로 인류가 택할 수 있는 자비롭고 미래 지향적인 유일한 방법이다. 첨단 과학의 발전에 힘입은 우리의 지성은 한정된 땅덩어리에서 경제 성장을 이루는 것은 자살 행위라고 결론 내린다. 각각의 개인은 이 사실을 직관적으로 알고 있으며, 어쩌면 해결책도 알고 있을지 모른다. 도덕적이고 정신적인 것을 추구하는 개인은 모든 생명체가 안전하게 존재할 수 있는 미래를 열망한다. 이미 활발히 진행되는 생태계 파괴를 피하려면 소비를 과감히 줄이고, 즉시 인구 증가율을 억제시키며, 좀더 나은 방향의 기술로 발빠르게 대처하는 길밖에는 해답이 없다. 이러한 변화들을 당장 실행한다면 피해를 최소로 줄일 수 있지만, 지체하면 파멸이 불가피하며 최강의 무기를 보유한 집단이 군림하다 결국은 비참한 파국을 맞게 될 것이다. 지구의 생명 유지 장치 파괴 행위를 중단하는 것 외에 우리에겐 선택의 여지가 없는 것이다.

"먼저 우리 자신을 바꾸어야 합니다. 좀더 쉽고, 실용적인 방법이 있으면 좋겠지만 그런 건 존재하지 않으니까요."

세계가 직면한 문제를 해결하는 방법에 대해 이야기하면서 달라이

라마는 이런 말을 했다. 우리 스스로가 이 재앙에 기여하는 한, 행복
은 머나먼 얘기에 지나지 않는다. 우리는 포기하고 우울하게 살거나,
아니면 언제까지나 방종하게 살 것이다. 마치 미래가 없는 듯한 태도
로 살아간다면 정말 그렇게 된다. 미래는 없어진다. 결국 '내가 아니
면 누가 하고, 지금이 아니면 언제 할 것인가?' 의 문제로 귀착된다.
지금 우리가 하고 있는 짓을 멈추는 것 외에 다른 대안을 찾지 못하는
시점이 반드시 온다.

'전체를 위한 삶'은 지구와의 오랜 관계를 회복하고 우리가 집으로
여기는 어느 곳에서든 대지와 다시 사랑에 빠지기 위해 현대인이 가
야 할 길이다.

2장

전체를 위한
삶이 요구하는
문화 패턴

전체를 위한 삶이 어렵고 두려운 도전이라는 데는 모두 동의할 것이다. 독자들은 여기에 기록된 사실들을 그대로 받아들이지 말고 직접적인 조사를 통해 자신만의 직관을 얻어내야 한다. 그 편이 바람직할 뿐더러 더 효과적임을 알게 되리라 믿는다.

사회 안에서 성공을 거두려면 개인들이 지속 가능한 삶의 방식을 직접 경험해봐야 한다. 그 다음에 개인이 집단을 이루고 집단이 모여 자신들의 실제적인 경험을 공유할 때, 개인들은 변화가 가능함을 깨닫고 확신하게 된다. 실천 과정에서 발생하는 많은 어려움을 함께 해결하고 나면 효과가 증명된 방식을 다른 사람들에게 알릴 수 있게 되고, 또 사람들은 그것을 진지하게 받아들인다.

요컨대, 전체를 위한 삶을 본격적으로 실천하면 이 삶의 방식에 반대하는 사람들이나 환경을 오염시키는 기업, 군 산업 기지 그리고 이들에 종속된 유명 제품 회사에 돌아가는 돈의 흐름을 멈출 수 있다.

매일의 구매 활동, 어렵게 벌어들인 달러는 알다시피 우리가 원하는 세상을 만드는 데 필요한 가장 힘 있는 수단이다. 우리는 돈을 씀으로써 변화를 일으킬 수 있다. 그러나 가장 좋은 변화는 아예 돈을 쓰지 않는 것이다. 전체를 위한 삶의 핵심은 욕구를 길들이는 것이기 때문이다.

욕구를 길들임과 동시에 개인은 신중한 선택을 해야 한다. 개인의 생태 발자국Ecological footprint이란 그 사람이 소비할 물품을 공급하고 거기서 배출되는 쓰레기를 흡수하는 데 필요한 육지와 바다의 공간을 말한다. 북미인의 10퍼센트가 생태 발자국을 3분의 1로 줄인다면 1조 926억 9,000만 제곱미터(2억 7,000만 에이커)의 땅을 절약할 수 있다. 이것은 캘리포니아, 오리건, 워싱턴, 아이다호 네 개 주를 합쳐놓은 것보다 큰 면적이다. 범위를 좁혀 설명하면 평균 9만 7,128제곱미터(24에이커)를 차지하는 미국인 한 사람의 생태학적 공간을 6분의 1인 1만 6,188제곱미터로 줄이면 8만 940제곱미터 이상이 자연 상태의 공간으로 남는다. 자그마치 미식축구 경기장을 열여덟 개 합쳐놓은 크기이다. 이만한 크기의 숲이면 많은 자연 생물들이 살 수 있다. 자연 서식지가 부족한 현실에서 이만한 성과면 대단한 것이다.

이제 우리가 전체를 위한 삶이라고 명명한 방식의 틀을 더 잘 파악하기 위해 그것을 구성하는 일부 요소들을 점검해보기로 하자. 이 요소들은 상호 연결돼 있지만 당장은 그것들을 물질적인 것과 비물질적인 것으로 구별해보자.

물질적인 것

이 영역은 풍부한 자연 산물의 총체, 곧 자연을 이루는 가장 원초적인 요소에서부터 무수한 종류의 물품으로 생산되기 위해 그것들이 거치는 변형 과정의 산물들을 모두 아우른다. 우리는 생존하고 안락과 사치를 누리기 위해 이 물품들을 사용한다. 우리는 물질로 먹고 살며, 이동하고, 집을 얻고, 옷을 입고, 즐기고, 자극을 받는다. 당신이 사용하는 물질적인 것들을 생각하며 이렇게 질문해보라.

- 나의 자연 이용 속도를 생태계가 따라갈 수 있는가?
- 세계 공동체와 비교할 때, 내 수입과 소비는 어떤 수준인가?
- 직업상 나의 일은 지구를 회복시키는가, 그 피해를 심화시키는가, 아니면 그 중간인가?
- 나는 내 주위의 물질적 배경에 의해 자극을 받는가? 그것들은 내 감각이나 인지력 또는 분별력에 영향을 미치는가?

비물질적인 것

당신 삶에서 비물질적인 측면을 고려해보고 질문해보라.

- 예술이나 문학, 음악, 춤, 다른 창조적인 일에 시간을 할애하는가?
- 다른 생물이나 사람들과 평등한 관계에 있는가?

– 내 삶과 관련된 선택을 할 때 독립적인가?

– 내 행동의 결과에 대해 전적으로 책임을 지는가?

– 내 삶에서 즐겁고 재미있는 일이 있는가?

– 다른 사람들을 보살피는 데 시간을 할애하는가? 스스로 보살핌을 받
  고 있다고 느끼는가?

– 모험에 대한 열정이 있는가?

– 소명이 느껴지는, 보이지 않는 정신적인 영역을 탐구하는 데 시간을
  할애하는가?

전체를 위한 삶은 물질적·비물질적인 것을 조화시켜 건전한 생활
방식을 창조하자는 것이다. 물질적인 면 중에서 어떤 것은 버리고, 또
어떤 것은 일순위에 놓기도 하여 적절한 비중을 둠으로써 비물질적인
영역을 탐구할 여유를 마련하자는 것이다. 비물질적인 쪽으로 눈을
돌림으로써 필요하다고 생각했던 물질들이 사실상 불필요한 것들이
라는 점을 깨달을 수도 있다. 검소한 삶을 실천해본 많은 이들은 일단
균형 잡힌 삶을 살다보면 훨씬 더 많은 자유를 느낀다고 말한다. 당신
은 조화로운 삶을 살고 있다고 느끼는가?

전체를 위한 삶의 여정을 시작하면 많은 의문이 생기게 되고, 당연
하게 생각했던 것들이 도전을 받는다. 소중하게 간직해야 마땅한 훌
륭한 문화 속에서도 단점이 발견되는 것과 같은 이치로, 더 이상 현실
에 맞지 않는 낡은 생각들과 함께 우리를 압박하는 특정한 어려움이
존재하게 마련이다.

성스러운 세 마리 소에 관하여

소를 신성시하는 인도의 풍습은 실용성을 추구하던 내 젊은 눈에는 얼토당토않게 보였다. 그러나 한 문화 내에서 신성한 존재로 여겨지는 소들을 다루는 일은 까다로웠다. 그 과정에서 나는 내 관념 속에 허점이 있음을 깨달았고, 강인하면서도 나약한 내 의지력과 정면으로 부딪혔다. 채식주의자가 되면서 인도의 성스러운 소에 대한 내 어설픈 지식은 코가 납작해졌다. 햇빛에 시커멓게 그을리면서 나는 철저한 채식주의자가 되어갔고, 그 후 인도 케랄라 주의 한 마을에서 사는 동안 열렬한 채식주의 신봉자가 되었다.

인도인은 기르는 소의 고기는 먹지 않지만, 소에서 일용할 양식인 우유와 퇴비와 연료를 얻었다. 소의 위장에서 채 소화되지 않고 배설되는 풀들과 찌꺼기들은 그들이 식량을 얻는 데 재활용되었다. 인도에서는 소들을 탁 트인 방목지에 풀어놓는 대신 여물을 가져다 먹이기 때문에, 미국의 목축업이 300년 동안 초래한 것과 같은 피해를 입지도 않았다. 하지만 인도에서도 마찬가지로 숲과 야생 동물들이 성스러운 소들 때문에 설 곳을 잃고 있었다. 그 땅에다 소 대신 채소를 키운다면, 식량 생산량이 30~100배는 늘어날 수 있을 것이다. 또 어떤 품종이 고기에 적합한지가 정해진 것은 아니므로, 특정 품종만 골라 좋은 환경에서 키워내면 전체 고기 소비량을 충족시킬 수 있을 것이다.

하지만 우리의 관념 속에 존재하는 '성스러운 소' 들은 어떻게 처리할 것인가?

1. 효과적으로 일하여 수익을 증대시키자.

2. 많을수록 좋다.

3. 문제가 생기면 기술이 해결해줄 것이다.

위의 세 가지를 우리의 '성스러운 소'로 고른 이유는, 이런 생각들이 우리의 지속적인 행동 양식을 단절시킴으로써 실패를 유도하기 때문이다. 지속 가능한 미래를 위해 일하고자 한다면 가정과 지역 사회, 종교, 국가 그리고 세계적 차원에서 일해야 한다. 인류는 가족의 규모를 줄이고, 적게 소비하며, 안전하고 효과적인 기술을 되도록 최소한도로 사용해야 할 것이다.

환경학자들은 다음과 같은 방정식을 내놓았다.

환경영향력impact = 인구Population × 자본Affluence × 기술Technology

$$I = P \times A \times T$$

여기서,

I = 표본 인구가 전체 환경에 미치는 영향력.

P = 표본 인구의 크기.

A = 표본 인구 내 일인당 총자본. 즉, 우리가 소유하고 소비하는 모든 재화. 재화에는 다음 두 가지를 포함시킨다.

    1. 고정 자본(자동차, 자전거, 책, 주택과 주위 공간, 문구용품 등)

    2. 고정 자본을 유지하는 데 드는 자원의 처리 · 유동량(전기, 가스, 커피, 애완동물, 장난감, 비누, 곡물, 고기 등)

T = 기술. 개별 기술의 에너지 효율성.

우리의 희망을 가로막는 것은 높은 환경영향력을 지닌 10억 인구와 이밖에 많은 사람들이 물질을 인도의 성스러운 소와 마찬가지로 끔찍하게 여기는 사고방식과 관련이 있을 것이다. 도넬라 미도Donella Meadow의 《한계를 넘어서Beyond the Limits》에서 첨단 컴퓨터가 전망한 내용을 보면, 지속 가능한 미래를 위해서는 인구, 자본, 기술 등 세 가지 분야에서 대폭적인 변화가 이루어져야 한다. 위의 IPAT 방정식의 효용을 실험해보기 위해 각각 인도와 미국에 있는 두 보통 가정의 경우를 비교해보자. 인도인 가정의 구성원은 남편, 아내, 자녀 셋이고 미국인 가정은 남편, 아내, 자녀 둘이다. 세계 은행에서 발표한 1998년 통계치에 따르면, 인도의 연간 일인당 국민총생산은 미화 440달러였고 미국은 2만 9,240달러였다. 아래는 '기술' 항목을 제외하고 인구와 자본만을 고려해 환경영향력을 비교한 결과이다.

인도 가정의 경우 영향력(I) = 5명 × 440달러 = 2,200달러

미국 가정의 경우 영향력(I) = 4명 × 29,240달러 = 116, 960달러

자녀가 더 적은 미국 가정의 영향력은 인도 가정의 53배가 넘는다. 이 두 가정에서 각각 자녀 한 명씩을 빼보자. 인도 가정의 영향력은 440달러, 반면에 미국 가정은 2만 9,240달러만큼의 영향력이 줄어들 것이다. 미국의 평균 가정 하나가 약 66.5명의 인도인과 맞먹는 환경영향력을 지닌 것이다. 그렇다고 해서 인도가 핵가족을 지향하지 않아도 된다는 말은 아니지만, 이 두 가정을 비교해봄으로써 자본량이 인구보다 훨씬 더 큰 변수가 된다는 사실을 알 수 있다.

만약 기술 항목이 중요한 역할을 한다면, 미국인 가정은 우월한 정보를 보유한 발전된 국가이니 인도 가정보다 환경영향력이 더 적어야 하지 않을까? 대답은 '아니오'다. 아무리 기술이 인구가 지니는 영향력을 대폭 줄일 수 있다 해도 복지, 소비재와 서비스, 이윤 추구를 목적으로 하는 의료 분야에 적용할 때에는 심각한 부작용을 일으킨다. 기술에 따른 혜택은 찬양받을 만하다. 하지만 기술이 사용돼온 이력을 보자면, 그것이 환경영향력을 가속화시키는 요인 중 하나라는 것을 알 수 있다.

한계를 사랑한다는 것

기러기는 평생 하나의 짝만 바라보고 산다. 우리야 그 정확한 이유를 알 도리가 없지만, 실용적인 측면에서 엄밀히 따져보면 그들에게는 그 방식이 옳다. 대륙과 대륙을 건너 이동해야 하고, 알을 까고 새끼를 먹여야 하는데 여름은 너무 짧고 먹이와 물을 찾아다니는 곳엔 어디든 위험이 도사리고 있다. 그런 상황에서 기러기들은 변함없이 서로를 지켜준다. 서로를 보호하고 다친 동료를 돕기 위해 갔던 길을 되돌아오기도 하며 날 때도 교대로 선두를 지킨다. 또 맨 앞에서 이끄는 동료를 격려하기 위해 울음소리를 내는 이들은 서로가 서로에게 필요한 존재다. 계절이 바뀔 때마다 깃털을 뽐내거나 새로운 짝을 찾기 위해 번드르르하게 장식할 시간과 에너지가 이들에겐 없다. 정력적인 다른 암놈이나 수놈을 쫓아다니는 데 쓸 시간과 에너지를 절약하는 셈이다. 어떻게 보면 한계가 있다는 것은 좋은 일이다.

한계를 사랑함으로써 우리가 지향하는 삶을 위한 발판을 마련할 수 있다. 지구는 하나뿐이라는 사실, 지구가 생명을 키워내는 능력은 유한하다는 사실을 깨닫고 편안하게 받아들일 때 욕구를 제한하는 일에 생각과 마음을 열어놓을 수 있을 것이다.

전체를 위한 삶은 다른 사람에게 제재를 가하려 하지 않는다. 조국을 떠나라거나 시골의 아담한 집으로 이사를 가라는 충고도 하지 않는다. 다만 우리의 창의력을 고무시켜 한정된 자연을 동등하게 나눠 쓰도록 하고, 그에 걸맞는 유한하지만 만족스러운 삶의 틀이 존재한다는 사실을 일깨워준다. '전체를 위한 삶'의 방식이 추구하는 것은 우리 자신이 삶의 건축가가 될 수 있도록 연장을 제공하는 것뿐이다.

3장

지속성 있는 행동

1989년 산 루이스 오비스포에서 처음 검소한 삶을 시작하려고 했을 때, 나는 내가 어떤 길을 가려고 하는지 잘 몰랐다. 그러나 스톡홀름의 한 술집에 앉아 술을 마시면서 나 스스로가 커다란 변화를 겪을 마음의 준비가 되었다는 걸 알았다. 좀더 나은 세상을 만드는 데 공헌하는 삶을 시작하고 싶었다. 하지만 내가 직장에 복귀하자 내가 설계한 암호 알고리듬이 내장된 컴퓨터를 터키, 파키스탄, 이스라엘, 이란, 이라크에 팔아달라는 주문이 들어왔다. 나는 국제 앰네스티에서 발표한 연례 보고서를 구해볼 수 있었는데, 그 보고서에는 이들 나라의 정부가 자국민을 상대로 자행하는 고문과 인권 유린 사례가 소름 끼칠 만큼 자세히 기록돼 있었다. 나는 직장을 그만두었다는 데 안도했지만 평화로운 사회를 만들기 위해 내가 무엇을 할 수 있을지 아직까지는 정확히 알지 못했다.

나는 추마시Chumash 족 인디언 중 러시아인 혼혈인 마이크와 그의 모친 필루라우와 친구가 되었다. 그들은 1만 명의 디네Dineh 족(북미 남주 지역 원주민인 나바호Navajo 족) 사람들이 애리조나의 빅 마운틴Big Mountain이라 불리는 지역에서 강제로 쫓겨났다고 말해주었다. 그래도 조상들은 조금이나마 원조를 받았다면서.

인도주의적인 도움의 손길들이 기증한 아홉 대의 트럭에 짐을 잔뜩 싣고서 신생 빅 마운틴 원조 단체의 파견단이 1990년 11월에 캘리포니아 산 루이스 오비스포를 떠났다. 격리 수용된 300명의 인디언 가족에게 줄 몇 톤의 식량을 정리하는 이틀 동안 환영 행사가 열렸다. 나는 몇십 명의 원로들을 인터뷰했는데, 그들은 한결같이 확고한 어조로 자신들의 땅에서 쫓겨나느니 죽는 게 더 낫다고 말했다. 한 노인은, "우리 말에는 '격리 수용'이라는 뜻을 가진 말이 없다. 그 말은 쫓겨나서 다시는 볼 수 없다는 뜻이 아닌가." 하고 말했다. 그들에게 트랙트 하우스Tract House(일정한 장소에 같은 모양으로 지어진 형태의 공동주택—편집자)를 지어주겠다는 약속은 복지연금이 줄어든다는 말과 같은 의미였다. 애리조나에 사는 원주민이라면 누구나 끔찍한 인종차별을 경험한다. 실업수당을 받는 무직 인디언이라면 인종차별은 배가된다. 한 노인이 말한 요지는 이랬다. "양 떼와 옥수수밭, 약초밭이 있고 조상들의 뼈를 묻은 곳이 이곳인데, 트랙트 하우스로 옮겨가면 우리는 뭘 먹고 살고 청구서는 어떻게 지불하란 말인가? 우리는 절망감에 휩싸일 것이다." 대대로 살아온 고향 땅에 약 210억 톤 정도로 추정되는 석탄이 매장되어 있고, 이 자원의 가치가 1,000억 달러라는 사실은 그들에게는 불행이었다. 그들이 제안받은 새로운 땅이란 데는 핵연합이 1979년에 3,470만 톤의 방사능 폐기물을 버린 곳이다. 그

폐기물 때문에 근처의 리오 푸에르코Rio Puerco 강 약 110킬로미터가
오염됐다.

우리의 배달 업무는 며칠이 걸렸다. 먼지투성이 길을 수백 킬로 달
려, 깨꽃과 노간주나무로 뒤덮인 언덕들을 지나, 자립 가족들이 넓은
사막 전역에 흩어져 정착하고 있는 지역으로 갔다. 마지막 임무를 수
행할 곳으로 가자 영어를 할 줄 모르는 한 노파가 손짓하며 우리를 불
렀다. 온갖 풍상을 거친 얼굴에 떠오른 따듯한 미소가 깜빡이는 촛불
을 배경으로 빛났다. 노파는 그릇을 건네더니 화덕에서 부글부글 끓
고 있는 양고기 스튜를 가리키며 먹으라는 시늉을 했다. 나뭇가지를
엮은 다음 흙을 발라 지은 호건이라 불리는 그녀의 집 한가운데 있는
서까래에는 약초를 걸어 말리고 있었다. 가이드이자 통역자인 톰은
우리가 수제 양모 담요 위에 앉아 있는 동안 노파와 한담을 나누며 호
탕하게 웃었다. 그런 다음 노파는 최근에 자기 종족을 파멸시키려는
시도가 있었다는 이야기를 했다. 그녀가 했던 이야기를 최대한 기억
을 살려 옮기면 다음과 같다.

17년 동안 그네들은 우리 양 떼를 도살하고, 우물에다가는 시멘트를 부
어났습니다. 지붕과 울타리를 고쳐놓을라치면 우리를 강제로 법정에 세웠
습니다. 그들이 놓고 간 신문을 보시오. 그들은 이제 어머니인 대지를 폭
파시킵니다. 내 집에 금이 간 걸 보시오. 우리 산에서 우라늄을 캐다가 만
든 폭탄을 일본에다 떨어뜨린 사람들입니다. 우리는 평화를 원합니다. 그
네들은 석탄에 섞을 물을 얻으려고 대수층에서 지하수를 퍼내갑니다. 이
젠 식물들도 죽어갑니다. 피바디Peabody 석탄회사나 워싱턴에서 온 이 사

람들은 대체 누구길래 그런 권리를 갖는 겁니까? 그러고는 정작 우리 땅에 묻힌 석탄이 탐이 나니까 사이좋게 지내는 호피 족과 나바호 족이 앙숙이라고 날조하기까지 했습니다. 그들은 종이 쪼가리에 무슨 표시를 해갖고 와서는 우리를 못살게 굽니다. 여기는 우리의 성역입니다. 우리는 절대로 떠나지 않을 겁니다.

노파의 말을 듣고 나자 1990년대에 일어난 소리없는 인종학살에 대한 공포로 명치 끝이 옥죄는 느낌이 들었다. 나는 내가 어떻게 도울 수 있겠느냐고 노파에게 물었다. "당신네 종족에게로 돌아가서 단순하게 살라고 이르시오. 그러면 석탄과 우라늄을 캔답시고 여기로 와서 어머니인 땅을 파헤치는 일 따위는 안 할 겁니다." 이것이 내게 돌아온 대답이었다.

내가 알기로, 미국인들은 단순하게 살라는 말을 '곧이들을' 사람들이 아니었다. 우리 모두는 물질에 중독돼 있고, 나 역시 그럴지도 모른다. 하지만 우리 현대인의 생각과 마음을 열 방법이 어딘가에, 또 어떻게든 존재하리라고 나는 믿었다. 바싹 말라버리긴 했지만 아직 생명이 숨쉬는 그 땅에서 나는 영원히 지속될 아름다운 삶의 방식을 목격했다. 어떤 전망이 마치 뜨거운 바람처럼 스쳐 지나갔고, 더 나은 삶의 방식이 존재한다고 말해주었다. 우리는 이제 가정에 필요한 전력을 공급한다는 구실로 연어를 멸종시키거나 다른 종족의 문화를 파괴하지 않아도 될 것이다. 노파는 산과 강과 바위, 동물과 식물 등 만물과 맺은 관계에 경외심을 품고 있었다. 어머니와 같은 존재인 대지의 지극히 작은 일부라도 그녀와 부족 사람들에게는 신성한 것이었다. 지속 가능한 삶, 곧 훼손되지 않은 땅을 다음 세대에 물려주는 삶은 그 눅눅한 숙소에서 한밤중에 모닥불에 둘러앉아 내가 들은 이야기 속에 모두 함축돼 있었다. 풍요로운 나바호 족의 문화는 나를 키운 '다다익선more is better' 문화와는 많이 달랐다. 나바호 족의 문화 속에서 나는 두 번째 전망을 보았고, 다른 사람들 또한 더 나은 삶을 갈망하고 있다는 것을 깨달았다. 하지만 전망을 말하기 전에 먼저 나부터 변화해야 했다.

빅 마운틴에서 돌아올 때쯤에는 그 노파의 지혜가 내 계획의 지침을 다시 설정하는 데 도움을 주었다. 내가 일상에서 실천하는 것들을 과연 60억 인구가 따라할 수 있을까? 나는 내 삶이 멋진 것이길 바라는 동시에 항상 내 마음을 사로잡는 지구에 생존하는 엄청난 숫자의 생명들과 조화를 이루기를 바랐다. 그들과 함께 살아가면서 그들에게 배우고, 서로 존중하며, 그들을 이웃하되 어리석음에 사로잡히지 않고 가능한 한 소비를 최소화할 것. 그러면서도 여전히 정신적으로 의미 있는 삶을 살 것. 나는 이 모든 일을 다음에 열거한 범위 내에서 하기를 바랐다.

지침 1 인간, 지구 또는 다른 생명체 중 어느 한 쪽도 패자가 되는 결과를 낳아서는 안 된다.

지침 2 모든 방법은 특권을 가진 계층만이 아니라 누구나, 어디서든 실천할 수 있는 것이어야 한다.

지침 3 그 방법과 해결책은 영원히 지속될 수 있는 것이어야 한다.

우리가 가진 모든 기술과 자본과 정보를 활용한다면, 이곳 도시에서 전체를 위한 삶을 실천하는 것이 그리 어렵지만은 않을 것이라고 나는 기술자답게 용기를 냈다. 나는 타인과 격리돼 있지도 않고 어느 정도 자유를 누리고 있었지만, 아무것도 아는 게 없었다. 고유한 생태 원칙과 완벽하게 유리된 채 살아왔던 것이다.

추마시 족에게서 배운 것

나는 산 루이스 오비스포 근방에 거주했던 원주민들에게 배울 점은 무엇일까 궁금해졌다. 추마시 족 사람들은 여기서 9,000년 이상 살아왔다는데, 이곳이 추마시 족만의 마을이었을 때는 어떤 모습이었을까? 내 계획 지침을 이 특정 지역에 적용하기 위해서는 정착지에 뿌리를 둔 그들의 지혜가 반드시 필요할 듯했다. 좀더 알아보고 싶었던 나는 필루라우, 마이크와 보내는 시간을 늘려갔고, 그들은 열린 태도로 자신들의 전통 문화를 전해주었다.

내가 배운 바로는 추마시 족 식단에는 450종의 식물이 들어간다. 상수리나무 숲 지대에서 얻는 도토리 수확량은 단일 밀경작지 4,047제곱미터(1에이커)에서 나는 소출과 같았다. 수확량을 늘리기 위해 작은 숲들도 이용했지만 생태계는 그대로 보존해두었다. 그곳에는 여전히 사슴, 곰, 토끼, 덤불, 잣, 버섯, 약초들이 자라고 있다. 근처에 있는 담수와 해수 생물들을 포함하면 식량 생산량은 부쩍 올라간다. 모래 언덕 깊숙한 곳에는 패총들이 있었는데, 수천 년을 내려오는 동안 연장을 갈고 조개껍데기를 까는 곳이었던 그곳은 지금은 사라졌지만 오래전에 풍요로운 시기가 있었음을 증명해주었다. 그들이 한결같이 한 지역에 거주해온 9,000년 동안, 빙하가 사라지면서 생태계는 소나무 숲에서 참나무 숲으로 바뀌었다. 18세기에 스페인 사람들이 이 대륙에 들어왔을 때는 약 85개의 촌락에 2만 5,000명이 거주하고 있었다. 회색곰, 야생 사자 같은 최강의 육식 동물들이 산속의 생태 균형을 맞춰주었고, 추마시 족은 지속 가능한 삶을 살아왔다.

"전통 인디언들은 만물이 서로 연결돼 있다고 봅니다. 이곳 토박이이자 추마시 족 원로인 내가 이 땅 위를 걸을 때, 내 조상들과 태어날 후손들이 나와 함께 걷는 거지요." 필루라우의 말이었다.

이러한 필루라우의 생각은 나의 생활 지침 1, 2와 연결되는 것이었다.

우선 아무도 패자로 만들지 않는다는 것. 물론 당근과 사슴은 먹이가 된다. 하지만 오랜 시간을 두고 볼 때 인류와 다른 종의 생명체 그리고 생태계는 상호 존중하며 서로를 지배하지 않는다.

그 다음으로 모든 방법은 누구나 사용할 수 있는 것이어야 한다는 것. 추마시 족은 다음 두 가지 행동 양식으로 이것을 실천하고 있다.

첫째, 사유 재산 축적을 금한다. 한 노인의 말처럼 추마시 족은 배가 고플 때만 낚시를 한다. 대지가 풍요로우면 굳이 식량을 저장할 필요가 없어진다. 생태계가 원활히 움직이면 먹을 것은 보장받을 수 있기 때문이다. 추마시 족 문화는 공유, 협동이 바탕에 깔려 있다.

둘째, 적정 인구를 넘지 않는다. 인구 조절이 가능한 것은 유아 사망률이 높고, 수명이 짧으며, 출산율 억제를 위해 약초와 모유 수유 등 여러 가지 조치를 취하고, 빈곤층이 없고, 모계 중심 문화로 여성의 지위가 높다는 점 등 많은 요소들 때문이다.

고향 땅과 인연을 맺어온 9,000년의 세월 동안 추마시 족은 '영원히 지속성을 가질 것'을 내용으로 하는 세 가지 지침을 실현해왔다. 필루라우에게 '7세대'가 무슨 특별한 의미가 있느냐고 물었다. 우리들 모두가 자신이 만물과 맺은 모든 관계가 미래의 일곱 세대에 걸쳐 지속되도록 행동해야 한다고 그녀는 대답했다. 추마시 족에 대해 알아보고 나니, 과거나 현재나 그들은 성공적으로 그렇게 살아온 듯 보였다.

이와는 대조적으로 200년이 조금 넘는 기간 동안 유럽인들은 추마시 족 인구를 많이 격감시켰다. 언덕과 골짜기를 평지로 만들고 추마시 족의 피난처였던 숲의 90퍼센트를 빼앗았다. 숲에 살고 있던 생물군 대신 외래종 풀과 포도주 생산용 포도나무, 개와 고양이 그리고 소들이 지나치게 많이 들어왔다. 미국에서 가장 오래된 환경 단체인 시에라클럽에서 한 산림청 직원은, 만일 소들이 이 지역에 정착하기 전 시대에 살던 사람이 과학기술의 도움으로 잠들었다가 200년 후에 깨어나 소들이 어떤 결과를 초래했는지 보게 된다면 아마도 원자폭탄이 터졌다고 생각할 것이라고 할 정도였다.

이 지역에 살았던 추마시 족 역사에 대해 전혀 모른 채 처음 도착했을 때, 나는 이곳이 낙원 같은 시골이라고 생각했다. 이곳에 대해 점점 더 알아가면서부터는 자연 그대로 완벽하게 보존된 생태계란 어떤 모습일까 궁금해졌다. 먼저, 나보다 훨씬 강한 사내들을 포함해 나와 동일한 문화권에 사는 사람들이 주장하는 것처럼 곰, 이리, 퓨마, 코요테, 오소리 같은 동물들이 문제단 일으키는 위험스런 존재인지 확인해보고 싶었다. 이 동물들과 친해져보면 나의 세 가지 계획 지침에 담아야 할 사실들을 더 많이 밝혀낼 수 있을 거란 계산에서 말이다.

뮤어 트레일

11월 어느 날, 친구 데이브가 존 뮤어John Muir(1838~1914, 미국에서 삼림 보호를 처음 주장하며 요세미티와 세코이아 국립공원을 세우는 데 큰 기여를 한 박물학자—편집자) 트레일에 참가하지 않겠느냐고 전화를 걸어왔다. 에디슨 호수Lake Edison에서 출발해 캘리포니아 휘트니 산Mt. Whitney까지 걸어서 가는 13일 간의 대장정이라고 했다. 내가 세 가지 계획 지침을 여러 방향으로 연구하고, 또 자연에서 직접 무언가를 배우는 일에 몰두하던 시기였다. 추마시 족의 외딴 땅에 홀로 떨어져 아무 음식도 입에 대지 않고 혼자만의 시간을 보내며 명상을 하는 사람의 이야기를 들은 적이 있다. 물론 이 트레일에는 사내들 넷이 참가하고 음식도 충분히 가져가겠지만, 마음을 가라앉히고 미래를 통찰할 여유는 충분하리라 생각되었다. 나름대로 이 트레일 과정에서 행할 비전 탐구 계획을 짰는데, 다음의 4단계로 이루어진다.

1. 일상에서 벗어나 사람이 없는 곳으로 들어가 본다.

2. 은유적 의미에서든 실제로든 기념비적인 여행을 떠난다.

3. 새로운 세상을 사는 데 더 이상 합당치 않은 생각, 행위, 신념 등에 죽음을 선고하고 새로 태어나는 의식을 치러본다.

4. 새로 태어난 자신을 공동체에 융화시킨다.

이 같은 비전 탐구를 통해 나는 합리적이기만 할 뿐 융통성이 결여된 사고방식을 내려놓고 전체를 위한 삶을 위한 전망에 내 마음을 활짝 열어놓고자 했다. 이것은 기술자로서 반듯한 설계도를 그리는 일과는 완전히 다른 일이었다.

하늘에서 오리온자리가 빛나는 밤에 우리는 귀뚜라미가 합창하는 소리를 들으며 도시를 빠져나왔다. 해안 구역을 벗어나 한때는 존 뮤어의 야생동물 보호구역이었으나 지금은 단일 경작지가 줄지어 빽빽이 들어찬 산 조아킨San Joaquin 계곡의 안개 낀 기슭에 도착했다. 그것을 보니 어쩌면 장기적으로 볼 때 농업이 무기보다 더 큰 해를 끼칠 거라는 에드워드 애비Edward Abbey(1927~1989, 서부의 데이비드 소로로 불리는 작가―편집자)의 말도 틀린 것은 아니었다. 밤이 되어 프레스노Fresno에 닿았고, 꾸불꾸불한 길을 걸어 떡갈나무와 맨자니타(진달래과의 상록 교목―편집자) 숲을 뚫고 시에라 산맥 기슭에 진입했다. 그리고 셰이버 레이크Shaver Lake, 빅 크릭Big Creek을 지나쳐 출발점에 도착했다.

한기가 느껴지는 새벽에 우리는 배낭과 캔맥주 상자들을 등에 나누어 메고는 길을 떠났다. 10분도 안 지났는데 땀이 흘렀다. 30분이 지나자 허벅지 근육이 욱신거렸고, 한 시간 후엔 엉덩이가 아파 죽을 맛

이었다. 세 시간째가 되자 후회가 들었지만 나의 기념비적인 여행은
이미 시작된 터였다. 네 시간째는 거의 걸을 수가 없어 멈춰서 쉬었
다. 데이브는 벨트가 내 엉덩이께까지 내려온 걸 보더니 좀 높이 추어
올리자며 자기 것을 조였다. 마지막 여섯 시간째에는 다리는 좀 덜 아
팠으나 엉덩이에 멍이 들었다. 캠프에 도착하자마자 우리는 상자를
내려놓고 맥주를 들이켰다.

　은은한 햇살 속에서 맞은 멋진 오후였다. 밤이 찾아오기 전에 우리
는 캠프를 안전하게 지키기 위한 조치를 취했다. 바위에다 긴 밧줄을
매고 그 끝을 6미터 정도 높이에 있는 가지 위로 던진 다음 식량, 세
면 도구, 냄새를 풍기는 물건들을 넣은 16킬로그램가량 되는 짐을 걸
어놓았다. 내 작은 천막에서 별똥별을 바라보며 별똥별이 하나씩 떨
어질 때마다 다음 번 한 개만 더 보고 자야지 몇 번 다짐하다가 깊고
긴 잠에 빠져들었다. 아침이 되어 더글러스가 잔소리를 늘어놓는 통
에 잠에서 깼다. 곰이 누군가의 식량을 훔쳐갔다는 것이었다. 천막에
서 부스스 나온 나는 반쯤 몽롱한 상태로 내 짐이 걸려 있는 쪽으로
비틀거리며 다가갔다. 거기에는 곰이 뱉어놓은 곡물 찌꺼기가 있었
다. 나는 곡물 찌꺼기와 짐 속에 있던 포장지 흔적을 따라 숲을 뒤지
다가 곰이 이빨로 씹어 열어놓은 내 짐가방을 발견했다. 다시 쓰기는
불가능했다. 하지만 적어도 13일 동안 맛보아야 할 괴로움에서 해방
되지 않았는가! 더 이상 여행을 계속할 수 없게 되었다는 사실에 나는
남모르게 안도했다.

　나는 엉망진창이 된 주변을 정리했고 동료들에게 아침을 얻어먹었
다. 모닥불 주위에 앉아서 주로 곰에 관해 이야기를 나누었다. 동료들

은 안전하게 짐을 매달아놓는 법을 알려주었다. 더 높은 가지여야 하고 좀더 바깥쪽에 매달되 주변에 다른 가지가 없어야 어미곰이나 새끼곰이 매달려 짐을 건드리지 않는다고 했다.

새벽 어스름이 걷히자 모습을 드러낸 높다란 나무들이 기운을 북돋워주었다. 나는 시냇가에 앉아 존 뮤어의 《캘리포니아의 산들*The Mountains of California*》을 펼쳤다. 느긋한 마음으로 저자가 묘사해놓은 모레인 호수Moraine Lake 기슭의 풍경을 상상해보았다.

그곳에는 1.8~2.4미터 높이의 호밀들이 멋지게 물결치는 야생 호밀밭이 있었는데, 15~20센티미터 정도 되는 이삭들이 달려 있었다. 이삭을 몇 개 문질러 알맹이를 빼보니 1.2센티미터 정도 크기에 색이 짙고 달콤한 맛이 났다. 인도 여자들은 바구니에 이삭들을 주워담는다. 여러 명이 웅크려 앉아 알곡들을 탈곡한 다음 또 바람에 까부른다. 여자들이 아치 모양의 멋진 장식술을 머리에 달고 꼬불꼬불한 길로 호밀들을 헤치고 나오는 모습은 정말 아름답다. 그네들은 쉴새없이 떠들고 웃으면서 기쁨을 꾸밈없이 드러냈다.

책을 덮은 나는 그 인도 여인들의 존재를 느낄 수 있었다. 여행을 계속하지 않아도 된다는 사실에 안심했던 마음은 사라지고 꼭 마쳐야겠다는 결심이 불현듯 일었다. 추마시 족 사람들이 그랬던 것처럼 이 세상을 이해하기 위해서 말이다. 나는 여덟 시간을 돌아다닌 끝에 식량 가방을 다시 가득 채워가지고 돌아왔다.

다음날 아침에 우리는 다시 출발했다. 이리저리로 바뀌는 길을 따라 우리를 반기듯 확 트인 넓은 숲속을 가로질러 오를 때 몸의 통증은 심해갔다. 우리는 위로, 위로 올라갔다. 까끗한 시내와 덤불을 지나면 다시 나무로 둘러싸인 길이 나타났다. 오후의 태양 아래, 우리는 센 물살로 흐르는 강을 끼고 나 있는 먼지투성이 골짜기를 따라 올라갔다. 물이 얼음장같이 차가운 작은 폭포들과 물웅덩이도 보고 급류가 흐르는 개울들도 지나쳤다. 한 폭포에 이르러 우리는 짐을 내려놓았다. 포효하는 듯한 물소리를 들으며 여기저기 널린 화강암 바위에 앉아 조용히 식사를 하고 책을 읽고 또 메모를 했다. 덥고 땀범벅이 되어 있었던 터라 나는 물속에 몸을 담갔다. 낮잠을 한잠 자고 난 뒤 맨발로 둥근 돌 위를 경중경중 뛰어 상류로 올라갔다. 주위에 핀 야생화, 잠자리 그리고 물속에서 송어 떼가 몰려다니는 게 보였다. 휴식을 취하고 재충전된 우리는 위를 향해 행진을 계속했다. 곧이어 생명력 가득한 언덕들이 펼쳐졌다. 아고산대에 가까워지자 크지는 않지만 빽빽하게 들어찬 낙엽송, 소나무, 가문비나무들이 나타났다. 시야가 넓어지고 공기는 옅어졌다. 소나무로 뒤덮인 거대한 폭포와 울창하게 우거진 계곡 위로 우뚝우뚝 솟은 봉우리와 산등성이는 각각 흑갈색, 회색, 황갈색 등 다양한 빛깔을 뽐내고 있었다. 우리는 이미 높은 곳에 올라와 있었지만 수목 한계선 위쪽의 고산 지대로 다시 진입했다. 그곳에는 둥근 돌들이 드문드문 놓여 있는 깊고 푸른 호수들 주위로 풀밭이 펼쳐져 있었다. 우리는 하룻밤을 묵기 위해 텐트를 쳤다.

나는 기름을 듬뿍 칠한 기계처럼 생활했다. 5시 30분에 기상해서 모닥불을 피우고 아침을 먹은 후 7시에는 짐을 싸서 출발했다. 우리는 매일 걷고, 호수에서 낚시하고, 초원에서 잠을 잤으며, 고산 지대

에 펼쳐진 경이로운 광경을 경외심에 가득 차서 바라보았다. 일주일
도 안 되어서 나는 변화를 느꼈다. 정력적이던 내가 조용하고 사려 깊
은 사람이 되었다. 마치 산이 내 안에 존재하거나 산과 내가 하나가
된 것처럼 말이다. 나는 이제 대지의 생태 주기를 따르고 있었다. 내
가 살아온 31년 동안 한순간도 끊이지 않았던 전기 에너지와 기계 그
리고 사람들이 내던 소음이 쥐죽은 듯 가라앉고 이제 설명할 수 없는
변화가 찾아왔다. 자연 법칙과 조화를 이루는 삶을 처음 맛보는 순간
이었다.

대담한 캘리포니아 곰들은 몇 차례나 더 우리 식량을 노렸다. 나는
식량을 매달아놓은 나무 근방에서 자되 돌덩어리를 수북이 쌓아놓으
라는 충고를 들었다. 만약 아직까지 이 지역에 살아남은 회색 곰들이
공격을 해온다면 목숨 부지하기가 어렵겠지만 흑곰들은 으레 쫓아버
릴 수 있었다. 아흐레째 되는 날, 곰 한 마리가 초콜릿 바를 노리고 바
로 내 위에 있는 나무에 올라가 있었다. 곰이 포기하기를 기다리는데
나뭇가지가 부러져 떨어졌다. 때는 자정이었다. 나는 일어나서 손전
등을 비추었다. 내 밧줄이 걸려 있는 나뭇가지 위에서 한 쌍의 눈이
이글거리는 게 보였다. 돌 몇 개를 던졌더니 그놈은 더 높이 기어 올
라갔다. 전등을 끈 후 쿵쾅거리는 심장을 진정시키며 30분 동안 조용
히 앉아 있었다. 곰은 천천히 나무 아래로 내려오기 시작했다. 땅 위
에서 6미터 정도 되는 거리에 다다랐을 무렵 곰은 갑자기 쭉 미끄러
져 땅으로 내려오더니 도망을 쳤다. 열하루째 되던 날에는 먼지를 뒤
집어쓴 커다란 갈색곰이 우리 캠프 주위를 어슬렁거리는 걸 보았는
데, 나는 스무 걸음쯤 떨어진 곳에 서서 찍소리도 못 냈다. 머리털이

곤두서는 원초적인 공포를 느꼈지만 어쨌든 나는 살아남았다!

고도에 적응하며 12일을 보낸 뒤 우리는 휘트니 산 기지에 도착했다. 마지막 남은 식량을 나무 위에 걸어두고 우리는 정상으로 향했다. 아드레날린 분비로 기운이 나서인지 우리는 가파른 서쪽 길을 힘차게 올랐다. 정상에 가까워지자 한 걸음 내디딜 때마다 봉우리가 하나씩 나타났고, 해발 약 4,400미터 되는 높이어 오르자 전경이 우리를 에워쌌다. 남에서 북으로는 뮤어가 말한 '빛의 산맥'이 마치 뱀이 늘어져 있는 형상으로 빛났다. 서쪽으로는 산들이 겹겹이 지평선까지 뻗어 있었고 그 아래로는 바다와 경계가 맞닿은 컨 계곡Kern Valley의 위풍당당한 모습이, 그리고 동쪽으로는 바싹 마른 샐린 계곡Saline Valley을 가로질러 기상천외한 죽음의 계곡인 데스 계곡Death Valley이 있는 패너민트 산맥Mts. Panamint이 펼쳐져 있었다. 지형도를 펼쳐들고 봉우리들을 확인해본 후 나는 조용히 태양을 맘껏 들이마셨다.

나는 두려움 속에서 살아온 지난 31년을 반추해보았다. 나는 야생의 자연을 두려워했고, 자연의 힘을 두려워했으며, 또 곰을 두려워했다. 그리고 많이 가지지 못하는 것을 두려워했다. 이젠 이러한 두려움들에 사망 선고식을 치뤄줄 때가 되었다. 나는 내 두려움이 나무 열매나 매한가지라고 생각했다. 열매들은 가을의 태양빛을 받아 시들고, 중요한 자양분은 다시 생명을 지닌 나무로 흡수된다. 자연 속에서 생명체가 태어나고 죽고 다시 태어나기를 반복하며 순환하는 것처럼 내게도 죽음의 물결이 다가오는 걸 느꼈다. 이제 나는 내 삶에서 느꼈던 두려움의 대부분은 무지 때문이었다는 걸 알고 있다. 나를 자연으로부터 분리시켜놓은 건 내 자신의 두려움이었지만, 온전한 내가 되려면 자연의 일부가 되어야 한다는 것도 알았다. 설명하기 어려운 또 하나의 두려움이 옅어져갔다. 바로 죽음에 대한 두려움이었다. 나무들은 썩어서 새로운 생명을 키운다. 나 또한 육신이 죽은 후에라도 생명을 위한 자양분이 될 수 있을 거라는 상상을 해보았다. 거대한 생명의 세계 속에서 내가 어떤 위치를 차지하고 있는지가 좀더 선명하게 잡히기 시작했다.

케랄라에서 배운 것들

새벽 2시경, 뭄바이에서 나는 한 시간 전에 만난 어떤 남자와 한 침대에 누워 있었다. 어둠 속에서 그와 인생 얘기를 나누었다. 어쩌다 보니 이런 상황에 놓이게 됐다. 비행기에서 옆 좌석에 앉았던 젊은 여성이 케랄라Kerala로 가기 전에 여섯 시간 정도 자고 가는 게 좋겠다며 자기 집으로 초대했던 것이다. 공항에 도착해 화물 찾는 곳에서 그녀의 아버지와 몇 마디 말을 주고받았는데, 그는 내가 아들이라도 되는 양 내 어깨에 팔을 두르고는 자신들의 차에 태웠다. 가족 간에 재회의 기쁨이 진정되자 그녀는 오빠와 함께 침실을 쓰라고 했다. 오빠는 내 또래의 기계 기술자였다. 인도에서는 손님을 이런 식으로도 환대하는가 싶었지만 나는 지속 가능성이란 게 무엇인지를 이곳에서 알게 되었다.

인도 남서부에서도 끝자락에 위치한 케랄라는 울창한 숲들과 개펄, 모래가 많은 열대성 해변이 특징이다. 캐나다의 밴쿠버만한 땅에서 캐나다 전체 인구와 비슷한 3,000만 명이 산다. 교육 수준은 높은 편이고 평균 수명도 길다. 아이들은 건강하고 가족 규모는 작으며 일인당 연수입은 북미의 60분의 1로 낮은 수준이다.

모든 방법은 특권층만이 아니라 누구나 어디서든 실행할 수 있어야 한다는 두 번째 계획 지침의 길잡이가 될 수 있는 곳이 이곳이었다.

여기서 처음으로 배운 건 윌 알렉산더Will Alexander 박사의 '케랄라 현상'이었다. 산 루이스 오비스포의 캘폴리Cal Poly 대학 명예교수인 알렉산더 박사는 1988년에 퇴직한 뒤 매사추세츠 지구 감시 사업의 일환으로 한 연구 단체를 조직하여 이 현상을 속속들이 파헤쳤다. 박사의 연구는 독특했다. 박사가 이끄는 연구팀에서 고민하는 주제는 이런 것이었다. 우리가 세계 최저 소득 문화권에서 배울 수 있는 21세기 생존법은 무엇인가?

알렉산더 박사는 케랄라의 특이성을 간파했다. 필수품조차 부족한 빈곤 국가들뿐 아니라 욕망에 굶주린 선진국들이 배워야 할 교훈을 케랄라에서 찾을 수 있었다. 1993년 2월, 그는 한 달 동안 이루어질 프로젝트에 동참할 환경운동가 한 사람을 모든 경비가 지원된다는 조건하에 찾고 있었다. 그 운동가의 임무는 환경영향력이 높은 국가에서 실행될 수 있는 지속적인 삶의 방식을 배우고 돌아오는 것이었다. 나는 지원서를 넣었고, 그는 나를 선택했다.

"케랄라의 출산율과 삶의 질 지표는 제1세계 국가들과 유사하게 나타나는데, 일인당 국민 총생산은 제3세계 국가의 소비 수준과 같다." 알렉산더 박사는 케랄라의 특이성을 이렇게 정리했다. 케랄라의 수수께끼를 파헤치려는 사회 정치 분야 학자들과 의료계의 진지한 연구는 오래전부터 시작되었다. 케랄라는 어떻게 적은 생산량으로 풍요를 누

표 3-1 · 케랄라 지표			
	미국	케랄라	인도
인구(단위: 백만)	292	31.8	1,069
출산율(1,000명당)	16	17	29
삶의 질 지표			
유아 사망률	7	12	65
평균수명(남)	74	68	63
평균수명(여)	80	74	64
성인 문자해독률	96%	91%	44%
재화 소비			
지표: 1인당 국내 총 생산	$34,260	$566	$460

릴 수 있는 것일까? 케랄라, 인도, 미국의 삶의 질 지수를 표 3-1에 간단히 정리해놓았다.

케랄라 현상은 쉽게 요약될 수 없다. 역사, 정치, 사회, 생태물리학 등 케랄라의 성공에 이바지한 요소들이 너무나 많기 때문이다. 우선 케랄라는 수입 증가와 산업화보다는 빈곤 퇴치에서 본보기를 보였다. 개발에 따른 인구통계학적 변화에 대한 이론에 의하면, 빈곤국들은 제3세계의 저개발 농업 경제에서 제1세계의 개발산업 경제로 옮겨가야 한다. 그리고 옮겨가는 속도가 빠를수록 쓰레기로 뒤덮인 거리와 디젤엔진이 내뿜는 매연, 빈곤 현상으로 특징지어지는 제2세계의 덫을 피할 수 있다고 한다. 산업 개발을 옹호하는 측은 지나친 자원 개발이라는 문제에 종종 맞닥뜨린다. 저소득 국가들은 엄청난 프로젝트들을 진행시키려고 다국적 기업과 세계 은행에 빚을 지게 되는데, 광물이나 재목을 팔아 부채를 갚아나가고 또 돈이 되는 곡물을 재배해 수출한다. 그동안 국내에서는 빈곤 문제가 심각해진다.

케랄라의 지식층들은 케랄라가 안고 있는 문제점을 주저없이 지적한다. 실업률 25퍼센트, 낮은 경제성장률, 높은 교육 수준을 지닌 주민들에게 자체적으로 제공할 직업의 기회가 턱없이 부족하다는 것 등이다. 해외 취업으로 발생하는 수입을 포함시키지 않았기 때문에 케랄라의 일인당 국민 총생산 수치가 어떻게 왜곡되었는가에 대한 건전한 논의도 계속되고 있다. 세계화 관련 이슈들이 케랄라가 어렵사리 이뤄낸 성공에 도전장을 내고 있는 상황이긴 하지만, 나는 여기서 케랄라 주민들과 직접 접촉한 나의 경험과 그들에게 배운 실천 방법들을 함께 나누고자 한다.

케랄라의 주도 트리반드룸Tribandrum에 도착한 뒤 나는 인력거를 타고 소달구지와 코끼리 그리고 연기를 내뿜으며 휙휙 달리는 버스들 사이를 가로질러 도시를 빠져나왔다. 변두리에는 여자들이 일렬로 앉아 돌덩이들을 무더기로 쌓아놓고 망치로 두드려 길에 깔 자갈을 만들고 있었다. 우리는 곧 그늘이 드리워진 어느 길로 들어갔는데, 축축한 흙 냄새와 숲과 꽃의 산뜻한 향기가 인력거꾼의 순수한 체취에 섞여 풍겨왔다. 들판을 지나면서는 근육이 불끈 솟은 사내 하나가 웃통을 벗어젖힌 채 무수히 고랑진 검은 흙밭에서 홀로 일을 하는 게 보였다. 멀리 보이는 가느다란 실루엣은 점점 다가오더니 머리에 광주리를 얹고 능숙하게 걸어오는 여자의 모습으로 변했다. 우리는 짚으로 지붕을 이은 단정한 집과 정원, 들이 있는 한 작은 마을을 가로질러

미친 듯이 질주했다. 동물을 포함해 수백 명의 사람이 사는 이 마을에 교통 수단이라곤 내가 탄 인력거 한 대뿐이었다. 문이 길 쪽으로 난 가게들이 보였다. 한 재단사가 일할 준비를 하고 있고, 바나나와 파인애플이 진열된 노점상이 있다. 물론 찻집도 있다. 길 한쪽의 자전거 가게에서 타이어에 바람을 넣고 있던 한 소년이 미소를 짓는다. 또 다른 소년은 바퀴를 손보고 있다. 우리는 서로 손을 흔들어 보였다.

인력거를 타고 한 시간쯤 가니 코발람 해변에 있는 복작거리는 해안 도시가 나타났다. 연구 프로젝트가 시작되려면 이틀 여유가 남아 있었다. 나는 해변 가의 수수한 방 한 칸을 구했다. 그러고 나서 수영복을 입고 모래사장을 가로질러 조깅을 하다가 아라비아 해의 굽이치는 물결 속으로 뛰어 들어갔다.

여기서 나는 지속 가능한 것으로 보이는 일련의 행동들을 목격했다. 이 세상은 원래 인간의 힘이 중심이 되는 곳이다. 그러나 트리반두룸은 이와는 대조적으로 인간 본위로 돌아가는 도시라고 해야 옳았다. 대기 오염률을 높이는 연료와 쓰레기 때문에 제2세계적이라는 느낌을 주는 도시였지만, 이곳 마을의 생활은 대체로 밝았다. 상냥한 아이들이 무리지어 다가오더니 "안녕하세요, 아저씨. 펜 하나만 주세요." 하는가 하면, "1루피만 주세요." 하며 손바닥을 내밀었다. 내가 회화책을 찾아 말라얄람어(케랄라 주의 공용어—편집자)로 이름이 뭐냐고 물었더니 아이들은 웃음을 터뜨렸다. 나는 코, 파도, 해오라기, 집 등을 가리키며 그에 해당하는 말라얄람어를 수첩에 적어놓았다. 아이들과 나는 끼리끼리 어울려 다니다 이 작은 어촌 마을에 있는 한 옥외

이슬람 사원에 도착했다. 아이들에게 이슬람교도냐고 물었더니 고개를 끄덕였다. 남자아이와 여자아이 여덟 명을 이번에는 한 명씩 지적하면서 물었다. 두 명이 고개를 끄덕이며 그렇다고 대답했고, 나머지 여섯 명은 아니라고 고개를 흔들었다. 케랄라의 특징 중 하나는 종교가 다양하다는 것이다. 이슬람교 20퍼센트, 기독교 20퍼센트, 힌두교 60퍼센트라고 하는데 나는 정말 그런지 궁금해졌다.

아이들과의 관광은 짚으로 지붕을 이은 집들 사이를 왔다갔다하다가 다른 기념물로 옮겨가고, 다시 옥외로 나가는 식으로 이루어졌다. 종교색 짙은 이 마을에는 오래된 상록수 한 그루와 갈대밭이 있었다. 아이들과 나는 묻고 대답하기 게임을 했다. 힌두교도냐는 물음에 네 명이 그렇다고 했다. 우리가 세 번째로 간 곳은 하얀 십자가가 달린 한 옥외 교회였고, 아이들에게 기독교도냐고 물으니 두 명이 그렇다고 고개를 끄덕였다. 20, 20, 60의 비율에 가까운 셈이었다. 2주 전에 인도 북부 지역에서 발생한 힌두교도와 이슬람교도 간의 폭력 사태로 우리의 연구 프로젝트는 애매한 상황에 빠져 있었다. 나는 회화책을 뒤적여 '친구'에 해당하는 단어 '쿠타카리'를 찾아내고는 손가락으로 나와 아이들 무리 주위에 원을 그리면서 "쿠타카리?" 하고 물었다. 아이들은 모두 웃더니 고개를 끄덕이면서 내 발음을 고쳐주려고 합창하듯이 '쿠타카리'를 반복했다. 나는 싸움을 표현하려고 두 주먹을 들어올려 보였다. 그랬더니 아이들은 왁자하게 웃으면서 외쳤다. "노, 노! 쿠타카리!"

이곳 아이들은 남자 여자 할 것 없이 전혀 통제받지 않았고 자유롭고 자신감에 찬 태도를 보이며 놀기를 좋아했다. 자발적이고 두려움 없는 그 아이들은 능숙한 관광 안내원이기도 했고 또 몇 시간 동안 선생이 되기도 했다. 서로를 존중하고 절대로 싸우지 않았다. 빅 마운틴에 있던 나바호 족 아이들도 이랬다. 이곳 아이들은 TV도 보지 않을까? 나는 궁금했다. 여기서 인간 본성에 대한 나의 생각이 완전히 바뀌었다. 이 아이들이 지닌 평화로운 본성이 케랄라가 이룬 성공의 열쇠였을까?

우리 그룹은 서서히 줄어 남자아이 셋만 남았고, 그 아이들은 나를 나무로 만든 커다란 물레가 있는 곳으로 데려갔다. 사람들이 그 물레로 코코넛 겉껍질에서 채취한 섬유질로 노끈을 만들고 있었다. 이렇게 만든 노끈으로 밧줄과 그물을 짜고 돗자리를 만들어 수출을 한다. 아이들은 자전거같이 생긴 나무로 된 기계를 천천히 움직였다. 간디의 카디khadi(물레를 돌려 손으로 직접 짠 옷감—편집자) 운동, 즉 그 영광스러운 물레로 상징되는 자족 운동이 여기서도 존재하고 있었다. 물레를 돌려 옷이나 카디를 스스로 짜 입음으로써 잔인한 영국 제국주의자를 배척하기 위해 전국적으로 전개된 대규모 저항 운동. 그 위대한 소금행진과 마찬가지로 실용적이기도 하지만 정치적이기도 하다. 자립과 가내 공업을 장려하던 스와데시swadeshi(경제적 자족—편집자) 운동이 인도 독립과 간디 사망 이후 50년이 지난 지금도 여전히 살아 존재하는 것이다. 코코넛 껍질로 그물을 떠서 호수에 열 달 동안 담가두면 쉽게 섬유를 분리해낼 수 있게 흐물흐물한 상태가 된다. 분리한 섬유가 햇빛에 말라 황금색 솜털처럼 변하면 물레질을 하기에 알맞은 상태다. 소년들은 내게 물레질을 해볼 기회를 주었다. 저녁 먹으라고

부르는 소리가 들리자 우리는 "핀 네이 카 눕." 하고 인사하며 헤어졌
다. 다음에 만나요, 라는 뜻이다.

　더위와 흥분 때문에 나는 깊은 잠을 이루지 못했다. 하지만 상쾌한
기분으로 일어났고 채식 위주의 맛있는 아침식사를 하러 밖으로 나왔
다. 여기서는 식품 피라미드 하위에 있는 식품군을 먹는 게 보통이었
다. 고기나 생선을 먹는 사람도 일부 있지만 대부분의 인도인들은 채
식주의자이다. 식사를 마친 뒤 마을길을 걸었다. 혼잡한 20세기적 특
징이 있는 열대 낙원이었지만, 그 혼잡스러움도 구릉 지대로 들어가
면서부터는 한결 덜했다. 절벽 위에서 나는 관광객들에게서 시선을
돌려 해변을 내려다보았다. 벌거벗은 아이들이 물장난을 하고 있었
다. 남자들은 선미, 후미의 구분이 없는 노젓는 배 위에다 그물을 싣
고 있었고, 여자들은 샘물을 길어 머리에다 이고는 집으로 날랐다. 남
자 셋이 코코넛을 모으고 있었다. 나무 위로 올라간 남자가 큰 칼로
나뭇잎과 코코넛을 잘라내면 아래에 있는 이가 그것들을 주워모아 수
북이 쌓았다. 나머지 한 남자는 코코넛에 머리를 맞는 사람이 없도록
망을 봤다.
　길 건너편에서는 여자 여섯이 그늘에 앉아 편평한 말린 코코넛 잎
사귀로 돗자리를 짜고 있었는데 어지간한 양이 쌓여갔다. 나는 판지
만드는 과정을 보려고 다른 데로 돌아다닐 필요가 없었다. 원료인 푸
른 잎사귀를 잘라내 모아서 갈색이 될 때까지 그늘에 말린 다음 길 건
너에 팔면 거기서 짜는 과정을 거친다. 완성된 돗자리로는 집의 지붕
과 벽을 대고, 뒤뜰에 욕실용 작은 오두막을 짓기도 하는 등 용도가

다양하다. 해변에서는 아주 적은 양이 쓰이는데, 그물이나 배를 그늘에 말릴 때 필요하고, 관광객이나 마을 입구에서 돌을 깨고 있는 여자들을 위한 차양이 되기도 한다. 썩고 오래된 돗자리는 토질을 굳게 하고 침식률을 줄이는 지면 덮개로 쓴다.

이쯤에서 유럽에서 제조업체가 요람에서 무덤까지 생산 품질을 책임지게 하는 사업 정책을 공식화시켰다는 점을 생각해보자. 그러나 건축기사 윌리엄 맥도너William McDonough의 《요람에서 요람Cradle to Cradle》이란 책 제목처럼 이곳에는 요람만 있을 뿐 무덤이 없다. 쓰레기는 곧 양식이란 등식이 성립되는 곳이다. 숲을 밀어버리는 일도 없고 공장도, 화석 연료도, 보험과 마케팅도 없다. 가공 처리에 필요한 것은 과일 열매와 잘라낸 잎사귀뿐이다. 나는 뉴욕에 있는 첨단 설비를 갖춘 공장에서 6년 동안 가공 처리 기술자로 일했고 제조 기계를 설계했다. 그런데 지금은 지속 가능한 삶의 공장이 가동되는 현장에 와 있는 것이다. 어제 봤던 물레로 짠 코코넛 실과 오늘 사람들이 나무에서 잘라내던 코코넛을 연관지어보았다. 전에도 음식점에서 코코넛 껍질을 연료로 커리를 끓이는 걸 보았고, 코코넛으로 만든 우유와 고기로 두 끼 식사를 해결하기도 했다. 연료, 음식, 보금자리, 낚시 그물, 밧줄, 이 모든 것이 다 한 나무에서 나오는 것이지만 사람들이 이것들을 얻기 위해 나무를 희생시키는 일은 절대 없다.

내가 듣기로, 코코넛 나무의 원산지는 케랄라가 아니다. 그래서 이 나무가 처음 케랄라에 들어왔을 때는 한때 토착민이 다양한 생물들과 더불어 살던 풍요로운 정글을 침범했다고 한다. 그러나 자칭 생태근본주의자인 내가 보기에도 코코넛 나무가 이루고 있는 생태 지역 경제는 내가 보아왔던 북미 지역의 어떤 것보다도 정말 뛰어났다. 아스팔트 재질의 지붕 타일, 비닐 또는 목재로 만든 건물 외벽, 금속과 폴리에스테르가 들어간 우산, 타르칠을 한 PVC 방수포, 이밖에 생태근본주의자라는 내가 집에서 쓰던 모든 물품을 만들어내는 데만도 어떤 원료와 과정이 필요한지 생각해보라. 이곳에서 본 이 지역만의 수제 생산품들은 마을 단위로 자립경제가 이루어지고 있다는 증거였다.

몇 해 동안 인도 독립을 목표로 대규모 저항 운동을 벌이고 나서, 1939년 간디가 내린 결론은 이러했다. 공장을 주축으로 문명화된 곳에서는 비폭력 운동이 뿌리내리지 못하지만 자립 생활을 하는 마을에서는 가능하다는 것이다. 1999년 시애틀에서 열린 세계무역기구 반대 집회나 미국의 선제공격 전략만 보아도 간디의 명료한 결론은 여전히 진지한 울림을 준다.

노동을 공유함으로써 부유층과 빈곤층이 서로 간의 유대를 발전시켜나가는 모습이야말로 정말 감명 깊었다. 캘리포니아에 있을 때는 들판에서 일하는 백인을 본 적이 없었다. 오로지 멕시코인들뿐이었다. 공장처럼 운영되는 과달루페Guadalupe 농장 근처에 있는 반덴버그Vandenberg 공군기지에서 엔지니어로 일할 때 주위에서는 멕시코인들을 상대로 인종차별적인 말을 많이 했다. 그러나 생산 품질이 떨어진다는 불평은 거의 들어보지 못했다. 가사노동을 하는 사람은 무시당했다. 중간계급이지만 가난하거나 하인 신분의 여자들이 하는 일이라는 인식 때문이었다. 나 자신도 기계공학 분야에서 학위까지 땄는데 육체 노동은 할 수 없다는 생각을 가지고 있었다. 그러나 이곳 사람들은 노동이 즐거운 행위라는 인식을 갖고 있는 것 같았다. 나는 계속해서 걸어갔다.

점심을 먹은 뒤, 우연히 방파제를 쌓고 있는 여덟 명의 남자들과 마주쳤다. 높이가 허리까지 오는 큰 돌덩이 양쪽 밑에 밧줄로 묶어 연결한 2.4미터 정도 길이의 단단한 대나무 막대기 두 개를 어깨 위에 올려놓고 사내들이 동시에 일어나면서 돌을 들어올렸다. 그러더니 방파제로 걸어가 그 위에다 조심스럽게 내려놓았다.

협동에 의해 이루어지는 단순한 노동의 고결함과 고된 노동은 시처럼 아름다웠다. 불도저나 대기를 오염시키는 연료가 판을 치고, 전쟁이 끊이지 않는 세계 경제가 존재하지 않는다면, 우리는 이런 노동을 하며 살게 되리라. 현명하고 창조적인 해결책은 텔레비전 바깥에 있었다. 나의 텔레비전 속 세상은 이미 와해되고 있었다.

다음날, 연구팀이 소집됐다. 우리는 내륙 24킬로미터를 달려 벨라나드Vellanad에 도착했다. 지방 자립경제의 중심지 케랄라의 모델인 벨라나드에서 우리 팀은 이 작은 마을의 설립자인 비스와나단K. Viswanathan 씨를 만났다. 그는 통찰력을 지닌 사람으로 세계 각지를 널리 여행하며 공동체 운동을 연구했다. 또 케랄라의 명암을 모두 알고 있었다. 비스와나단 씨는 케랄라의 성공뿐만 아니라 실패에서도 배울 점을 찾으라는 충고와 함께 실험을 두려워하지 말라면서 우리를 격려해주었다.

어느 날 밤 소박한 그의 집에서 인도의 현행 환경 프로그램을 운영하고 있는 의장이 자리한 가운데 우리는 세계가 처한 심각한 상황에 대해 토론을 벌였다. 대화가 부정적인 쪽으로 흘러가자 그가 점차 불쾌한 기색을 드러냈다. 마침내 비스와나단 씨는 떨리는 목소리로 말했다. "그만합시다! 우린 이미 어두운 면을 충분히 보고 있습니다. 그런 얘기를 더 하는 건 의미가 없어요. 음…… 희망의 등불을 밝히는 것…… 그것이 우리 삶이어야 하지 않을까요." 그의 말은 중요한 진실을 일깨워주었다. 그렇다. 내가 원했던 건 케랄라에서 보내는 동안 해결책을 찾는 것이었다. 어떻게 하면 부자 나라들의 환경영향력을 줄이고 삶에서 다시 기쁨을 느낄 수 있는가라는 물음에 대한 해결책 말이다.

나는 하숙집 주인의 가족을 만났다. 영어를 할 줄 아는 그들은 또한 풀타임으로 이곳 문화에 관해 내게 도움을 줄 사람들이었다. 연구팀에 합류한 내 임무는 이 가족의 일원이 되어 궁금증을 해결하고, 이곳의 일상을 경험해봄으로써 미국에 돌아와서도 적용할 수 있는 지속가능한 삶을 위한 구체적 방법들을 찾아내는 것이었다.

여러 가지 이론들

이후 몇 주에 걸쳐 우리는 저명한 의사, 사회학자, 개혁가, 부족민, 여성 운동가, 역사학자, 환경보호 전문가 등을 만났는데 모두 케랄라 출신이었다. 이들 대부분은 공공 정책에 대해 날카로운 비판을 했고, 모두 각자 가지고 있는 지론을 바탕으로 케랄라가 보여준 성공과 실패를 설명했다. 다음은 성공 요인에 관한 그들의 이론 중 몇 가지를 소개한 것이다.

1. 여성의 높은 지위 : 케랄라에서 여성의 높은 지위는 긍정적인 피드백을 가져오는 데 기여해왔다. 여성이 생활 필수품 분배에 적극적이기 때문에 필요를 충족시키지 못하는 이가 거의 없다. 따라서 삶의 질 지수는 올라간다. 일단 빈곤에서 벗어나고 출산을 자유로이 선택할 수 있게 되면 여성들은 아이를 덜 낳기로 결정하는 경우가 많다. 가족 수가 적다보면 아이들은 필요한 애정과 보살핌을 받고 성장한다. '여아 기피 신드롬'은 여아에 대한 식량, 의료 서비스, 교육 기회의 제도적 박탈을 의미한다. 가부장적인 저임금 국가에서는 이런 병폐가 나타나는 반면, 케랄라는 모계 중심 사회이고 남아와 여아가 동등하다.

케랄라처럼 건강한 사회에서는 남아 대비 여아 수가 100대 104이다. 남아 100명당 인도, 파키스탄, 중국의 여아 수는 각각 93, 92, 94명이다. 알렉산더 박사는 케랄라에 여아가 많다는 통계가 모든 걸 설명해준다고 말했다. 인도 전체에서 케랄라와 같은 출산율과 유아 사망률을 보인다면 유아 사망 수가 매해 150만 명 줄어들 것이고 인구 증가율도 획기적으로 줄 것이다.

2. 풀뿌리 민주주의 : 1957년 자유롭고 공정한 선거를 통한 공산 정부 수립을 포함해 공산 정부의 강령은 토지 개혁과 억압적인 카스트 제도를 폐지하는 것이었다. 카스트 제도 폐지는 꾸준히 진행되었고, 1969년에는 세계에서 가장 성공적인 것으로 평가되는 토지 개혁법이

통과됨으로써 토지가 없던 1,500만 명의 농부들이 자신들이 노동력을 제공해온 토지를 소유할 권리를 얻었다. 개혁은 계속되었다. 1987년에는 케랄라 주의 실권 75퍼센트가 지역 내 정책 결정자들에게 돌아갔고, 세계에서 가장 강력한 풀뿌리 민주주의의 실례 중 하나로 평가받게 되었다. 사람들은 협력을 통해 이익을 쟁취할 수 있음을 경험했고, 민주주의는 제대로 실행되었다. 유권자의 투표율은 90퍼센트 이상이었다.

1957년 이래로 유권자들은 다양한 정당을 집권당으로 선출했으나 지방 빈곤층에 대한 지원은 변함이 없었다. 공산주의자들은 생산 수단을 장악하는 대신 대기업이나 정부의 통제를 받지 않는 평등한 경쟁의 장을 만들었다. 이보다 더 높이 살 일은 위정자들이 극빈층을 위해 일했다는 점이다. 그 결과 좀더 공평한 사회가 만들어졌고 빈곤은 인상적인 감소율을 보였다. 토지 개혁 이후 30년 동안 근면하고 독립적인 가정들은 안정된 토지와 주택을 소유하고 작물을 재배하여 일부는 자급하고 잉여물이 생기면 시장에 내다팔았다. 정부가 대기업에 투자하여 성장률을 촉진하는 방법으로 중소기업과 소비자에게 간접적으로 영향을 미쳐 경기를 자극하는 경제 운영 방식과는 정반대이다.

3. **투명한 사회 만들기 강령** : 빈곤층과 비특권층을 위해 고안된 정책을 말한다. 극빈자 가정을 위한 배급표를 정찰제 가격으로 파는 공정 가격 상점이란 것이 있는데, 모두 1만 3,000곳으로 케랄라 내의 모든 가정에서 걸어서 갈 수 있는 거리에 위치해 있다. 정부가 교육비와 의료비에 쏟는 돈은 예산의 65퍼센트다. 174개의 인문과학대학 중 41

개가 국립대학이고 나머지는 사립대학이다. 1991년 인문과학대학의 대학 예비자 과정, 학사, 대학원 과정에 등록한 총 등록자 중 남자는 7만 3,516명, 여자는 8만 2,538명으로 여자가 더 많았다. 케랄라 내의 도서관은 모두 5,000개로 인도 나머지 지역에 있는 도서관을 합친 것보다 많다. 의료센터는 각 가정에서 거의 4.8킬로미터 범위 내에 있다. 자영업 관련 정책으로 소규모 사업을 시작하려는 개인들에게 융자를 해주는데, 대출금 상환 기간은 유연하게 정할 수 있으며 5년 안에 상환을 완료하고 여전히 사업을 유지하고 있으면 처음 빌려준 돈의 25퍼센트를 덤으로 대출자에게 지급한다. 자영업자는 세금이 없거나 있더라도 적으며 규제 사항도 거의 없다. 큰 회사들은 남녀 구분 없이 노동자에게 정당한 임금을 지불할 의무가 있으며 직원은 조합원을 결성할 권리가 있고 실제로 많은 조합들이 존재한다.

위에서 논의된 성차별 폐지, 대중민주주의, 광범위한 사회 구성망과 같은 사회 차원의 해결책은 모두 지속 가능한 사회를 만드는 초석이다. 케랄라의 공공 정책은 세계의 어떤 지역이나 지방정부에도 적용할 수 있을 만큼 실용적이고 단순하며 공정한 프로그램을 실현하고 있었다.

나의 경험들

정신의학자 레잉R. D. Laing(1927~ , 정신분열증에 관한 연구로 저명한 영국 정신과 의사—편집자)은 우리의 경험은 이론을 이루는 근간이 되지만 경험한 양만큼 많은 이론을 가질 필요는 없다고 말했다. 어느 날, 하루 일과를 마치고 하숙집으로 돌아온 나는 절구로 쌀을 빻고 있는 하숙집 주인 셀바노스를 발견했다. 대낮인데도 그는 뒤뜰에다 초 한 대를 밝혀놓고 있었다. 셔츠는 벗어던진 채 바지만 걸친 셀바노스는 조용히 내게 인사했다. 뭔가 신성한 장면을 보는 기분이 들어서 엉겁결에 인사를 건네고는 방으로 들어가 쉬었다. 나중에 안주인 몰리에게 역에 가면 쌀을 금세 갈아주는 기계가 있지 않느냐고 물었더니 절구로 빻은 쌀과 기계로 간 쌀은 질부터가 다르다고 했다.

나는 대학 시절 역사책에서 배웠던 것과는 다른 사실들을 새로 터득하기 시작했다. 고대 사회에서 부족을 이뤄 살았던 인간들은 약육강식의 세계에서 항상 굶주리고, 동굴 안에서 와글거리면서 야생 동물들에게 잡혀먹힐 날만을 기다리며 살았을까, 아니면 식량을 벌기 위한 노동을 일상의 신성한 부분으로 여기면서 풍요로운 야생에서 살았을까? 고대 힌두시 《바가바드기타*Bhagavad Gita*》는 먹고 살기 위한 노동은 존재의 생명력을 유지시키는 일이 정신적인 사랑의 행위임을 입증하는 신성한 법이라고 노래했다. 톨스토이와 간디도 노동이 세계 시장에서 독립된 비폭력적인 사회를 건설하는 필요조건이라고 믿었다.

어느 날 저녁, 20대 청년 넷이 종종 하던 대로 내가 묵는 하숙집을 방문했다. 조용한 밤에 촛불 주위에 둥글게 모여 앉아 우리는 농담도 하고 이야기도 나누었다. 그들은 하나같이 수수께끼나 마술 같은 레퍼토리를 선보였는데, 나는 대부분 쩔쩔맸다. 거리를 따라 늘어선 이웃집들에도 촛불들이 켜져 있었는데, 그들은 현관 계단에 가족이나 친구들과 함께 모여 하루를 마감하는 중이었다. 나는 이 새로운 친구들에게 케랄라가 인도의 다른 지역보다 높은 삶의 질을 영위하는 까닭이 무엇이냐고 물었다. 한 명은 여기 사람들이 평화를 사랑하고 행복한 삶을 추구하기 때문이라고 대답했다. 다른 한 명은 케랄라는 협동이 잘 돼서 그렇다고 주장했는데, 이 말은 이곳에서 겪은 나의 경험을 요약해주는 말처럼 들렸다. 협동심은 북미인에게도 있었다. 오랜 옛날, 푸른 잔디로 뒤덮인 마을 주위에 집이 스무 채쯤 있을 때에는 서로 간에 법도, 울타리도 필요없었다. 집주인들은 그저 자기 몫만을 소유했고, 또 거기에 만족했다. 의도했든 의도하지 않았든 케랄라 사람들은 바로 그렇게 살고 있었다. 전세계가 이들과 같은 소비 수준을 보인다면 세계 생태적 생산 가능 공간의 60퍼센트는 야생 상태로 돌아갈 것이다.

전세계인이 아메리칸 드림을 꿈꾼다는 소리를 줄곧 들어온 터라 나는 이 청년들에게 무엇을 갖고 싶으냐고 물었다. 한 명은 자전거 한 대가 있으면 좋을 거라고 대답했다. 그래서 자동차는 어떠냐고 떠보았다. 그들 모두 '노, 노'를 반복했다. 지난 10년 동안 케랄라의 TV 소유율은 0퍼센트에서 13퍼센트로 늘어났다. 제리 맨더Jerry Mander는 《성스러운 것의 부재In the Absence of the Sacred》에 캐나다 앨버타 주 북부 딘Dene 지역에서 TV가 들어오는 데 조직적으로 저항한 것을 적고 있다. TV가 도입된 후 몇 년 지나지 않아 원주민여성협회에서 나온 신디 길데이Cindy Gilday는 이렇게 말을 했다.

TV는 이 지역 사람들의 삶에 유해한 행위나 가치들을 매혹적으로 보이게 하는 효과가 있습니다. 우리 전통은 생존과 밀접한 관계가 있습니다.

협동과 공유, 비물질적인 삶은 여기 사람들이 살아갈 유일한 길입니다. TV는 그와 반대되는 가치들을 제공하는 듯 보입니다. 한때 선생이었던 저는 TV가 이 마을로 들어온 이후 즉각적인 변화가 일어나는 걸 목격했습니다. 사람들은 원주민들의 이야기를 다룬 소설이나 신화, 언어에 흥미를 잃었습니다. 사는 법을 터득하게 해주는 아주 중요한 요소들임에도 불구하고 말입니다.

케랄라에 짧은 기간 머물면서 나는 TV가 지닌 위와 같은 영향력의 징후를 보았다. 이들의 문화가 TV에서 흘러나오는 광고의 맹공격을 견딜 수 있을 만큼 견고한 것인지는 시간이 말해줄 것이다.

실용적인 교훈들

케랄라에서 개인 또는 사회 차원에서 이뤄지는 급진적인 개혁에 관해 알게 된 후, 나는 이러한 의문을 가지게 됐다. TV를 치워버리는 것 말고 북미인들이 케랄라에서 배울 수 있는 실용적인 교훈에는 어떤 것이 있을까? 내 경험들 중 무엇이 조국에서 지속 가능한 삶을 꾸리는 데 유용하게 쓰일 수 있을까?

협동심

케랄라는 개인들에게 가장 핵심적인 요소로 협동심을 가르쳐왔다. 케랄라는 지난 100년 간 카스트 제도를 체계적으로 와해시켜왔고, 가장 혜택받지 못한 계층의 복지를 증진시키는 것이 중심 사업이었다.
같은 시기, 부유한 국가들 내에서는 계층화가 더욱 뚜렷해졌다. 1960
년에 상·하위 20퍼센트 간 소득 불균형이 30대 1이었지만, 1998년
에는 74대 1까지 벌어졌다. 의회에서 욕구를 제한하고, 세계에서 공
급받는 것 중에서 필요한 것만을 취하자는 법을 만들 리는 없다. 따라
서 자발적으로 수입을 줄이고 협동 정신을 실행에 옮기는 것은 개인
의 선택에 달린 일이다.

　이런 시나리오를 가정해보자. 고용인이 제공하는 서비스의 가격,
즉 임금을 각 개인의 가족 규모나 지리적 위치 등 고유한 상황을 현실
적으로 고려한 세계의 평균 임금 수준에 가깝게 정하면 어떻게 될까?
핵심을 말하면, 어떤 생산자가 물건을 생산하고 그 물건 값을 정할 때
이윤을 많이 남기려고 하지 않고 자신이 필요한 만큼만 매기는 것이
다. 비용은 줄어들 것이고, 각 가정은 장기적인 안정성을 보장할 만한
합당한 수준에서 가장 필요한 것들만을 얻기 위해 일할 것이다. 수입
은 줄어들고, 개인들은 적게 소비할 것이다. 물건 값이 떨어짐에 따
라, 다른 이들도 적게 일하고 적게 얻을 수 있다. 전체 경제가 점차 속
도를 늦출 것이지만, 그럼에도 개인들은 필요를 충족시킬 수 있을 것
이다. 개인이 벌고 소비하는 양을 제한하기만 하면 된다. 공산주의를
하자는 게 아니라 자발적으로 욕구를 줄이자는 말이다. 62억의 인구
가 내 뒤로 줄을 서서 차례를 기다리고 있으니까 말이다.

　한 예를 들어보자. 케랄라에서 이발 비용은 10센트이다. 내가 갔던
이발소는 약 6제곱미터(1.8평) 크기였다. 물질적으로 이발사의 생활은
소박했지만, 매달 말이면 가족들은 모두 만족해했다. 또한 식량을 직

접 재배해서 먹고 살았으며, 이발사와 아내는 부업이 따로 있었다. 이 발사가 미국식 삶의 방식, 곧 60~100배 정도 더 물질적으로 풍요로 운 삶을 원했다면 이발비는 10센트가 아니라 6달러 이상이 되어야 했 을 것이다. 내가 필요한 이상 요금을 매기면, 다른 사람들도 가격을 올리고 내가 생산하는 물품 값을 벌기 위해 노동 시간을 늘려야 한다. 이렇게 해서 비용은 계속해서 상승하게 된다. 여기에 편승하지 않는 사람은 낙오하고, 불평등은 점점 심해진다.

지구의 효용성

세계가 유한해 보일 때, 자원을 낭비하는 것보다 더 큰 문제는 시간 을 낭비하는 것이다. 지구가 수용할 수 있는 한계를 넘어선 시점에서 케랄라 사람들은 한 가지 대안을 제시해주고 있다. 바로 지구의 효용 성을 생각하자는 것이다. 새로운 세계의 패러다임에서 인간은 지구의 가장 적은 부분으로 삶의 질을 최대한 보장받으려 한다. 반면 지난 세 대의 패러다임 속에서 사람들은 소비나 자본을 최대한으로 늘리고 시 간 투자는 최소화했다.

시간적 효용성에 집중하던 건축가와 입안자 그리고 기술자들이 이 새로운 패러다임 안에서 지구의 효용성으로 눈을 돌려 창조력을 발휘 한다면, 지구 공간을 획기적으로 절약하는 결과를 가져올 것이다. 우 리 역시 지구의 효용성을 생각한다면 단순하고 안전하며 언제나 사용 할 수 있고, 값싸고, 환경 친화적이고, 재생 가능한 생산품과 서비스 를 구매해야 할 것이다. 아직 쓸 수 있는 질 좋은 엄청나게 많은 물건 들이 쓰레기로 버려지는 상황이므로, 이 같은 구매 기준을 충족시키기는 어렵지 않다. 우리가 과잉 생산된 물건들 속에서 정신없이 살고는 있지만, 각자가 사는 지역에서 진정으로 지속 가능한 방법에 따라 필수품을 생산해낼 방법을 개발할 만큼의 여유는 있다. 적게 쓰면 많이 벌 필요도 없다. 그러므로 일자리, 자원, 부를 더 효과적으로 공유할 수 있게 된다.

생태 지역주의

케랄라에서는 많은 물건들이 이 지역에서 나는 재료를 써서 자체적으로 만들어진다. 예를 들면, 그곳에 있을 때 내가 셔츠 제작을 맡긴 양장점이 있다. 재단사는 약 14제곱미터(약 4.2평)정도 되고 흰 칠을 말쑥하게 해놓은 공간에서 재봉틀 두 개, 탁자 한 개, 의자 네 개, 작업 중 옷을 걸어놓는 데 쓰이는 지지대 한 개를 놓고 작업을 했다. 그는 옆집 상인에게서 차를 가져와 내게 건넨 다음 치수를 재고, 필요한 재료의 양을 종이 쪽지에 적어주었다. 나는 가게를 몇 채 지나쳐 아래쪽으로 내려가서 케랄라산 수제 옷감을 20퍼센트 할인된 가격에 구입했다. 정부가 소규모 사업 장려 차원에서 보조금을 지급하기 때문이었다. 두 명의 조수가 내 치수를 꼼꼼하게 재는 동안에 우리는 웃으며 담소를 나누었다. 나는 이틀 만에 꼭 맞는 셔츠를 찾으러 그리로 다시 갔다. 가격은 얼마였을까? 옷감 75센트에 바느질 수공비 75센트였다. 왜 그렇게 가격이 저렴할까? 이발사와 마찬가지로 양장점 주인의 집도 소박했다. 자체에서 나는 원료와 노동력에 운송비는 전혀 들지 않았고, 광고나 선전에 드는 자원도 전무했다. 여기 북미에서 우리가 생태 지역적인 물품을 사용하려 한다면, 그것은 바로 세계화에 대항하여 대안을 창조하는 '바이오니어bioneer'들을 후원하는 것이다. 세계화에 저항하는 것은 중요하지만, 해결책을 실천하는 삶도 중요하다.

이러한 개념이 가공 기술자였던 내 머릿속에 자리잡기까지는 한참이 걸렸다. 나는 12년 동안 제조 공장에서 일했고 산업화된 방식을 당연한 것으로 받아들였다. 도대체 미국 소비자는 왜 셔츠 한 벌에 30달러씩이나 지불해야 할까? 비행기 좌석 안전벨트를 조이고, 북미 지역에서는 어떤 과정을 거쳐 셔츠가 만들어지는지 살펴보자. 먼저 목화밭을 둘러보면 비행기로 농약을, 트랙터로 화학 비료를 뿌려대는 모습이 보인다. 관개 시설도 있고 커다란 연료 탱크와 기계 그리고 건물들과 대규모 농가, 자동차 두 대, 트럭 두 대, 비포장 도로용 차량 두 대가 차도에 세워져 있다. 186제곱미터(약 56평) 넓이의 창고는 연장, 기계, 설상차로 꽉 차 있다. 이제 트랙터를 보험 들어놓은 보험회사의 본사 건물로 가보자. 업무용 오크 의자에는 경영진들이 앉아 있다. 그들은 회의 참석 때 일등석 비행기를 이용한다. 대단히 좋은 레스토랑에서 식사를 하고 최고급 호텔에 투숙한다. 트랙터 한 품목만 봐도 창고 보관, 배송 시스템, 마케팅 등에 돈이 든다. 공장에서 생산되어 나오는 셔츠의 최종 가격 외에도 광고, 보험, 자금 조달, 회계를 비롯한 경상비용이 추가로 더 들게 돼 있다.

케랄라에서는 이 과정의 대부분을 건너뛴다. 재단사는 정직하게 좋은 물건을 만들어 내놓는다. 새로 지은 옷을 입고 양장점 앞을 지나갈 때면 그들이나 고객이나 기분이 좋아진다. 제품에 만족하는 고객이 바로 광고가 되는 것이다. 보험도 없고, 전화, 컴퓨터도 없다. 자영업자가 되면 나라에서 세금도 물리지 않는다. 그리고 그들은 건강상

쾌적한 작업 환경에서 일을 한다.

카니 족

나는 케랄라의 원주민들을 무척 만나고 싶었다. 정글과 오랫동안 공존해온 그들에게 배울 수 있는 게 무엇일지 알아보고 싶었다. 통역관을 대동하고서 카니Kani 족이 사는 마을에 두 차례 갔고, 아직까지도 사냥, 수렵, 채집법을 익히고 있는 첸드렌이라는 원주민과 가까워졌다. 첸드렌의 마을은 흠없이 깨끗했다. 지붕을 짚으로 엮은 단정한 집들이 열대 기후의 푸르른 숲 한가운데 자리하고 있었고, 맑은 시냇물이 흘렀다. 북미에 있는 보통 숲보다 여덟 배 정도 크다는 이 숲에는 100가지 종의 나무가 있고 새들의 울음소리를 비롯한 자연의 소리들이 너무 풍부하고 다양해서 상대적으로 케랄라의 다른 곳들과 도시 지역들이 불모지처럼 느껴졌다. 이곳에서 나는 사람이 자연을 정복하는 것이 아니라 대지와 진정한 조화를 이루고 있음을 보았다.

그러나 카니 족도 압박을 받고 있었다. 벌목꾼과 농부들이 밀고 들어오는 바람에 산 위쪽으로 내몰렸다. 카니 족의 전통적인 사냥 구역은 지금은 공원으로 지정되어 보호되고 있다. 중간 지점에는 교회, 학교, 술집이 불쑥불쑥 들어서 신도와 학생과 손님들을 끌어모으고, 토지계획에 의해 카니 족 가족들이 일정 토지를 할당받고 난 뒤부터는 그들의 재산을 가로채려는 사기꾼들이 들어와 극성을 부렸다.

예순아홉인 첼라마라는 원주민 노파의 말을 통역자가 통역해주었다.

"우리가 어렸을 때는 숲속을 마음대로 돌아다니며 뿌리채소나 나무 열매, 과일들을 주웠다오. 우리에게 필요한 건 뭐든 있었지. 물은 깨끗한 개울물을 마시고 곡물 씨앗은 골짜기에다 뿌리곤 했지. 각자에게 자기 구역이 생기고 열매를 줍던 숲이 평평하게 깎여버린 지금은 골치가 아프다오. 이제 사람들은 하기 싫어도 곡물을 재배해야 하고, 또 그것들을 팔아 돈을 벌어야 하지. 우리는 더 이상 나라에서 관리하는 숲에 들어가지 못한다오. 게다가 야생 돼지가 내려와서 타피오카 뿌리를 마구 파헤쳐 놓지."

나는 그들이 농사를 시작하기 전에도 돼지가 내려와 말썽을 피웠느냐고 물었다. 노파는 그때는 돼지들이 자신들처럼 산에서 나는 열매를 먹고 살았으며 아무런 문제가 없었노라고 대답했다.

이 경험을 통해 인간이 자연을 상대로 벌인 싸움을 좀더 명확하게 이해할 수 있었다. 단일 경작 농업은 내가 이른바 '캔디 가게 효과'라고 이름붙인 현상을 초래했다. 야생 생물의 식량이 되는 식물들을 베어내고 먹기에 안성맞춤인 무수한 양의 열매와 곡물들(이 열매와 곡물들은 야생 생물들에게는 말하자면 사탕과 같은 것이다)을 길러내며 인간이 습격해오자 자연은 방어를 개시했으며, 그 싸움은 여전히 계속되고 있다. 그러나 이 싸움의 패자는 야생 생물인 경우가 많다.

나는 어린이들에게 카니 족 문화에 대해 가르치느냐고 물었다. 첼라마는 아이들은 하루 종일 집을 떠나 학교에 가 있고 집에 돌아와도 카니 족 문화나 이야기, 노래에는 흥미가 없으며 학교 때문에 숲에 갈 시간조차 낼 수 없다고 대답했다. 첼라마와 시간을 보내면서 나는 교육 프로그램이라든가 공장처럼 운영되는 학교의 의미에 대해 전반적인 의구심이 들었다. 수천 년 동안 인간은 대가족 제도 내에서 훈육되어왔다. 그런데 한창 성장하는 시기에 가족과 땅과 유리된 채 연령에 따라 나뉜 학급 안에서 무엇을 배우겠는가? 학교로 향하는 아이들이 안쓰러웠다. 내가 13년의 학창 시절을 마치 감옥 생활처럼 여겼던 것과 마찬가지로 말이다.

아이들에게 남겨진 선택이 공장과 농장에서 강제로 일을 하거나 하급 노무자가 되는 것뿐이라면, 학교에 보내는 편이 훨씬 낫다. 하지만 부족을 이루고 사는 이 지역에서는 경우가 다르다. 아이는 첼라마나 첸드렌과 숲속을 돌아다니면서 치료 효능이 있는 약초나 먹거리, 바구니 만드는 법, 노래와 시, 집 짓는 법, 영적인 의식에 대해 배울 것이다. 첸드렌의 부친은 '아유르베다' 라는 인도 전승 의술을 보유한 의사였다. 식물에 대해서라면 모르는 게 없으며 정글을 두루 여행하며 마을 사람들의 건강을 위해 약초를 채집했다. 열두 살도 되기 전에 첸드렌은 숲에 대한 해박한 지식을 쌓았다. 그는 10대가 되기까지 기숙학교에 다니지 않았고 가서도 5년 동안만 머물렀다. 그의 형 아피체리칸은 학교를 '협잡꾼' 이라고 했다. 교실에 줄지어 앉아 교육을 받는 대가로 요즘 카니 족 아이들은 숲에 대한 지식을 점점 잃어가고 있다.

추마시 족이 유럽인들과 접촉하고 나서 20년 뒤에 맞닥뜨렸던 문제와 이제야 마주한 카니 족이 직접적인 전쟁 위험에 직면해 있지 않다는 점은 다행스럽다. 그러나 사기꾼과 알코올, 획일적인 학교 체제 그리고 자연과의 조화와 정복 사이의 불균형이 그들의 전통 문화를 잠식하고 있다. 나는 여기서 사람들이 코끼리, 사자 등 거대하고 힘센 야생 짐승들과 큰 문제 없이 공존하는 것을 목격했다. 그리고 적게나마 뿌리식물인 타피오카를 단일 경작하면서부터 인간과 자연 사이에 어떤 불화가 싹텄는지도 보았다.

케랄라를 떠나며

케랄라에서 일을 마치고 난 뒤 히말라야에서 두 달을 보내기로 결정했다. 돌아오는 길목에서 정글이 다시 한 번 나를 불렀기 때문이다. 나는 10년 전에 케랄라 사람들이 단결하여 '조용한 계곡'이라 불리는 울창한 열대 원시림을 위협하는 댐 건설 계획을 무효화시킨 적이 있다는 얘기를 들었다. 부자들만이 생태 환경에 대해 목소리를 낼 수 있다는 편견을 뒤집은 사건이었다. 연간 수입이 300달러에 불과한 이곳 사람들이 이미 계획된 댐 건설 사업을 철회시키고 여러 주에서 관리하는 생물권 보호구역을 만들었던 것이다.

그곳으로 간 나는 소마다스라는 대학 교수를 만났다. 단정한 차림에 영어에 능통한 그는 친절하고 온화한 사람이었다. 소마다스 교수는 151제곱미터(약 45.6평) 정도 되는 집에 날 데려가 아내와 두 아들을 만나게 해주었다. 집은 깨끗했다. 진흙과 벽돌로 벽을 세우고 지붕은 짚으로 이은 집이었다. 가구나 가전제품도 없고 잠은 모두가 마른 풀을 깐 돗자리에서 잤다. 소마다스의 옷들을 단정하게 개어놓은 옆에 나머지 세 식구의 옷을 쌓아놓은 비슷한 옷더미가 있었고, 부엌 바닥에는 냄비를 올려놓게 돼 있는, 흙으로 만든 화덕이 두 개 있었다. 살림살이를 모두 합쳐도 한 사람당 등짐 몇 개만 지면 될 정도였지만 빈곤한 형편은 아니었다.

케랄라의 원주민들은 불과 50년 전까지만 해도 최하층 계급 이하의 사람들로 취급되었고, 인도 전역에 걸쳐 지금도 그렇다. 인도 역사로 보면 소마다스와 그 아내의 결혼은 넬슨 만델라Nelson Mandela (1918~ , 남아프리카공화국의 흑인 민권 운동가, 최초의 흑인 대통령—편집자)가 남아프리카에서 대통령으로 선출된 일만큼이나 기적적이다. 소마다스는 원주민 부족사회는 모계 중심이라 자신이 아내 가족의 일원이 되었다고 했다. 이렇게 해서 그의 아내는 출산과 육아에 가장 도움이 되는 자신의 친족과 함께 지낼 수 있게 되었다. 또 이곳 여성들은 남성들과 동등한 지위에 있다고 했다.

그 아내의 부락에서 우리는 무판이라고 하는 세습 지도자를 만났다. 여위었지만 근육이 다부진 65세의 그는 돌로 건물을 짓는 일을 하다가 일어나서 우리를 향해 환한 미소를 지었다. 무판과 함께 산책을 하면서 나는 부족민들의 삶이 어떠냐고 물었다. 무판은 슬픈 눈으로 말했다.

"우리 부족민들은 살 길이 없어졌다오. 숲은 빼앗겼고, 다른 마을 사람들이 늘 침범해 들어오고 있소. 남자들은 하루에 1달러를 벌기 위해 밖으로 나가서 하급 노동을 하고 있소. 가진 땅이 적어서 우리는 개발 외에는 다른 선택의 여지가 거의 없소. 우린 전통을 잃어버렸소."

나는 그들의 전통에 대해 물었다. 족장은 정글 위로 솟아오른 울퉁불퉁한 산봉우리를 가리키면서 말했다.

"부족민들에게는 산은 신과 같소. 우리의 이야기나 노래가 다 거기서 나옵니다."

나중에 소마다스에게 들은 바에 따르면 무판은 온건한 지도자라고 했다. 다른 사람들보다 부자도 아니고 그저 정직하고 가정적인 남자라고 한다. 문제가 생기면 그는 대화로 해결할 것이고 처벌은 꼭 필요할 때만 내린다. 부락과 부락 사이에 문제가 발생하면 무판은 특별 회의를 소집할 것이다. 그런 경우가 아니라면 지역 부락을 지배하는 통제 장치는 존재하지 않는다.

원주민들이 억압적인 문화를 갖고 있으므로 그들을 낭만적으로 묘사하지 말라는 주의를 자주 들었다. 어떤 곳에서는 그것이 사실일 수도 있겠으나, 내 경험상으로는 아니었다. 지난 14년에 걸쳐, 전체로 따지면 일년여의 시간을 나는 많은 부족 공동체 속에서 지냈다. 걷거나 자전거를 타고 여행을 했고 들판이나 그들의 집에서 잠을 잤다. 일부 추한 일을 목격하긴 했어도 대부분 알코올이나 외부 탄압 그리고 종족 학살의 회복 과정에 관련된 일이었다. 하지만 나는 위협을 느껴본 적은 결코 없으며, 놀랄 만큼 환대와 친절로 대접받았고, 그들의 자치와 관련한 문제에서도 그들과의 결속감이 점점 단단해져갔다. 그들에게 배울 것이 있든 없든, 우리가 그들의 방식을 좋아하든 하지 않든 그것은 중요하지 않다. 그들에게는 자신들만의 미래를 결정할 고유 권리가 있다. 그리고 그들은 자신들의 기반으로 삼을 대지를 넘치

게 돌려받아야 한다. 부족 문화가 궁극적으로 현대사회에 동화되어야
한다고 생각하는 것은 자민족 중심적인 폭력이나 진배없다. 우리는
이기심 때문에 우리를 구할 수 있는 지혜를 잃을지도 모른다.

소마다스와 보낸 하루는 삶이 얼마나 단순하고 건강해질 수 있는가
를 확인시켜주었다. 정장 바지를 입은 채 원주민으로 살면서 단순한
삶을 기꺼이 감당하려는 그의 자세는, 그러한 삶의 미덕을 관찰하러
온 나에게 '나도 내가 원하는 삶을 선택할 수 있다는 사실'을 일깨워
주었다.

케랄라를 떠나 야생 지역을 둘러보기 위해 히말라야행 열차를 탔
다. 케랄라 현상을 완전한 것으로 만들 필요가 있었다. 늦은 5월, 나
는 프랑스인 한 명을 만나 함께 눈 덮인 신쿤라Shinkhun-La 고개를 13
일을 걸어 파둠Padum에 도착했다. 파둠은 잔스카Zanskar의 수도로 아
직 도로가 뚫려 있지 않다. 거기서부터 나는 한 달 반 동안 홀로 여행
을 계속했다.

티베트 불교 사원에서 하루를 묵고 나서 손으로 그린 지도 한 장과
14일치 식량을 들고 해뜨기 전에 그곳을 떠났다. 목표지는 샤디Shadi
마을이었는데, 5킬로미터 이상을 걸어야 하는 먼 곳이었다. 정상에
가까워지자 표면에 덮인 눈이 녹으면서 무거운 등짐을 진 채 걸음을
옮기기가 힘겨워졌다. 한 걸음 한 걸음 눈을 밟으며 올라가는 동안 심
장은 방망이질쳤고 호흡이 가빠졌다. 새파란 하늘 아래서 공포가 엄
습해왔다.

정상에 올랐을 때는 완전히 지쳐 있었다. 낡아빠진 깃발들이 꽂혀

있는 그곳에서 점심식사를 하려고 멈췄다. 길고 매끈하게 뻗은 계곡들을 내려다보니 사람의 흔적이라곤 어디에도 없었다. 그 계곡들은 히말라야의 거친 자연 속에 묻혀 보잘것없어 보였다. 내가 목표로 한 여정은 히말라야의 심장부로 들어가는 것이었다. 밥을 먹고 기운을 차리자 높이 솟은 산봉우리에 가려진 그늘로 가야겠다는 생각이 들었다. 그쪽 눈은 더 단단할 게 분명했고, 그만큼 중력도 낮아져 유리할 것이었다. 나는 하루에도 몇 번씩 길을 가로막는 눈사태 속에서 허우적댔다.

이레째 되는 날, 샤디에 도착했다. 높은 데서 보니 들판에 둘러싸인 한 무더기의 집들이 눈에 들어왔다. 이 마을에서 가장 검소한 생태 발자국을 지닌 존재들이었다. 마을 입구로 가니 한 수도승이 누군가의 집을 방문하는데 함께 가자며 초대를 했다. 목재와 흙을 섞어 지은 집이었는데, 한 젊은이가 사발에 담은 차와 '삼파'라는 보릿가루로 구워 만든 과자, 염소 치즈를 내왔다. 우리가 찻사발을 계속 비우며 이야기를 나누는 동안 수도승과 그 집 안주인과 딸은 양털로 실을 잣고 있었다. 딸이 나중에 버터를 휘젓는 모습도 보았는데, 나는 나바호 족과 유사한 삶의 방식에 주목했다. 고산 지대의 사막에 적응해온 잔스카의 모계 중심적인 사회 풍습이 결과적으로 1,000년에 걸쳐 계곡들을 지켜낸 것이다.

열대 기후 지역 그리고 고산 지대에서 실천되고 있는 지속적인 삶의 방식을 접한 나는 어서 고국으로 돌아가 북미인을 대상으로 실험을 해보고 싶은 열망에 불탔다.

전체를 위한 삶 프로젝트

캐나다 브리티시 컬럼비아에 있는 모닝스타 리지Morningstar Ridge에
서는 스물한 명의 연구원이 역사를 만들어가고 있었다. 이들은 지속
적인 삶의 방식을 '물질' 의 양으로 정의하려고 시도한 최초의 집단이
었다. 전체를 위한 삶 프로젝트(GLP)라는 도전은 지구 시스템을 소모
하는 일 없이 양질의 삶을 누리고자 하는 취지에서 시작되었다. 1996
년 여름, 6주 동안 연구팀은 소비량과 삶의 질이 어떤 연관이 있는지
조사했다.

모닝스타 리지에 도착하자마자 연구원들은 배낭에 담긴 물건들을
모두 탁자 위에 쏟아놓고 그 내용물을 옷, 종이류, 금속, 신체 보호 제
품 등의 범주로 나누었다. 그러고 나서 각 범주에 속하는 물건의 무게
를 회계 일지에다 적었다. 이곳으로 오기까지 여행 거리와 함께 버스,
자전거, 도보, 또는 비행기 중 어떤 교통 수단을 이용했는지도 적었다.

6주의 캠프 기간 동안 사용할 모든 것들의 무게를 달아 기록했는데,
식품 무게는 채소, 과일, 빵, 쌀, 시리얼, 콩류 등 열다섯 가지로 항목
이 구분되었다. 음식 외에 전체적인 생태 발자국을 알기 위해 우리는
주택, 공공 설비, 교통편, 소비한 물품과 서비스, 쓰레기 그리고 사용
한 돈의 액수까지 추적했다. 교통편은 여행 거리와 교통 수단 그리고
동승한 사람 수와 수리 유지비가 들었는지 여부도 기록했다. 우리가
캠프를 설치한 장소에 있는 일반 건축물이나 정원, 정원에서 쓰는 연
장들을 포함한 기반 시설도 측정했다. 그리고 그 기반 시설의 평균 수
명을 어림했는데, 예를 들어 우리가 함께 쓰는 공동 강당을 짓는 데 무

엇이 얼마만큼 들었는지 파악한 다음 수명을 80세로 측정하는 식이었다. 목재까지도 저녁 모닥불 땔감으로 쓰기 전에 무게를 재두었다.

멀리서 온 마티스 웨커나이젤은 과학 분야에서 자문을 제공하고 활동 과정을 추적하는 데 썼던 계산서를 준비했다. 브리티시 컬럼비아 대학에서 온 팀원 요시 와다Yoshi Wada와 재닛 매킨토시Janette McIntosh는 발자국 측정을 책임졌으며, 방문자 자격이었던 빌 리즈Bill Rees는 프로그램에 필요한 이론을 제공함으로써 우리가 진행하는 일들에 큰 힘을 실어주었다. 알렉산더 박사와 부인 애나는 케랄라에서의 경험을 공유하기 위해 참석했고, 고등학교 교사인 마크 디마지오Mark Dimaggio는 발자국 측정을 바탕으로 한 수업 내용을 개발하고자 일년 간 안식년을 신청해 참가했는데 아내 샐리와 두 자녀인 케리와 마커스도 동행했다. 처음은 어려웠지만 우리는 점차 극복해나갔다.

프로젝트가 끝날 무렵, 우리가 그랬듯이 각 팀의 구성원들은 자신의 생태 발자국 크기를 알게 되었다(일인당 1만 2,141제곱미터=3에이커). 리즈, 웨커나이젤의 작업을 토대로 생태 발자국 총계를 151개국의 평균적인 생태 발자국과 비교했다. 1996년과 2001년 사이에 15~20명의 연구원으로 구성된 총 다섯 개 팀이 전체를 위한 삶 프로젝트 여름 캠프에 참가했다.

연구 결과

각 팀원들은 대폭 줄어든 공간에서 높은 삶의 질을 유지할 수 있었다. 1996~2001년에 걸쳐 실험한 결과는 다음과 같이 요약할 수 있다.

- 북미인이 어떻게 사느냐에 따라 지구의 60억 인구가 평등한 삶을 누리는 정도가 달라진다. 연구팀의 생태 발자국은 1인당 평균 1만 2,141제곱미터 남짓이었고, 이것은 세계 각지에 거주하는 개인의 몫으로 돌아가는 1만 9,021제곱미터(4.7에이커)보다 작다. 중국과 인도에서 한 명이 차지하는 생태 발자국을 놓고 비교할 때, 중국은 1만 2,141제곱미터보다 크고 인도는 그보다 작다.
- 참가자들 대다수는 여름 캠프 기간 동안 소비량이 각 가정에 있을 때보다 매우 줄었다고 보고했다. 일반적으로 캐나다인은 8만 9,034제곱미터(22에이커), 미국인은 9만 7,128제곱미터(24에이커)를 차지한다.
- 목표는 일인당 몫인 1만 9,021제곱미터의 20퍼센트만 사용하고 80퍼센트는 자연 상태로 남겨두자는 것이었다. 생물과 생물 간의 평등을 유지하기 위한 이 목표를 달성하기 위해 팀원들은 생태 발자국을 3분의 1만큼 더 줄여야 했다.
- 이전의 삶과 비교했을 때, 참가자 대다수가 GLP 체험 기간 동안 향상된 삶의 질을 확실히 경험했다고 보고했다.

이 팀들은 어떻게 생태 발자국을 보통 북미인의 6분의 1로 줄이면서도 삶의 질을 높일 수 있었을까? 중요한 한 가지 요인은 GLP에 참가한 팀 하나의 크기가 전통적인 대가족 크기만한 규모였고 주택 기반 시설들을 공유했다는 점이다. 참가자들은 커다란 공동 강당과 정원, 부엌, 욕실 그리고 차량 두 대를 함께 사용했다. 이렇게 함으로써

음식, 숙박, 교통, 시설 등과 같이 돈이 많이 드는 항목들을 대폭 줄일
수 있었다. 팀원들은 텐트에서 잠을 잤는데 겨울에는 그럴 수 없으므
로 생태 발자국은 겨울에 더 컸다. 차량은 신중하게 아껴서 사용했다.
볼일이 있으면 미리 계획해서 한꺼번에 갔고, 인원을 꽉꽉 채워 운행
했으며, 효율적인 차를 먼저 썼다. 채소는 대부분 직접 재배하거나 야
생에서 채집했다. 과일, 곡물, 콩류는 이 지역에 있는 유기농 재배자
에게 대량 구입했다. 2.2킬로미터 정도 떨어진 유기농 식료품점에 갈
때는 자전거로 팀원들이 교대로 갔는데 언제나 트레일러를 꽉 채워
돌아왔다. 과일이나 나무열매, 산나물을 거둬오는 데도 자전거가 사
용됐다. 식사에 들어가는 유제품은 극히 소량이었고, 고기는 제외되
었다. 팀원들이 새로운 메뉴에 대한 아이디어를 내기도 했고, 상점이
멀리 떨어져 있었으므로 소비량은 최소로 줄였다. 유흥은 팀원들끼리
놀이를 하거나 자연에서 찾았다. 연구원들은 요리법부터 요가 동작,
노래나 이론 보고서에 이르기까지 모든 것을 공유했다.

　양적인 계산을 떠나 각 팀은 삶의 질의 중요성을 새로이 인식했다.
아침을 침묵하는 시간으로 시작했는데, 그 시간에 개인이나 각 팀은
자신들이 선택한 정신수양법을 실행하거나 그냥 조용히 시간을 보내
기도 했다. 일부는 명상을 하거나 기도를 하고 또 노래를 부르거나 숲
을 산책하는가 하면, 아침식사를 알리는 마지막 호출이 있을 때까지
잠자리에서 일어나지 않는 이들도 있었다. 식사 전에는 손을 잡고 감
사 기도와 노래를 하며 우리가 살아 있도록 도움을 주는 모든 생명체
의 존재에 경의를 표하는 시간을 가졌다. 참가자들은 함께 식사 준비
를 하거나 땔감을 모으면서 우정을 쌓았다. 일주일에 한 번씩 둥그렇

게 앉아 막대기를 돌리는 게임을 해서 걸린 사람의 이야기를 들어보
는 시간도 있었다.

땅은 그 자체로써 대부분 도시 출신인 참가자들에게 치유의 효과를
보여주었다. 시냇물에서 직접 식수를 얻고, 숲속에서 나물을 거둬먹
으며 텐트에서 잠을 자고, 기계음이 내는 소음에서 해방되어 지내는
것은 많은 이들에게는 생소한 경험이었다. 팀원들은 아무 목적 없이
단지 자연을 직접 체험하기 위해 산에 올라가 일주일을 보내곤 했다.
밤에는 캠프파이어 주위에 모여 함께 음악을 연주하거나 하루 동안의
경험을 이야기하는 시간을 가졌다. 또 숲속에서 비밀 공간을 하나씩
선택한 다음 일주일 동안 몇 차례 그곳을 혼자 다녀오도록 권유받았
는데, 어떤 이들에게는 공포스러운 경험이었으나 다른 이들에게는 치
유 효과가 있었다.

삶의 질은 개인들이 결정 과정에 기여할 때 더 향상되었다. 각 팀은
여론을 통해 합의를 이끌어내는 과정을 배웠다.

《당신의 돈인가, 삶인가*Your Money or Your Life*》를 학습 지침서로 제시
함으로써 돈과 일, 소비 행위와 자신이 어떤 관계에 놓여 있는지 솔직
하게 이야기할 수 있도록 했다. 가치 있는 것들 그리고 그 가치들과
어떻게 하면 좀더 조화를 이루며 살 것인가에 대해 종종 격의 없이 대
화를 나누곤 했다. 삶의 질적 영역들을 일지에 기록하여 문서로 만들
고, 집단 토의와 질문지를 통해 참가자들의 대답을 이끌어냈다.

팀원들은 도시 생활이 자연 형태의 삶을 사는 데 어느 정도는 편할
수 있다는 점을 깨달았다. 걷거나 버스 또는 자전거를 이용하기가 편
한 도시들도 일부 있고, 주택과 정원을 공유하며 서로 협력하며 사는

일이 도시에서도 종종 가능하다. 불리한 점이라면 주택이나 도로 시설과 같이 대도시의 기반 시설 비용이 높고, 오염과 소음 공해 문제가 있다는 것이었다. 또 '유도된' 생태 발자국 군제도 있었다. 다시 말해 도시에서 개인들이 더 가지는 것이 꼭 좋은 것만은 아니라는 사실을 내적으로 자각하더라도 소비를 조장하는 문화의 유혹에 저항하기가 어렵다는 것이다. 도시나 지방이나 사는 곳에 관계없이 화석 연료 사용을 줄이고 작은 공간에서 살며, 좀더 효율적인 집을 꾸미는 데 전념하는 것이 중요하다는 점이 확인되었다. 생태 발자국 내에서 생산된 물품을 사용하면 환경영향력을 줄일 뿐 아니라 소유물과 집에 대한 애착이 커진다는 결과도 나왔다. 팀원들이 캠프 기간 동안 가장 생각 나는 것으로 꼽은 것은 욕실, 편안한 의자와 소파, 달콤한 음식, 군것 질거리, 친구와 가족이었다.

  각 팀은 교육자나 행동주의자 또는 학생들로 구성되어 있었고, 나이 분포는 2세에서 72세까지였다. 구성원들이 서로를 통해서, 또는 전문가나 자연으로부터 배우는 것이 중요했다. '적게 가지고 더 잘 살기' 경험을 모두 마친 후 그들은 통찰력과 구체적인 실천 방법, 학생 또는 동료들에게 들려줄 이야깃거리들을 안고 자신들이 속한 공동체로 돌아갔다. GLP를 경험한 뒤 참가자들은 지속 가능한 삶을 위한 기술을 도회지에 있는 자신의 가정과 공동체에 적용시킬 수 있었다. 기술적인 면에서 보면, 참가자들은 정원에다 영구 재배를 시작했고 학교에다는 유기농 급식 프로그램을 만들었으며 식용 가능한 야생 식물을 채집하고 에너지 보존 계획을 실천했다. 중등교육기관과 대학에서는 생태 발자국에 관한 워크숍이 열리고 두 편의 석사 논문이 나왔다.

한 참가자는 레저용 자동차를 처분하고 집을 줄였다. 식전 감사 기도를 한다든가 문제점이 쌓이지 않도록 주기적으로 분위기를 새롭게 환기시키는 것과 같이 작지만 효과가 큰 실천 사항들은 가정에서 이루어졌으며, 이로써 자각을 높이고 가족 간 유대 관계를 돈독히 하는 결과를 가져왔다.

연례행사인 정기모임에서 팀원들은 전체를 위한 삶을 지속하는 데에서 겪은 어려움들, 특히 주변이 동조하지 않는 분위기 속에서 실천할 때의 어려운 점들을 이야기했다. 케랄라나 GLP에서라면 개인이 지속 가능한 생활 방식의 세계로 발을 내딛기가 그리 어렵지 않다. 1, 2주 정도 문화 충격을 경험하고 나면 적응을 하게 마련이다. 그러나 지속 가능한 삶과 동떨어진 사회에서 살아가면서 서서히 옛 생활 습관을 버리고 변화를 만들어내기는 훨씬 어려운 일이다.

가정으로 돌아온 이후의 과도기를 쉽게 극복하기 위해, 팀원들은 조화로운 삶을 독려하는 생활 에너지 배분 기술을 활용했다. 철저하게 자연적인 삶을 살았던 전설적인 디어도르프와 그 가족들, 그리고 메인 주 하버사이드의 헬렌 니어링Helen Nearing과 스콧 니어링Scott Nearing 부부에게 영감을 받아 생활 에너지를 대략 다음과 같이 구분했다.

　– 생존을 위한 노동 : 원예, 요리, 청소와 건축 등 생활에 꼭 필요한 일.
　– 개인 성장 : 정신 수양, 운동, 예술 활동, 취미 생활, 음악, 사교 활동, 기념 행사, 산책, 워크숍과 강연회 참석.
　– 공동체 봉사 : 리더 역할 맡기, 아이들을 가르치거나 함께 놀아주기,

공동체 프로젝트, 자연환경 보호, 시냇물 살리기, 불우
이웃 돕기, 교육과 구제 활동 참여하기.

나는 도시에서든 지방에서든 검소한 삶을 살 수 있고, 어디서 실천
하든 각기 장·단점이 있다는 걸 알았다. 산 루이스 오비스포에서 살
때는 생태 발자국을 재보지 못했지만, 아마도 브리티시 컬럼비아의
GLP 체험에 참여했을 때와 발자국 크기가 거의 비슷할 것이다. 지금
까지 실험을 통해 밝혀졌듯이, 기후가 어떻든 우리는 1만 2,141~1만
9,021제곱미터 정도의 발자국 내에서도 일년 내내 멋진 삶을 누릴 수
있다. 2부에서는 독자들이 이 같은 깨달음에 도달할 수 있도록 도와
줄 몇 가지 방법들을 소개할 것이다.

제 2 부
세 가지 도구
THREE TOOLS

4장
지구를 공유합시다

'지구를 공유한다는 것', 말로 하기는 쉽다. 하지만 모든 것이 맞물려 돌아가는 지구라는 혼란스러운 세계를 깊이 탐구해 들어가다 보면, 복잡한 세계 경제의 막강한 영향력을 실감하게 되고 도시 생활을 영위하는 데 많은 것이 필요하다는 점을 깨닫는 등 다양한 문제에 부딪쳐 곧 당황하게 될 것이다. 지구 공유 문제는 우리의 정확한 판단력과 정신적, 도덕적 분별력을 시험하는 일일 뿐 아니라 그 본질을 분명히 이해하기 위해서는 아무것에도 얽매이지 않는 직관적인 통찰력이 요구된다. 내 경우에는 다음과 같은 사실을 스스로에게 상기시켰던 것이 도움이 됐다. '나는 60억 인구의 한 사람이다. 나를 포함한 인류는 2,500만의 다른 종들과 낙원을 공유한다. 한 가지 종의 영역에는 수천 또는 수십억의 개체가 존재한다. 나는 이 모든 생명체와 어떤 방식으로 이 지구를 공유하기를 원하는가?'

방법은 무수히 많지만 가장 간단한 것은 적게 가지는 것이다. 이것이 우리가 내디뎌야 할 첫걸음이다. 우리는 다음과 같은 때에 적게 갖고 더 많이 공유할 수 있다.

- 적게 일하고 적게 벌 때.
- 적게 소비할 때.
- 현명한 선택을 할 때.
- 지역 토산물을 구매할 때.

어쩌면 자기 능력 이상으로 일해서 번 돈을 후하게 쓰는 자선가가 되고픈 유혹을 느끼는 사람도 있을 것이다. 하지만 그것은 힘의 원동력, 내적인 동기 부여가 지속적이지 않다는 점에서 많은 무리수가 따르므로 우리는 적게 가지는 범위 안에서 가능한 모든 방법들에 중점을 둘 것이다. 이제 앞에서 언급했던 잘 차려진 뷔페 상을 상상해보자. 인류와 온갖 종의 생물들 그리고 이들이 뱃속에 담을 미래 세대들과 함께 서 있는 자신을 그려보자. 얼마나 가지는 것이 적당할까?

과학 보고서나 이론이나 실험 결과들을 통해서 자연 현상에 대한 지식을 얻고 나면 우리는 이런 의문들을 갖게 된다.

- 지구에는 자원이 얼마나 있는가?
- 인간이 소비하는 자원의 양은 얼마인가?
- 생명체의 종류는 얼마나 많은가?
- 각 종들에는 얼마만큼의 서식 공간이 필요한가?
- 현재 인간의 자원 활용 속도를 감안한다면 미래 세대에게는 얼마만

큼의 자원이 남는가?

　이런 의문이 떠오르면 그 해답을 찾기 시작한다. 그러나 여러 해 동안 과학에서 그 답을 찾아헤맨 나는, 지구를 어떻게 공유할 것인가에 대한 해답을 과학이 단독으로 제시해주지 못한다는 것을 알았다. 이 시점에서는 과학 이외에 더 요구되는 것이 있었는데, 그것은 일상생활에서 마주치는 무수한 선택의 순간에 우리를 이끌어줄 개인의 도덕성이었다. 흔히 도덕적 선택에는 우리의 이성뿐 아니라 감성도 작용하기 때문에 합리적이거나 불합리적인 요소 모두에 크게 영향받는 경우가 많다.

　직관력을 통해 행동 방향을 결정할 때 우리는 객관적 사실을 고려하지 않는다. 이성적으로 생각하지 않고 판단하기 때문이다. 지구 전체의 복지를 생각할 때 직관적인 정보는 마치 컴퍼스처럼 우리 마음을 인도한다. 지구를 어떻게 공유할 것인지 고민하는 당신은 직관력과 정신적인 면에 영향을 받는가? 정신적인 영역에는 대부분 친절, 동정심, 용서, 상호 관계가 포함된다. 자연 현상을 깊이 관찰하는 데 과학적 사고력이 필요하다면, 모든 생명체를 포용하는 것에는 정신의 영역이 관여한다. 직관력에 주목한다면 우리의 도덕성이 매일 내려야 하는 결정에 영향을 미칠 것이다. 이론에서 벗어나 실천을 해나가는 과정에서 우리는 다음과 같은 몇 가지 의문점을 갖게 된다.

　- 지구가 나와 동일한 생활 수준에 있는 세계 인구 모두를 부양할 수 있는가?

- 내가 사는 방식으로 인해 다른 종이나 인류가 고통당하지 않는가?

- 내가 쓰는 돈이 긍정적인 결과를 낳는가?

- 다른 종들도 고유한 가치를 지니는가?

- 나는 내 피부색과 성별, 힘, 교육 정도, 사회적 위치, 출생지 등의 요인 때문에 다른 사람보다 더 소비하고 있는가?

- 나는 환경을 파괴하고 저임금으로 노동을 착취하는 기업이나 사업을 돕고 있지는 않은가?

- 내 삶의 방식이 나만의 중요한 가치들과 조화를 이루고 있는가?

처음 이런 질문들이 떠올랐을 때, 나는 지구를 어떻게 공유할 것인지 고려하면서 의사 결정을 내린 경우가 드물다는 사실을 깨달았다. 하지만 여유를 가지고 내가 중요하게 여기는 가치들을 탐색해보니 이 질문들이 내게 아주 중요한 의미를 지닌다는 걸 알게 되었다. 스스로를 지독히도 괴롭힌 끝에 나는 좀더 평등하게 사는 삶의 과정을 즐기기 위해서는 일생 동안 노력해야 한다는 사실을 받아들이게 되었다.

평등한 삶 살기

철저하게 검소한 삶을 추구하는 핵심은, 내가 어떤 방식으로 지구를 공유할지 발견하는 것이다. 이 과정을 돕기 위해 한 단계 더 발전시켜 종과 종, 인간과 인간, 세대와 세대 이렇게 세 가지 유형 속에서 이루어져야 할 평등에 대해 이야기해보자.

종과 종 사이의 평등

아시시의 성 프란키스쿠스St. Franciscus(1182경~1226, 프란체스코 수도회와 수녀회의 설립자—편집자)는 길에 버려진 지렁이 한 마리도 해치지 않을 만큼 자연을 사랑했다고 한다. 기도문과 찬송가를 지을 때 그는 대지를 어머니라 부르고, 늑대나 새들을 형제요, 자매라 칭했다. 인간 중심에서 벗어난 교회 공동체를 말하고자 한 것이었다. 성 프란키스쿠스는 그저 존재한다는 사실만으로 미풍이나 벌레 한 마리도 정신적인 동료로 여겼으며, 도덕적 가치를 지닌 존재로 대했다. 모든 종들을 정신적, 도덕적 존재로 여기는 성 프란키스쿠스의 관점은 지금과 마찬가지로 그때에도 혁신적이었다. 하지만 그의 이러한 개념과 일치하는 사고방식은 수많은 토착 원주민들의 문화 속에서 끊이지 않고 명맥을 이어오고 있다.

세계 원주민 회의 부의장이 이렇게 말한 적이 있다. "대지는 정신이 깃드는 집입니다. 우리의 문화와 언어는 대지를 원천으로 번성합니다. 대지는 또한 과거의 사건들을 기록하고 조상들의 뼈를 간직한 우리 역사이기도 합니다. 대지는 자립의 근원, 곧 우리 어머니입니다. 땅을 지배해서는 안 됩니다. 땅과 조화를 이루어야 합니다." 1866년에 사망한 시애틀Seattle(1790경~1866, 두와미시 족과 수콰미시 족을 비롯한 퓨젓사운드에 있는 인디언 부족들의 족장—편집자) 추장은 자연의 대지에서 인간의 냄새가 풍겨나오기 시작하면 그때는 삶이 막을 내리고 생존 경쟁이 시작된다고 미리 경고했다.

1997년 7월 스탠퍼드 대학교의 생물학자 피터 비토섹Peter M. Vito-usek은 인간의 지구 생태계 지배에 관한 공동보고서를 발표했는데, 거기에는 이런 내용이 포함돼 있다.

- 어떤 생태계도 이미 널리 퍼진 인간의 영향력에서 자유롭지 못하다.
- 지구의 육지 표면 3분의 1에서 절반 정도가 인간에 의해 변형되었다.
- 대기 중 이산화탄소 농도가 산업혁명이 시작된 이후로 거의 30퍼센트가량 증가했다.
- 사용 가능한 지표 담수의 반 이상을 인간이 사용한다.
- 지구상에 존재하는 조류의 약 4분의 1이 멸종되었다.

시애틀 추장의 예언은 실현되었다. 전쟁, 착취에 가까운 환경 개발, 빈곤 현상이 만연한 현실에서 인간은 질문을 던져야 한다. 다음에 다가올 일은 무엇인지. 반갑지 않은 사실이지만, 우리 인간은 공유하는 일에 매우 서툴다. 이 보고서 자료는 실제로 인간이 지구를 지배함을 시사하고 있다.

《인류 경제의 생태공간 초과 점유*Ecological Overshoot of the Human Economy*》를 보면, 지구상에는 약 114조 1,254억 제곱미터(282억 에이커)의 생태적 생산 가능 지역이 있다고 한다. 이 크기는 지구 전체 표면적에서 수심이 깊은 대양과 사막, 눈 덮인 극지, 계획지 면적을 뺀 것이다. 이 면적을 60억 인구수로 나누면 일인당 1만 9,021제곱미터(4.7에이커)의 몫이 돌아간다. 이 몫을 우리는 '개인 소행성'이라 부른다. 그러나 인간이 지구 전체의 연간 생산량을 모두 사용할 수 있다는 가정하에서 가능한 얘기다. 문제는 내 몫의 1만 9,021제곱미터의 땅을 나 자신을 위해서 얼마만큼 사용하고 다른 생명체를 위해서 또 얼마를 남기느냐이다. 그 땅을 모두와 공유하고 싶은 사람도 있을 것이다. 인정 많은 생각이지만, 현실적으로 사람이 생존하는 데 필요한 소비량이 있다. 게다가 인간이 소비하는 것들은 사슴이나 토끼, 코요테와 같은 동물들에게는 소용이 없다. 울타리를 두른 4,047제곱미터(1에이커) 정원에서 사슴 한 마리와 같이 살 경우를 예로 들어보자. 둘은 풀이 자라나는 즉시 그것들을 먹어치운다. 하지만 완전히 없애버리지는 않는다. 60년 후에도 땅은 여전히 처음과 마찬가지로 풀을 키워낼 것이다. 자비로운 나는 그래서 친구 하나를 더 울타리 안으로 들인다. 이제 풀들은 세 생명의 식욕을 따라잡을 수 없게 되고 정원은 고갈된다. 재생 가능한 자원이나 지구의 생물학적 생산성이 회복되려면 시간이 걸린다. 자원과 지구의 생산성은 연간 성장율이나 생산 속도보다 소비가 느리게 이루어질 때에만 다시 회복될 수 있기 때문이다.

종과 종 사이의 평등을 과학적으로 이해하기 위해 나는 자전거로 밴쿠버 섬(캐나다 브리티시 컬럼비아에 딸린 섬—편집자)에 있는 노령 천연우림지인 카르마나 계곡으로 갔다. 서부 캐나다 야생 위원회 WCWC는 늙은 가문비나무 한 그루를 기준으로 38미터, 45미터, 53미터, 62미터 높이별로 우림 고원지를 묶어놓았다. 광범위한 삼림 벌채지를 지나 걸어가니 히말라야삼목, 솔송나무, 전나무, 가문비나무가 장관인 시원한 숲이 나왔다. 이곳 가문비나무들은 대부분 길이 60미터에 둘레가 6미터 정도 되었다. 아래쪽에는 양치류, 앉은부채, 월귤 등 하층 식생류가 연간 5미터나 되는 강수량 덕으로 푸르고 무성하게 자라 있었다. 벌채지에 있는 바짝 마른 나무 그루터기들과는 대조적인 모습이었다.

여기서 곤충학자 네빌 윈체스터Neville Winchester와 그의 빅토리아 대학교 동료 교수들과 만났다. 캐나다에서는 최초로 가문비나무 꼭대기에서 바다 쇠오리 둥지가 발견되었고, 타란튤라tarantula(짐승빛거미류—편집자) 형태의 거미 온상지도 발견되었다고 한다. 둘 다 노령 천연림에 서식하는 생물이다. 윈체스터 교수는 자신의 연구 작업을 하늘과 땅속을 통틀어 그 안에 존재하는 생물들의 목록을 작성하는 일이라고 설명하면서, 그 중간 단계가 숲에서 삼림 벌채지에 이르는 지역이라고 했다.

1993년 여름까지 윈체스터 교수는 다섯 종의 나무에 서식하는 곤충을 75만 종이나 채집했다. 새로이 발견한 60종이 실험적으로 확인되었으며, 62명의 전문가들과 함께 결과를 조사함으로써 확실히 새로운 것으로 밝혀질 수가 200종이 넘으리라고 추정했다. 현재 우림지에 서식하는 곤충들의 분포 범위를 완전히 파악하지 못한 상황이고, 과거 온대기후 지역에서 우림지의 생태계가 어떤 식으로 작동했는지 전혀 아는 바가 없으므로, 자신들에게 벌어질 최악의 상황은 마지막 남은 중요한 대규모의 천연 야생지가 파괴되는 것이라고 그는 말했다.

나는 나무들을 올려다보면서 내가 복사기를 쓸 때마다 알지 못하는 생물 한 종이 멸종돼가는 것은 아닐까 하고 생각했다. 전세계적으로 700~2,500만 종으로 추정되던 생물 중에 남아 있는 종이 불과 150만 종뿐이라면 각성해야 한다. 정상 멸종 속도보다 무려 100~1,000배 빠른 현재의 멸종 속도를 고려할 때, 자연을 공유한다는 인류의 생각은 심각한 도전을 받고 있는 셈이다.

나무 몇 그루에 서식하는 생물들을 자서히 관찰해보았으니, 전체 생태계의 요구를 고찰하는 보호생태학의 관점으로 종과 종 사이의 평등 문제에 접근해보자. 이 분야의 전문가인 리드 노스Reed F. Noss는 자연 생물이 다양한 번영 상태를 유지하도록 하기 위한 네 가지 목표를 소개했다.

- 보호구역을 만들어 그 안에다 모든 형타의 자연생태계 환경과 자연적인 범위 내에서 일련나는 일련의 변이 단계를 재연해놓는다.
- 모든 자연 종의 생존 가능 개체수를 자연 번식 분포 형태로 유지한다.
- 교란 체제, 물과 생물의 상호 작용, 영양 단계, 생물 간 상호 작용, 포식 등과 같은 생태 진화 과정을 유지시킨다.
- 장·단기적인 환경 변화에 적응할 수 있고 계통의 진화 잠재력을 유지할 수 있는 시스템을 고안하여 경영 관리한다.

이 네 가지 사항들을 충족시키려면 생산 능력이 있는 지구 공간 중 어느 정도를 야생 상태로 남겨두어야 할까? 한 가지 종의 최소 개체수 1,000을 유지하려고 할 때, 회색곰은 9,793억 7,400만 제곱미터(2억 4,200에이커), 오소리는 8,094억 제곱미터(2억 에이커), 이리는 4,047억 제곱미터(1억 에이커)의 공간이 필요하다. 총면적 242억 8,200만 제곱미터(600만 에이커)로 요세미티, 옐로스톤, 올림픽, 그랜드캐니언과 같은 국립공원을 합쳐놓은 크기의 애디론댁 공원Adirondack Park(뉴욕 주 북동부에 있는 공원. 인디언 말로 '나무를 먹는 사람들'이란 뜻임—편집자)조차도 스라소니 재수입 후원 사업에 애를 먹고 있다.

　오소리와 야생 사자, 이리를 공원으로 다시 들여오려면 공원이 30배는 더 넓어져야 한다. 사실 이들 동물들을 재수입하는 데 성공하려면 뉴욕과 버몬트, 뉴햄프셔, 매사추세츠, 메인 주에 거주하는 주민들에게 협조를 구해야 한다. 또 위에 있는 네 가지 기본사항들을 맞추려면 뉴 브런스윅, 퀘벡을 대상으로 민감한 협상을 벌여야 한다. 리드 노스는 종의 다양성과 생존을 보호하려면 이들 대부분의 지역에서 완충 지대를 포함해 대지의 25~75퍼센트를 보호구역으로 지정해야 한다고 말했다. 그리하여 이웃하는 지역의 보호구역들이 서로 연결되고 또 더 큰 규모의 지역과도 연결되어야 한다.

　이만큼 광범위한 땅이 복원된다면, 미국 뉴잉글랜드 지역과 캐나다의 핵심 지역 8,094억 제곱미터(2억 에이커)가 형성된다. 도로와 교통 수단을 대폭 줄이고 시민들이 야생의 생물과 공존할 준비를 갖추어놓으면, 동물들은 캐나다에서 아래 지역으로 이동할지 모른다. 과연 가능할까? 브리티시 컬럼비아에서 회색곰과 퓨마, 오소리들과 7년 간을 살다보니, 이들과의 공존은 로켓 발사처럼 복잡한 과학도 아니고 비용이 많이 들지 않으며 어렵지 않은 일임을 알 수 있었다. 대신 인간의 환경을 재구성하고 거주 형태를 바꾸려는 의지가 있어야 한다.

　인간중심주의, 또는 인간이 가치의 척도라는 믿음이 우리에게 일상에서 필요한 것 이상을 선택하도록 유도하는 원인일 것이다. 탈인간중심주의, 또는 생태근본주의라고 불리는 생명 중심적인 시각은 땅과 거미와 조류와 어류들 모두가 고유한 가치를 지닌다고 주장한다. 종과 종의 평등을 생각한다면 사회가 좀더 포용력을 가져야 한다. 그러나 사회는 개인이 모여 이루는 것이며, 변화는 바로 개인에게서 시작되는 것이다.

인류 간 평등

맨 처음 전체를 위한 삶을 정의내리는 작업을 시작할 때 했던 상상으로 돌아가보자. 60억 인구와 수많은 생명체 그리고 미래의 세대들이 줄을 서서 기다리는 뷔페 식탁의 맨 앞에 있는 당신은 두부 버거와 환경영향력이 적은 요깃거리들로 접시를 채웠다. 초록색 잔디가 펼쳐져 있고, 하늘은 푸르다. 빈 의자를 발견한 당신은 처음 만난 상냥한 아홉 명의 사람들과 함께 자리에 앉는다. 우루과이에서 온 소녀, 짐바브웨 출신의 신혼 부부, 중국인 학생, 아들과 함께 온 휠체어를 탄 멕시코인 농부가 있다. 당신은 이 흥미로운 사람들과 즐거운 대화를 나누며 맛있게 식사를 한다.

그러나 식사를 마치고 나서 뷔페가 있는 곳으로 돌아온 당신은 남은 생애 동안 가지고 싶고 필요한 것들을 얻으려 한다. 이제 세계 각지에서 모여든 이 사람들 속에서 당신이 가질 공평한 양을 어떻게 결정할 것인가? 중국인 학생은 학비를 부담할 수 있을까? 짐바브웨의 부부는 충분한 음식과 주택을 구입할 여유가 있을까? 누구나 부족함 없이 가지려면 얼마만큼이 적당할까? 순전히 과학적으로만 접근한다면 모두에게 기본적인 삶의 질을 보장하기 위해서는 칼로리 섭취량, 그 나라의 기후, 주택 형태, 의료 서비스, 교육 등 실질적인 한계선이 파악되는 척도를 고려해야 할 것이다. 필요를 기본으로 한 이러한 배분 방식이면 인종, 성별, 권력의 정도에 따른 편견을 제거하고 모든 사람에게 평균적으로 동등한 분량을 제공할 수 있을 것이다. 그런데 당신은 보통 수준인 전세계의 사람들과 비교해서 자신이 처한 상황을 평가해볼 수도 있다. 삶이 평탄하다면 다른 이들보다 적은 양으로도 잘 해나갈 수 있을 테지만, 어려움에 처해 있다면 좀더 많은 양을 가져야겠다고 생각할 것이다. 그렇다면 당신은 얼마나 가질 것인가?

남에게 베풀라는 황금률은 오래된 진리이고 모든 주요 종교가 공통적으로 가르치는 정신이다. 친밀한 분위기 속에서 탁자에 둘러앉은 열 명이 도리를 크게 벗어나는 행동을 할 리는 없을 듯싶지만 우리는 여태껏 그렇게 살지 못했다. 이유는 무엇일까?

두 가지 가상 시나리오를 생각해보자. 녹색 잔디와 푸른 하늘에 둘러싸여 저녁식사를 마친 후 열 사람이 세계 총생산량 중에서 지속 가능하고 평등한 몫인 열 사람분의 돈이 든 바구니를 테이블 위에 놓고 앉아 있다. 바구니에 얼마가 들어갈지 정하려면 세계 총생산량(world GNP)인 29조 3,400억 달러를 60억 인구수로 나눈다. 일인당 약 4,900달러가 나온다. 그러나 인류의 경제활동 총량이 지구의 수용 능력을 20퍼센트까지 초과했으므로 우리는 일인당 GNP를 3,900달러로 조정한다. 이 GNP 수준에서도 여전히 인간이 지구의 생태적 생산량을 모두 소비한다는 점을 감안해야 한다. 따라서 수백만의 다른 종을 위한 공간을 마련하기 위해 GNP로 가늠한 인간의 영향력을 75퍼센트 줄인다면 개인은 세계 GNP를 기준으로 연간 980달러의 몫을 가지게 된다. 980달러로 일년을 산다는 생각만으로도 당신은 얼어붙을 것이다. 그건 도저히 불가능해, 라고 당신은 외친다.

그렇다면, 바구니 안에 980달러씩 열 사람 몫인 9,800달러가 들어 있다고 치자. 1달러짜리 지폐를 100장씩 묶어 9,800달러를 만들어놓았다. 이제 각자가 모자에 들어 있는 제비를 뽑는다. 당신이 1번을 뽑았다. 원하는 액수대로 가져갈 수 있다. 모두가 숨을 죽이고 지켜보는 가운데 당신은 얼마를 가져갈 것인가?

다른 시나리오도 가능하다. 60억 인구가 제비를 뽑는데, 운이 좋아 당신이 다시 첫 번째가 됐다. 사회적 압력이 가해지지 않은 상태에서 현금 인출기로 가서 최고 10억 달러까지 자유롭게 인출할 수 있다. 그 돈을 당신 계좌로 송금할 수 있을 뿐더러 아무도 모를 것이다. 당신은 980달러가 지속 가능한 삶을 영위하는 데 필요한 적정 액수이고, 당신이 더 가지면 다른 이들 몫이 적어진다는 것을 알고 있다. 현금 인출기 안의 돈이 거의 고갈되면 나머지 10억 인구는 일년에 100달러만 써야 한다. 당신은 근사한 저녁식사를 하고 세계에서 온 이웃들도 만났지만 지금은 혼자다. 기계는 10억 달러를 토해낼 것이며, 그걸 아는 사람은 오직 기계와 당신뿐이다. 그렇다면, 당신은 얼마를 가져갈 것인가?

이것은 전체를 위한 삶의 방식이 당신에게 가져다주는 어려운 문제이다. 어떤 이들은 인간의 본성이 탐욕스럽다고 한다. 하지만 그것이 전적으로 사실이라면, 인류평등주의를 추구하는 사회들이 과거에도 존재했고 또 현재에도 존재한다는 점을 어떻게 설명할 것인가? 그런 사회를 단지 하나의 변칙적인 현상이라고 치부할 것인가, 아니면 인간이 잠재적으로 친절한 본성을 지니고 있음을 일깨우는 현상이라고 받아들이겠는가?

과거에 존재했던 사회가 실제로 얼마나 평등했는지 추정하기는 어렵지만, 역사를 보거나 동시대에 존재하는 인간평등주의적 성향의 공동체를 관찰함으로써 그 상태를 엿볼 수는 있다. 한 예로 러셀 손턴 Russell Thornton의 《미국 인디언 홀로코스트, 그리고 생존*American Indian Holocaust and Survival*》을 보면, 1942년 현재 미합중국이 된 옛 지역의 인구는 180만 명이었다고 추정하고 있다. 이 땅덩어리 중에서 생물학적 생산 가능 지역 7조 2,441억 3,000만 제곱미터(17억 9,000만 에이커)를 180만으로 나누면 일인당 소유할 수 있는 땅이 약 402만 제곱미터(약 1,000에이커)씩이다. 그러나 분명한 것은 그들의 생태 발자국이 현재 우리의 것에 비하면 극히 일부분에 지나지 않는다는 것이다. 인류학자인 리처드 로빈스Richard Robbins는 북아메리카 원주민에 관하여 직업 분화가 거의 이루어지지 않고 개인의 부나 소유에 격차가 거의 없었으므로 구성원 간에 인간평등주의적인 관계가 성립되었다고 썼다. 다른 보고서들도 그의 이러한 주장을 뒷받침하고 있다.

　초기에 신대륙을 탐험할 때 콜럼버스를 동행시켰던 스페인 사제 라스 카사스Bartolomé de Las Casas(1474~1566, 초기 스페인의 역사가로 유럽인의 인디언 탄압을 폭로하고 인디언 노예제 철폐를 주장한 최초의 유럽인이었다—편집자)는 바하마 제도에 살고 있던 아라와크 족에 대해 이렇게 기술했다. '그들은 종 모양을 한 커다란 공동 건물 하나에 600명이 모여 살았는데, 그 건물은 매우 단단한 나무로 지었고 지붕은 종려나무 잎사귀로 엮은 것이었다. 구매라든가 판매 따위의 상업 활동은 전무했고, 자연환경에 전적으로 의존한 삶을 살았다. 소유물에 대해서 매우 관대했는데, 일례로 그들은 자신이 친구의 물건을 마음에 들어하면 상대가 그것을 주리라고 기대했다. 수없이 많은 논문들이 씌어졌지만, 이 논문들은 하나같이 이 토착민들의 품성이 평화롭고 온순함을 증명해준다. 그러나 우리가 하는 일은 분노를 일으키고, 약탈과 살육을 일삼으며, 파괴하고 죽이고 망치는 일뿐이다.”

1960년대는 세상이 바뀌었다는, 곧 인류가 조화와 이해의 시대로 들어섰다는 희망이 열리는 시기였다. 그 후 40년 간 인류는 많은 깨달음을 얻었으나 최상위 20퍼센트와 최하의 20퍼센트의 빈부 격차는 커졌다. 미화를 기준으로 소득 불균형이 250대 1이었다. 구매력 불균형지수로 따지면 74대 1이다. 평균 2만 5,500달러의 소득을 올리는 10억 인구에게 제공되는 천연자원의 양은 그들의 조국이 감당할 수 있는 능력 밖이다. 사실상 이들은 지구의 연간 총생산량을 모두 소비한다. 국가, 문화, 인종의 제한 없이 높은 소비를 보이는 상위 20퍼센트는 최저 소비 인구 20퍼센트가 소비하는 것보다 250배를 더 쓰는 셈이다. WTO와 GATT, 이 비민주적인 엘리트 단체는 합법적인 장치를 고안해서 국가 간 경계를 허문 다음 천연 원료가 산업화된 국가로 흘러 들어가도록 했다. 그 활동 자취를 추적해보면, 부유층으로 부가 집중하는 현상이 심화되었음이 여실히 드러난다.

1998년에 연간 110달러 이하의 수입으로 살아가는 12억 인구의 절반이 열량 섭취 부족으로 발육부진과 정신지체 증상을 보였다. 세계 전체 인구의 60퍼센트인 30억 6,000명의 극빈자가 일년에 520달러 이하의 임금으로 살아간다. 그리고 세계 어린이의 3분의 1이 영양실조로 고통당하고 있다. 살바도르(브라질의 주요 도시―편집자)의 한 농부는 이렇게 말했다. “당신은 당신의 자녀가 영양실조로 죽어가는 현장에서 인간에게 가해지는 폭력을 이해하지 않고서는 폭력이 무엇인지, 또는 무엇이 비폭력적인 것인지 절대 이해할 수 없을 것입니다.”

삶이 행복하다고 말하는 층은 오직 부유층 30퍼센트뿐이다. 미국에서 하루 274달러의 수입을 올리는 사람들을 대상으로 여론 조사를 한 결과 27퍼센트가 정말 필요한 것을 모두 사지 못한다고 대답했다. 이런 북미 지역에서 일년에 980달러 수입으로 살아간다는 것은 불가능해 보인다. 분명 그것은 존경할 만한 삶이다.

《폭력적이지 않은 경제를 향하여 *Toward a Nonviolent Economics*》의 저자이자 오리건 주 유진 출신인 찰스 그레이 Charles Gray 는 '세계 평등 임금WEW'이라는 개념을 발전시켜 자신의 임금을 시간당 3.14달러로 못박고 주당 20시간 이상 일하지 않았다. 자발적인 그의 특권 포기는 일거리와 부를 인류와 함께 공유하고 환경을 회복시키자는 취지에서 출발한 것이었다. 1995년에 그레이를 처음 만났는데, 그때 그는 이미 17년 동안을 자신이 정한 세계 평등 임금에 의거해 지내온 상태였다. 1978~1993년 사이 그의 연간 생활비 총계는 평균 1,190달러였다. 유쾌하고 개방적인 그레이의 책은 영감을 주는 내용으로 가득했다.

14년 간을 연간 5만 달러의 수입으로 지냈고 세계 부유층 인구 17퍼센트에 포함됐던 나는 내 삶을 획기적으로 재설계하고 전체적으로 평등한 수준에 접근하기 위해 서비스의 기대치를 비약적으로 줄여야 함을 깨달았다. 또한 그 일이 지속성을 추구하지 않는 사회 내에서는 힘든 일이란 것도, 그렇지만 자전거 전용 도로를 놓고 혼합 구역을 설정하며 유기농 제품을 판매하는 등 사회의 각 부분이 조금씩만 변한다면 전체 과정이 좀더 쉬워질 거라는 것도 알았다.

더 효율적인 부의 분배를 위해 한 걸음 나아갈 때 보상은 따라온다. 효율적인 분배가 이루어지면 우루과이에서 온 그 소녀는 필요한 영양분을 섭취할 수 있을 것이고, 짐바브웨의 신혼 부부는 집을 마련할 수 있을 것이다. 그리고 새로운 기술을 습득한 당신과 나는 물질의 비중이 줄어든 삶을 경험하게 될 것이다.

세대 간 평등

내가 스무 살이었던 1978년은 이미 지나가 버렸지만, 지구의 역사와 인류사 양쪽에 특별한 의미를 지닌다. 1978년에 이르러 인류는 지구의 지속 가능한 생산량의 전부를 소비해버렸다. 다음해부터 지구의 자산인 전체 생태계가 점차 줄어들었다. 1978년 이전 시기에 당신이 평균으로 주어진 몫 이상을 소비했다면 그 대가를 자연의 생물이 지불했던 것이고, 그 이후 시기에 더 소비했다면 즉각적으로 다른 사람의 몫을 강탈한 것이며, 또 앞으로 올 세대의 몫을 희생시킨 것이다.

우리는 놀랄 정도로 상승하고 있는 인간의 환경영향력이 절정에 이르는 것을 보게 될 것이다. 인구는 분명 미친 듯이 급증하고 있으니 말이다. 세계 은행은 세계가 인구 10억을 돌파한 이후 처음으로 인구가 10억 증가하는 데 걸리는 시간이 길어질 것이라고 전망했다. 곧, 인구증가율은 감소 추세에 있다. 저개발 국가에서 여성들의 평균 자녀수는 네 명으로, 30년 전에 여섯 명이었던 것에 비해 감소한 것은 확실하다. 인구 통계학자들은 출산율이 어떻게, 왜 감소했는지 확실한 원인을 대지 못하고 있으며, 현재 인구증가율이 최고에 오를 경우 그 수치는 100억에서 110억 사이가 될 것으로 보고 있다. 전문가들의 예측이 들어맞는다고 가정할 경우, 내가 92세가 되는 2050년이 되면 세계 인구는 90억이 될 것이다. 내 몫인 연간 980달러 GNP는 650달러로 줄어들고, 인류는 지구 수용 능력을 88퍼센트 초과하게 된다. 우리가 이 믿을 수 없을 만큼 어려운 문제를 어떻게든 극복하려 애쓰지 않거나 뭔가 중대한 변화를 만들어내지 않을 경우에 그렇다는 이야기다.

1902년, 내 할아버지가 탄생했을 때에는 인구가 16억 명이었다. 1926년 아버지가 태어났을 때는 20억, 내가 태어난 1958년에는 29억 명으로 늘었다. 내 할아버지가 태어난 후 100년이 지난 지금은 거기에다 44억을 보탰으며, 휴경지와 생태적 생산 능력을 지닌 야생 공간

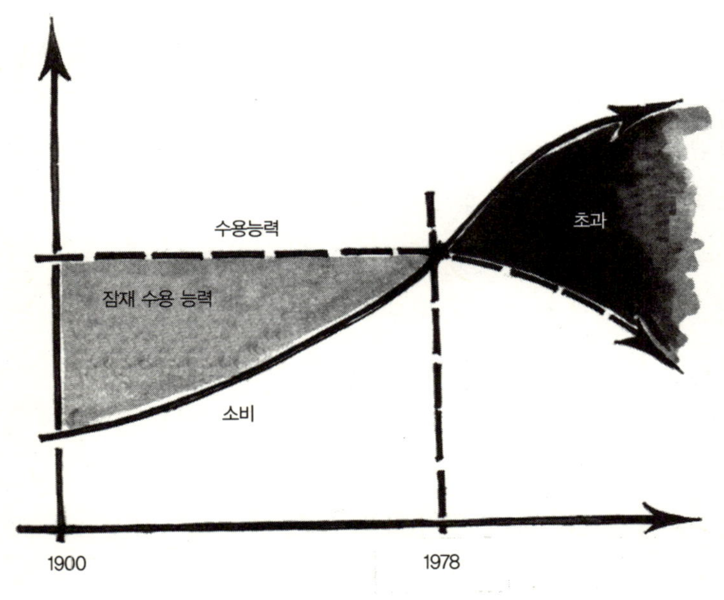

그림 4-1 _ 1978년은 인류가 지속 가능한 지구 전체의 총생산량을 소비한 해. 이후부터 지구의 자산은 점차 줄어들고 있다.

이 전체 67퍼센트를 차지하던 것이 20퍼센트로 줄어들었다. 산업혁명 이후 150년 남짓 지난 지금 인구는 네 배로 증가하였고, 세계 경제는 20배 크기로 성장했다.

현재 북동 아프리카 지역인 150만 년 전의 리프트 계곡Rift Valley(동아프리카 지구대. 서남아시아의 요르단부터 아프리카 남쪽을 관통하여 모잠비크까지 지표면이 가장 광범위하게 갈라진 부분—편집자)으로 가보자. 150만 년 전이면 인류의 역사가 시작된 지 얼마 지나지 않은 때이다. 상대적으로 적은 수의 인간이 정착했으므로, 지구의 생태적 생산 가능 지역의 상당량은 야생의 상태로 남아 있다.

세대 간 평등은 이 땅을 손상시키지 않고 다음 세대에 물려주자는 개념으로 간단히 요약될 수 있다. 당신은 지구의 생태적 생산 능력을 집약적으로 사용하여 환경영향력을 늘리는 쪽과 휴경지와 같은 형태의 비상 자원을 남겨둠으로써 후손들에게 자연적이고 생산력 있는 대지를 보장해주는 것 중 어느 쪽을 원하는가? 우리는 언제까지나 지구의 생산량이 엄청날 것으로 믿고 있다. 그렇지만 현재 인류는 전체 생산량의 20퍼센트를 초과 소비하면서 지구 시스템을 고갈시키고 있다. 인류의 연간 소비량을 줄여나감으로써 과부하가 일어난 시스템을 복원시키도록 돕는 것이 현명하지 않겠는가? 우리는 잘못을 저질렀으되 중대한 과오는 피할 수 있다. 그렇게 하지 않으면 아이들의 미래를 걸고 도박을 하는 것이나 마찬가지다.

5장
시작하기

새로운 삶의 방식을 창조하는 첫 번째 단계는 지속성 있는 노동 개발 단계이다. 일단 이 단계를 지나면 창의력이 발휘되기 시작한다. 그런 후 연장을 사용하는 단계에 이르면, 세상이나 자신을 위해서 아무런 득도 없던 오랜 습관들을 벗어버리고 그 자리를 새롭게 설계한 삶의 방식으로 대체할 수 있다.

첫 번째 단계를 마칠 무렵이면, 자신에게 알맞은 지속성 있는 삶을 위한 목표에 이르게 된다. 나의 목표를 이해하고 가늠해보는 일은 중요하다. 정원을 꾸미려고 준비할 때와 마찬가지다. 처음엔 그저 막연히 생각만 하다가 구상 단계에 들어가고, 나중에는 그 일의 세부적인 면에까지 눈을 뜨게 된다. 여기서 좀더 나아가면 자신의 생태 발자국이 현재 얼마나 큰지 파악하는 법을 배울 것이다. 그 후에는 자신의 생태 발자국을 줄여나가는 과정에서 자연이 얼마만큼 해방되는지 알게 된다. 각각의 단계를 거쳐 성장하는 당신에게 축하를 보낸다! 자연 속에서 시간을 보내다보면 야생의 생물에게 귀중한 서식지를 돌려주는 일이 얼마나 중요한지 집중해서 생각할 수 있으며, 또 당신의 목표를 다잡는 데에도 도움이 된다.

현대 사회를 살아가는 당신은 하루에도 몇 번씩 지속성을 추구하려는 목표를 포기하고 싶은 유혹에 빠질 것이다. 그러므로 숫자보다는 동물이나 식물에 더 관심을 기울일 것을 권한다. 아프가니스탄 사람이나 짐바브웨 사람과 사귀고 우리의 선택 여하에 따라 달라지는 유산을 물려받게 될 젊은이들과 어울려라. 사람들의 지나치게 큰 생태발자국으로 인해 야기되는 고통의 현장을 살펴보고, 조화로운 삶에서 피어나는 행복을 관찰하자. 당신의 삶을 아름답게 꾸리고, 그것이 해결책의 일부분이 되게 하라. 수십억의 사람들이 여전히 전체를 위한 삶의 방식을 실천하고 있으며, 야생 동·식물들도 동참하고 있음을 기억하라. 또한 어디서든지 이런 삶의 방식을 배울 수 있으며, 전세계적으로 수십억 인구가 철저하게 검소하게 사는 데 동조하고 있다는 점을 명심하기 바란다.

지속성 있는 노동 개발

지속 가능성에 대해 자세히 알게 되면, 사람들은 잠자던 도덕성이 깨어나게 되므로 힘들어진다. 지난 6년에 걸쳐 열린 600회의 워크숍에서 활용된 지속성 있는 노동 개발 프로그램은 다음 세 가지 부분으로 이루어져 있다.

1. 간단한 목표 설정하기.

2. 힘들고 고된 목표 설정하기.

3. 한 단계 쉬어가기와 구상하기.

1. 간단한 목표 설정하기

지속성을 목표로 하는 만만치 않은 활동에 착수하기 위해 시작은 간단한 연습으로 해보자.

1단계 : 인간은 지구의 생태적 생산 가능 공간의 몇 퍼센트를 사용하고 있는가?

야생 상태로 남아 있는 공간은 약 700~2,500만의 다른 종을 위한 공간이다. 0.2는 인간이 20퍼센트를 사용하고 80퍼센트는 자연 상태로 남긴다는 뜻이고, 0.8은 인간이 80퍼센트, 남은 공간이 20퍼센트라는 뜻이다.

10%	20%	30%	40%	50%	60%	70%	80%	90%	100%	**인류 사용량**
0.1	0.2	0.3	0.4	0.5	0.6	0.7	0.8	0.9	1.0	**나의 사용량**
90%	80%	70%	60%	50%	40%	30%	20%	10%	0%	**야생 상태**

2단계 : 나의 목표 설정하기

자신만의 지속성 목표를 정하려던 위의 소수에 지구의 생태적 생산 가능 지역 중 개인의 평등한 몫인 1만 9,021제곱미터(4.7에이커)를 곱하기만 하면 된다.

$$19{,}021\text{m}^2 \times \frac{}{\text{나의 사용량}} = \frac{}{\text{나의 지속성 목표}}\text{m}^2$$

값으로 나온 면적이 대략적인 당신의 목표이다. 이제, 좀더 심화된 목표 설정 단계로 들어가보자.

2. 힘들고 고된 목표 설정하기

지구를 어떻게 공유할 것이며, 사회 구성원 중 어떤 대상을 후원할 것인지 좀더 세부적으로 결정한다. 이 목표를 당신이 어떤 식으로 세계와 상호 작용하기를 원하는가에 대한 전망으로 삼으라. 여기서는 과학, 직관력, 도덕성, 정신적 영역의 도움을 받아 답을 얻는다. 해답이 정해져 있는 것은 아니며, 절대적으로 옳거나 그른 답도 없다는 점을 명심하라. 시간이 지나면서 자신이 여전히 일관된 목표를 추구하고 있는지 확인하려면 이 지속성 있는 노동 개발 단계로 다시 와보면 된다.

지속성 목표 달성을 위해서는 개인마다 성취 기간을 정하는 것에서부터 출발한다. 기간을 짧게 잡으면 목표 달성이 어려울 것이고, 지나치게 길게 잡으면 시기적으로 너무 늦을 것이다. 일년, 10년이 될 것인지 아니면 25년, 30년이 될 것인지 당신이 정하라.

당신은 몇 년 안에 지속성 목표를 성취하고자 하는가?

답 : ＿＿＿＿＿＿＿년

힘들고 고된 목표 설정 단계의 마지막 과정으로, 우리는 지금부터 향후 100년 내에 성취할 사회 차원의 더 큰 목표를 추정해볼 것이다.

100년이 너무 먼 미래라고 여겨진다면, 당신의 목표 달성 방법도 훨씬 획기적이고 빠른 것이어야 한다는 점을 생각하라.

1단계 : 종과 종 사이의 평등

인간은 지구의 생태적 생산 가능 지역의 몇 퍼센트를 소비해야 할까? 간단한 목표 세우기 단계에서 얻은 것이 바로 답이다.

내 사용량(소수 입력) : ___________

2단계 : 인류 간 평등

전세계에 있는 개인에게 주어지는 생태적 생산 가능 지역의 몫 중에서 당신은 얼마만큼을 사용하고 싶은가? 0.5를 선택했다면, 개인 평균량의 50퍼센트를 사용하겠다는 뜻이다. 1은 1만 9,021제곱미터 모두를 사용하겠다는 것이고, 3이면 이 면적의 세 배를 사용하겠다는 말이다.

평균 이하	평균 사용량	평균 이상
0.5 0.6 0.7 0.8 0.9	1	2 3 4 5 6

내 사용량(소수 입력) : ___________

3단계 : 세대 간 평등

당신 몫의 생태적 생산 가능 지역을 어떤 속도로 사용하고 싶은가? 1은 자연 소비 속도와 보조를 맞춘다는 뜻이고, 1.2는 지구의 자연적인 생산 능력 회복 속도보다 20퍼센트 빠르게 소비함으로써 다음 세대에 고갈된 대지를 물려주겠다는 뜻이다. 0.8이면 지구의 자연적인 생산 능력 회복 속도보다 20퍼센트 느리게 소비하여 휴경지를 남겨둠으로써 미래 세대들에게 덜 파괴된 지구를 물려주겠다는 의미이다.

회복	한계 사용 속도	고갈
0.5 0.6 0.7 0.8 0.9	1	1.1 1.2 1.3 1.4 1.5

내 사용량(소수 입력) : _____________

4단계 : 당신의 전체 평등 지수

이 작업을 하려면 곱셈을 해야 하므로 소형 전자계산기나 연필을 준비하기 바란다. 아주 간단한 곱셈이다. 1~3단계에서 나온 '내 사용량' 값을 모두 곱하면 된다.

종과 종 사이의 평등　　인류 간 평등　　세대 간 평등　　전체 평등 지수

____________ × ________ × ________ = ________

예) 0.3×0.9×0.95 = 0.26

5단계 : 인구 크기 계산

목표 달성 기간을 100년으로 가정하고 2100년 내에 지구의 인구가 몇 명이 되기를 바라는지 그 수를 목표로 잡는다. 인구 감소를 위한 모든 프로그램은 케랄라에서처럼 빈곤층 감소, 여성의 지위 향상, 교

육과 같은 프로그램을 통해서 전적으로 자발적으로 이루어진다는 점
에 유의하라.

A. 자녀를 둔 경우 : 앞으로 100년 간 당신은 세계 인구가 몇이 되
   기를 바라는가? 10억 명이라면 당신의 비율은 현재 인구를 2100
   년 내 목표 인구로 나눈 값, 60/10은 6이므로, 전체 인구의 출산
   율(TFR)은 1이 되어야 한다. 30억이면 60/30으로 비율은 2, TFR
   은 1.4이고, 60억이면 60/60으로 비율은 1에 TFR은 1.8이고, 90
   억일 경우는 60/90으로 비율은 0.66, TFR는 2이다.

2100년 내 목표 인구수(단위/10억)

0.5	1	2	3	4	5	6	7	8	9	10	20	30

비율

12	6	3	2	1.5	1.2	1	0.9	0.75	0.66	0.6	0.3	0.2

전체 출산율/한 가정당 평균 자녀수

0.7	1	1.2	1.4	1.5	1.7	1.8	1.85	1.95	2.0	2.1	2.6	3

당신의 비율(위의 표 참조) : ___________

B. 현재 자녀가 없는 이들의 경우 : 자녀를 몇 명이나 계획하고 있
   는가? 위 표에서 자신이 이루고자 하는 가족 규모와 일치하는
   비율을 선택한다. 자녀수가 0~1명일 경우 비율은 6, 두 명이면
   0.66, 세 명이면 0.2이다. 자녀를 한 명 낳으면 2100년에는 인구
   가 10억이 되고, 2명이면 90억이다. 즉 25세 이하인 29억 인구

가 각각 자녀를 두 명씩 갖는다면 2100년 내에 세계 인구는 90억에 이른다는 말이다. 이것에 대해서는 11장에서 좀더 자세히 분석해보자.

6단계 : 당신의 지속성 목표 계산

전체 평등률에 당신이 희망하는 인구 비율을 곱한다. 인구가 배로 증가하면 개인에 허용되는 생태적 생산 가능 지역 규모가 반으로 줄어든다. 거꾸로, 인구가 현재의 3분의 1로 줄면 그 규모는 세 배로 증가한다.

2000년 기준 생태적 생산성 (m²/1인)	전체 평등 인자 (4단계에서 나온 값)	인구 비율 (5단계 A, B 중 택일)	당신의 지속성 목표 (m²/1인)
19,021m²	× ______	× ______	= ______
예) 19,021m²	× 0.26	× 6(자녀 1명)	=29,673m²

당신의 비율(위의 표 참조) : ____________

3. 한 단계 쉬어가기와 구상하기

요약하면 지속성 있는 노동 개발 단계는 개인이 통제해야 할 지속성의 두 가지 요소를 부각시키기 위한 것이다.

1. 얼마나 소비할 것인가?
2. 몇 명의 자녀를 낳을 것인가?

사회와 배우자, 가족이 당신의 결정에 영향을 미칠 수 있다. 하지만 최종적인 결정권은 당신에게 있다. 당신의 지속성 목표를 스스로에게 완전히 각인시키기에 좋은 단계이다. 다만 지금은 위의 두 가지 요소에 대한 답을 늘 생각하면서 그 숫자에 익숙해져라. 목표 성취가 불가능하다고 느껴지면 절망하지 말고 스스로 이정표를 세워 나아가라. 목표 달성 기간은 일년이 될 수도 20년이 될 수도 있다. 내 경우는 1990년 이래 지속성 목표를 세우고 일해왔는데, 아직 다 이루지 못했다. 이 책의 나머지 부분에서는 이 도전에서 당신의 성공을 보장하기 위한 도구와 전략들을 제시할 것이다.

세 가지 도구

당신이 보통 사람이라면 바쁜 일상을 살아갈 것이고, 삶을 어떻게 단순화시킬 것인가에 대한 자신만의 생각이 있을 것이다. 이때가 바로 도구가 필요한 시기이다. 이 도구들이 당신으로 하여금 삶의 세세한 부분에 집중할 수 있도록 도울 것이다. 이것들의 효용과 사용 방법을 알아보기로 하자.

생태 발자국

생태 발자국(EF)은 우리의 일상 생활이 굴러가도록 뒷받침하는 무수한 자연의 흐름을 추적하는 기술이다. 살아가는 데 필요한 생필품이 세계 각지에서 얻은 원료로 만들어진다면, EF는 당신이 쓰는 차

량, 도로, 생필품의 원료가 되는 밀 경작지, 숲 등 모든 요소를 합한
것이다. 그렇다면 자연은 당신의 소비 속도를 감당할 수 있는가?

돈인가, 삶인가

비키 로빈과 조 도밍게즈가 공동 저술한 《당신의 돈인가, 삶인가》
(《YMOYL》)는 우리 삶을 통해 흘러오고 나가는 시간과 돈의 흐름을 따
라가 보는 기술들을 소개한 책이다. 이 기술들을 이용해 당신은 당신
의 돈이 모두 어디로 사라졌는지에 대한 미스터리를 풀 수 있을 것이
다. 그리고 그 과정에서 스스로가 지닌 가치는 무엇인가, 당신이 사들
이는 물건들이 실제로 삶의 질을 향상시키고 있는가 하는 의문을 가
지게 될 것이다. 이제 적극적으로 삶의 방식을 재설계하는 전 단계에
와 있는 것이다.

자연에서 배우기

자연 속에서 시간을 보내다보면, 세계에 관한 지식을 직접 얻을 수
있다. 연어와 삼목들과 회색곰이 맺고 있는 상호 관계를 저절로 터득
하게 된다. 처음에는 자연에 다가서기가 두려울 수 있겠지만 그 안으
로 깊이 들어가 보면, 우리의 몸 또한 자연과의 접촉에 목말라하게 될
것이다.

전체 시스템

이 세 가지 도구는 전체 시스템이 발전하는 기초가 된다. 프리초프 카프라Fritjof Capra는 《생명의 망The Web of Life》에서 광범위한 삶의 체계를 이해하는 핵심은 두 가지 서로 다른 접근 방식, 곧 물질(또는 구조)에 대한 연구와 형식(또는 패턴)에 관한 연구를 조화시키는 데 있다고 말했다. 물질적인 면에서 우리는 무게를 재고 크기와 면적을 측정했다. 그러나 형식이나 패턴은 무게와 크기를 잴 수 없으므로 실질적인 조사가 필요하다. 패턴을 이해하려면 관계들의 전체적 윤곽을 그려야 하는 것이다. 따라서 물질은 양, 패턴은 질과 관련이 있다.

EF나 《YMOYL》 기술 모두 당신이 소비하는 채소, 전기, 연료, 보험 비용 등을 추적할 것이다. 그중 EF가 킬로그램, 킬로와트, 리터 하는 식으로 물질의 양적 측면 곧 얼마나 많은 양을 소비했는가를 따지는 반면, 《YMOYL》은 한 달 동안 당신이 한 노동과 맞바꾸는 물질과 시간의 비용을 추적한 다음 이 같은 거래에 대해 어떻게 느끼는지를 묻는다. 당신 삶의 패턴이 보일 것이고 월말마다 다음과 같은 사실들을 알게 될 것이다.

- 당신의 생태 발자국.
- 세계의 다른 사람들과 비교한 당신의 생태 발자국.
- 지구의 생태적 수용 능력 범위 안에서 당신의 생활 수준.
- 사용한 돈의 액수.
- 물질과 맞바꾼 당신의 시간.

– 당신의 삶을 물질과 맞바꾼 거래에 대한 느낌.

이 도구들은 당신에게 할 일을 지시하거나 옳고 그름을 가려주지는 않을 것이다. 그저 스스로의 행동을 관찰하고 평가해보는 것이다. 매달 주변 세상과 당신 사이에 이뤄지는 상호 관계의 독특한 패턴이 자세히 보인다. 그러면 그중에서 유용한 부분을 강화시키면 된다.

이 세 가지 도구에 관해 다룬 좋은 책들이 나와 있으므로 여기서는 본질적인 면들만을 소개했다. 이 전체 시스템은 다음과 같은 일을 가능하게 해줄 것이다.

– 당신의 독특한 삶의 방식을 평가하고 수정한다.
– 특정한 활동, 생산품, 기술의 환경영향력을 비교한다.
– 지속성에 대한 자신만의 정의를 발전시켜 나간다.
– 개인과 사회 차원의 장기적인 목표를 설정한다.
– 인류와 다른 존재들의 필요에 관해 배운다.
– 자연 세계와 깊이 있고 상호 존중적인 관계를 발전시킨다.

이 세 가지 도구의 윤곽을 살펴보고 서로가 어떻게 상호 보완적으로 작용하는지 알았다면 우리는 이 도구들을 세부적으로 다룰 준비가 끝난 것이다.

6장

첫 번째 도구
생태 발자국

알람시계 소리에 눈을 뜬 순간부터 우리는 세계경제에 접속된다. 벨이 세 번째로 울리면 당신은 곧장 커피포트 앞으로 간다. 커피가 만들어지는 동안 CD를 틀고 뜨거운 물로 샤워하며 잠을 깬다. 조간신문 헤드라인을 몇 개 훑고 난 뒤 제시간에 출근하려고 열쇠와 시계, 지갑과 바나나 한 개를 잡아쥐고는 차 안으로 폴짝 뛰어든다. 당신은 이같은 행동들이 지닌 환경영향력 또는 생태 발자국을 알아보기 위해 머리를 싸매고 고민해본 적이 있는가? 생태 발자국(EF)은 겉으로 드러나지 않는다. 알람시계를 만들고 바나나를 재배하며 주택을 짓고 자동차를 운전하는 데 필요한 것은 무엇인가?

볶아놓은 시커먼 커피를 잘 들여다보면 보인다. 커피콩은 정글을 모조리 베어내고 경작지를 만들어 재배한다. 그 정글은 한때는 그 지역 토착민들과 동식물을 먹여살리던 곳이다. 그늘에서 재배하는 농법을 써도 대부분의 나무와 하층 식생류들이 잘려나가기는 마찬가지다.

가공 시설, 식품 회사, 광고 회사뿐 아니라 시내에 상점이 들어서려면 땅이 필요하다. 이외에도 커피콩을 거둬들이고 가공 처리하고, 배로 실어나르고, 볶고, 수송하고, 볶은 콩을 갈고, 커피를 우려내는 데 드는 연료가 연소하면서 배출하는 이산화탄소를 흡수하는 데 또 숲이 필요하다. 지구 어딘가에서는 기계를 만드는 데 들어가는 광물을 캐기 위해 광산을 파헤치고 있다. 이 모든 과정에 들어가는 에너지 구성 성분을 지속성과 관련한 과학 전문용어로 통합 에너지 또는 에너지 집중도라고 한다. 포장이나 커피포트, 냉장고, 알람시계, 신문, 옷, 전기, 자동차는 또 어떤가? 세계 경제가 우리의 생태 발자국을 측정하는 일을 얼마나 어렵게 만드는지가 한눈에 보일 것이다. 밴쿠버의 브리티시 컬럼비아 대학과 캘리포니아 오클랜드에 위치한 리디파이닝 프로그래스Redefining Progress(진보 재정의) 연구소에서 이 기술을 발전시키고 다듬느라고 10년 세월을 바친 빌 리즈와 마티스 웨커나이젤 덕분에 이 불가능해 보이는 일이 쉬워졌다.

생태 발자국을 측정하면서 갖는 느낌은 메마른 벌채지를 보고 느끼는 혼란스러움보다는 덜 직접적이다. 자연 속에 있어보면 우리가 소비하는 상품을 만들기 위해 어떤 생물이 제 생명을 내주었는지 직접 알게 되기 때문이다. 그러나 우리의 반응이 선택에 아무런 영향을 미치지 못한다면 아무 소용도 없다. 절벽을 눈으로 보면서도 그 위를 지나간다면 무슨 소용이겠는가.

중요한 건 무엇을 선택하느냐이다. 신문을 구독하는 대신 라디오를 청취하고, 바나나 대신 내가 사는 지역에서 나는 사과를 먹고, 자가용을 몰고 출근하는 대신 자전거를 탄다면 우리의 생태 발자국은 어떻게 변할까?

생태 발자국은 삶의 방식을 설계하는 데 활용될 수 있다. 뿐만 아니라 개인 또는 집단의 가치 체계를 기업이나 기관에 적용시키는 데도 이용될 수 있다. 100명이 EF를 고려해서 계획한다면, 100개의 창의적인 해결책이 나올 것이다. 이제부터는 생태 발자국을 어떻게 측정하는지 좀더 자세히 알아보자.

생태 발자국 측정 과학

생태 발자국 측정은 정해진 일년 안에 한 개인이나 국가가 소비하는 생태적 생산량을 잰 것이다. 당신의 생태 발자국은 당신이 사용하는 물질을 공급하기 위해 지속적으로 이뤄지는 생산 활동 그리고 일반적으로 쓰레기 흡수 활동 과정에 쓰이는 생태적으로 생산 가능한 지역, 곧 땅과 바다의 면적을 말한다.

지속성이 생기려면 인류는 지구의 생산량을 사용하되, 그 생산 능력이 회복되는 속도보다 느리게 사용해야 하고 그것을 꾸준히 실행해야 한다. 그 속도보다 빠르게 이용하면 생태 환경은 손상을 입고, 이런 상태가 계속되면 생명을 키워내는 지구의 수용력은 파괴되고 만다.

생태 발자국 측정 기술은 현재 전세계적으로 다양하게 적용되고 있다. 세계자연보호기금WWF 인터내셔널은 지구의 지속성에 관한 포괄적인 조망을 담은 《살아 있는 지구 리포트*Living Planet Report*》에 EF를 활용했다. 생태 발자국을 측정한 국가는 모두 151개국인데, 간단치 않은 방법이었음에도 리디파이닝 프로그래스 연구원에서 개발한 계산법을 사용했다. 한 국가의 수입량은 국내 생산량에 더하고 수출량은 국가 소비량에서 제외시켰는데 시리얼, 목재, 생선 요리, 석탄과 면화 등 200가지가 넘는 범주를 이런 방식으로 모두 계산했다. 유럽 연구 총국에서는 EF를 정부 차원에서 활용하는 방안을 내용으로 하는 상세한 보고서를 발표했고, '지구의 날 네트워크'는 2002년을 국제적으로 기념하면서 이 장에서 소개한 퀴즈(본문 149쪽, 표 6-7 참조)를 전산화하여 개인의 생태 발자국을 계산할 수 있는 웹사이트를 개설했다. 《2001년 세계 인구 현황*State of the World Population 2001*》에서는 생태 발자국 측정의 통합적인 개념을 발표했으며, '생태 항해자'라고 불리는 EF를 바탕으로 한 교과 과정이 생겨 캐나다의 5,000개 초·중등학교에 개설되었다. 교과 과정의 채택 비율은 계속해서 높아지고 있다.

EF 분석은 유럽연합 산하 여러 기관과 정부 간 기후 변화 조사 위원회가 발표한 자료를 근거로 하고 있다. EF 과학에 관한 자세한 정보는 《우리의 생태 발자국*Our Ecological Footprint*》과 《자연이 주는 이익 공유하기*Sharing Nature's Interest*》 두 권의 책을 참고하기 바란다.

생태 발자국 안에는 무엇이?

생태 발자국 시스템에는 계산법이 많지만 그리 어렵지는 않다. 숫자 계산이 적성에 맞지 않는다고 해서 미리 겁먹고 포기하지 않기를 바란다. 기본적인 산수만 하면 누구나 할 수 있다.

발자국에는 우리가 대지에 영향을 미치는 방식에 관한 모든 내용이 들어 있다. 그러나 대지의 종류도 믿을 수 없을 만큼 다양하다. 옛날에는 계곡 기슭이 원시 야생 생물들의 서식지였다. 엄청난 생태 생산력을 지닌 풍부한 토양으로 거대한 나무들, 빽빽하게 들어찬 덤불과 식용 식물들이 자랐다. 지금은 이 계곡들이 주로 농장이나 주택, 산업용 부지로 쓰이고 있다. 선인장과 세이지, 코요테, 독수리 같은 대표적인 생물이 사는 사막은 계곡들과는 정반대의 생산성을 지닌다. 사막에서는 계곡 기슭에서 자라는 생물 자원에 비해 극히 적은 양만이 자랄 뿐이다. 사막, 극지, 수심이 깊은 대양처럼 생태 생산성이 아주 낮은 지역은 이 분석에 포함시키지 않았다.

표 6-1 • 다섯 가지 가설
다섯 가지 가설을 전제로 한 생태 발자국 계산

1. 인간이 소비하고 배출하는 대부분의 자원과 쓰레기는 추적 가능하다.

2. 대부분의 자원과 쓰레기의 양은 이것들을 지속적으로 유입 배출하는 데 쓰이는 생태적 생산 가능 지역을 기준으로 측정할 수 있으며, 측정이 불가능한 자원과 쓰레기 양은 제외시킨다.

3. 대지는 생물 자원을 생산하는 능력에 따라 평가되므로 실제 면적이 다른 두 지역이 같은 단위로 표시될 수 있다. 곧, 대지의 실면적을 표시하는 면적 단위는 대지의 생산 능력을 세계 평균으로 규정한 특정 면적 단위로 변환된다.

4. 서로 다른 쓰임이 있는 대지가 표준 면적으로 환산되므로 각각의 환산 값을 더하면 인간에게 필요한 총 대지 면적이 된다.

5. 지구에서 생태적 생산 능력이 있는 지역을 측정할 수 있으므로 인류의 총 대지 요구량과 자연이 제공하는 생태 서비스량을 비교할 수 있다.

(출처: 《살아 있는 지구 리포트》)

EF 측정 결과에는 인간의 환경영향력을 과소 평가하고 사용 가능한 생태적 수용 능력을 과대 평가하는 측면이 있다. 현재 농업이 토양의 생산 능력에 장기적인 해를 미치지 않는 것처럼 나타나는 것이다. 데이터가 불충분하다는 이유 때문에 담수를 가두어 이용하는 행위와 이산화탄소 이외에 고체, 액체, 가스 형태로 배출되는 쓰레기들은 포함시키지 않았다. 이에 더하여 플루토늄, 폴리염화비페닐과 같이 이용 가치가 높은 유독성 오염 물질, 스프레이 분사제나 냉각제를 만드는 클로로플루오로메탄, 생물 멸종, 대수층 파괴, 삼림 파괴와 사막화와 같이 체질적으로 자연의 회복 능력을 좀먹는 재생 불가능한 활동 범위들이 제외되었다.

우리가 당신에게 바라는 것은 철저하게 소박한 생활 방식에 적응해가면서 이러한 유해 활동들을 점차로 줄여나가는 것이다.

발자국을 잴 때 고려하는 생태적 생산 가능 지역은 다음과 같이 일곱 가지 형태로 구별한다.

- 경작지 또는 개간이 가능한 땅 : 지구에서 가장 생산성이 높은 지역이다. 식량과 동물의 먹이, 섬유 기름 작물, 고무 등이 자란다. 전세계적으로 약 31조 5,666억 제곱미터(78억 에이커)의 경작지가 존재한다.
- 목초지 : 동물들이 풀을 뜯을 수 있고 고기나 가죽, 털, 우유를 얻을 수 있는 땅으로 경작지보다는 덜 생산적이다. 밀집되지 않은 숲지나 방목을 목적으로 쓰이는 개간지가 여기에 포함된다. 전세계적으로 존재한다.

- 숲지 : 건축이나 가구 원료, 종이 제조 원료인 목재 섬유, 연료용 목
재를 공급하는 땅. 51조 5,992억 제곱미터(127억 5,000만 에이커)가
있다.

- 바다 공간 : 전체 어획량의 95퍼센트를 제공하는 대륙 해안 지역. 8조
4,987억 제곱미터(21억 에이커)로, 전체 대양 면적의 8퍼센트를 차지
한다.

- 계획지 : 주택, 정부, 산업, 교통, 태양 · 풍력 · 수력 에너지 획득, 공
업 생산품 생산을 위한 제반 시설을 수용하는 토지. 전체적으로 5조
9,895억 6,000만 제곱미터(14억 8,000만 에이커)가 있다.

- 화석 연료지 : 화석 연료가 타면서 대기로 배출되는 이산화탄소를 격
리 흡수하는 삼림 지역. 화석 연료지를 계산하는 다른 방법은 '리디
파이닝 프로그래스'에서 내놓은 것으로, 화석 연료와 비슷한 연비를
갖는 식물 연료가 자라는 데 필요한 대지의 면적을 정한다. 대양에서
화석 연료 연소 후 방출되는 물질의 약 35퍼센트를 흡수하므로 이 EF
계산에서는 나머지 65퍼센트만을 고려한다. 화석 연료지는 생물에게
서식지를 제공할 수는 있으나 이산화탄소 흡수량으로 주요 기능이
결정된다.

- 야생지 : 인간의 사용이 금지된 곳이다. 이 지역의 생태적 생산성은
원래 인간 외의 생물의 요구를 충족시키는 용도로 쓰인다. 현재 지구
대지의 3.5퍼센트가 공원이나 보호 구역으로 묶여 있거나 야생 상태
로 보호되고 있다. 하지만 야생지의 많은 부분은 중요한 인간 활동이
여전히 발생하고 있는 공원이나 야생 동물 보호 구역이다.

우리가 소비하는 각 품목에는 위에 열거한 여러 가지 형태의 대지가 하나 이상 사용된다. 예를 들어 당근 가공식품 하나를 사려 해도 경작지가 필요하고, 저장과 판매에 필요한 계획지 그리고 화학 성분 살충제, 비료, 가공 처리와 선적에 드는 연료 때문에 화석 연료지도 필요하다.

만일 4,047제곱미터(1에이커)짜리 정원을 가지고 있다고 치자. 거기서 당신이 먹는 모든 식량을 생산한다면 식량에 관한 한 당신의 생태 발자국은 4,047제곱미터일까? 그럴 가능성도 있다. 정원에 있는 땅이 평균적인 생태적 생산 능력을 가졌다면 당신의 발자국은 4,047제곱미터가 될 것이다. 그러나 그 땅이 양질의 개간지라면 생산성은 평균의 2.2배가 될 것이고, 목초지에 가깝다면 평균의 반밖에 안 되는 생산 능력을 지녔을 것이다. 우리는 이것을 비례 할당 등가라고 칭한다. 생산 능력에 따라 대지 면적을 계산했다면, 그 수를 모두 더한다(표 6-3 참조). 표 6-3을 보면, 1만 9,021제곱미터(4.7에이커)를 모두 사용한다고 가정하고 대지 형태별로 균등하게 나누었을 때 각 개인이 사용할 수 있는 대지의 면적이 나와 있다.

표 6-3 • 생태 생산성 공간

대지 형태	등가 인자	생태 수용 능력(m²/1인)
경작지	2.2	5,302(1.31ac)
목초지	0.5	0,711(0.67ac)
숲지	1.3	8,580(2.12ac)
계획지	2.2	1,012(0.25ac)
바다 공간	0.4	1,416(0.35ac)
		총계 : 19,021(4.7ac)

발자국 계산하기

가장 간단히 발자국을 계산하는 방법은 우리가 발자국 요소(ff)라고 부르는 것과 하나의 항목을 한 달간 소비한 양을 곱하는 것이다. 그러면 그 항목에 대한 당신의 발자국 값이 나온다.

한 달 소비량 × ff = 생태 발자국

- 양을 재는 데는 여러 가지 무게와 면적 단위 중에서 한 가지를 골라 통일하여 사용한다.
- ff는 당신이 한 달 동안 사용한 한 가지 품목의 양을 대지 면적 값으로 환산시킨 것이다. 이 면적은 해당 품목의 유동성을 유지하기 위해 지속적으로 이루어지는 생산 과정에 사용된 땅의 면적이다.
- EF는 언제나 땅의 면적 값이다.

'리디파이닝 프로그래스'의 과학자들은 생태 발자국 인자 하나를 만들어내기 위해 엄청난 숫자와 씨름을 한다. 그러나 당신이 가스 연료에 대한 당신의 생태 발자국을 알고 싶다면 한 달간 쓴 가스량을 ff에 곱하기만 하면 된다. 이해를 돕기 위해서 하나의 발자국 인자를 만드는 네 가지 단계를 아래에 열거해 놓았다.

1단계 국제연합 식량농업기구FAO에서 생산량 관련 자료를 수집한다. 예를 들면, 일년에 4,047제곱미터(1에이커)당 당근이나 면화, 고무 같은 품목의 지속 가능한 생산량은 얼마인가에 대한 정보를 얻는 것이다.

2단계 어떤 품목이 생산돼 나오는 과정에서 에너지 소비가 일어난다면 1단계 값에다 에너지 요소를 더한다. 여기에는 천연 원료 또는 제조된 상품이 마지막으로 소비되기까지 필요한 모든 에너지가 포함된다. 정부가 공공 소비재와 서비스를 구입하는 데 드는 에너지인 구조적 소비량도 포함된다.

3단계 이 책에서 소개하는 생태 발자국 측정 전체 시스템을 통해 도출된 1, 2단계의 결과를 좀더 공신력 있는 국가 시스템인 《살아 있는 지구 리포트》의 회계 시스템에서 수집한 자료를 참고해 수정한다.

4단계 이 단계에서는 해당 품목에 사용된 대지의 총면적에 대하여 지구의 생태적 생산 가능 지역과 바다 공간이 지닌 평균적인 생산성과 비교해서 개간지, 목초지, 숲지, 계획지, 바다 공간 등 각 형태별로 생산성을 고려해 수정한다. 그런 다음 각 형태별 대지 면적을 계산해 합한다. 관심 있는 독자들은 www.redefiningprogress.org에서 가정 내 생태 발자국 계산기 프로그램을 다운로드받아 자세한 계산법을 알아보기 바란다.

이 책에서는 거의 100개의 일반 품목들을 식료품, 주택, 교통, 재화와 서비스, 고정 자산, 쓰레기 등의 상위 카테고리를 기준으로 구분해 놓고 이것들에 대한 발자국 요소들을 소개했다. 재화와 서비스의 종류가 너무도 다양하기 때문에 ff는 일반적인 생산 과정을 거쳐서 나오는 평균적인 국가 생산량을 기준으로 계산했다. 간결하고도 정확도 있는 자료를 제공하는 것이 이 책의 의도였지만 대부분 수치를 실제보다 낮게 추정해 계산한 측면이 있다.

내 발자국의 크기는?

여기서는 발자국 크기를 측정하는 몇 가지 방법을 제시하려 한다. 쉬운 방법의 경우 정확도가 좀 떨어지긴 하지만 30분도 안 걸려 답을 얻을 수 있다. 계산을 간단히 하려면 몇 가지 가정을 전제로 해야 하는데 당신에게는 해당되는 사항일 수도, 또 그렇지 않을 수도 있다. 좀더 정확한 계산을 위해서는 개인이 지속적으로 기록을 해야 하고 성의 있게 계산에 임해야 한다. 고생 끝에 낙이 온다는 말은 분명 여기서도 해당된다.

실제로 당신이 발자국 목표를 달성하는 데는 몇 년이 걸릴 수도 있다. 그러니 이 책 전체에 걸쳐 소개된 도구와 방법을 융통성 있게 활용해야 한다. 지속성 목표를 이루는 가장 좋은 방법은 그 과정을 스스로 즐기는 것이다. 그래야 오랜 기간 동안 꾸준히 실천할 수 있다.

내 급여는 얼마?

발자국 측정의 시작은 개인의 발자국과 매달 지급받는 급여 사이의 상호 연관성을 바탕으로 이루어진다. 그리 정확한 방법 같아 보이지 않을 수도 있지만 대부분의 북미 사람들이 세계경제에 참여하는 정도를 살펴보면, 그 상호 관계는 당신이 생각하는 것보다 깊다. 베이비붐 세대의 약 40퍼센트는 30년 간 평균 75만 달러 이상의 수입을 올리지만 퇴직 시 저축률이 1만 달러 이하에 머문다. 나머지 액수는 다 어디로 사라진 것일까? 나도 모르지만 어쨌든 돈은 사라졌다. 우리는 통상 벌어들인 돈을 소비하게 마련이고 우리가 세계 경제의 범위 내에서 구입하는 물건들은 커다란 발자국을 갖고 있다.

돈은 많이 벌지만 검소하게 살 수도 있다. 발자국은 당신이 돈을 쓰거나 물건 또는 서비스를 소비할 때 생기는 것이다. 번 돈을 저축하거나 어딘가에 상당 액수를 기부했다면 아래에 나와 있는 표는 신경쓰지 않아도 좋을 것이다. 그러나 누군가가 일상 탈출의 충동을 느낀다고 하자. 일반적으로 돈이 많은 사람은 휴가를 떠날 가능성이 많아진다. 여유가 있는 사람에게는 집을 증축하거나 한 채를 더 구입하는 것이 당연한 것처럼 느껴질 수 있다. 우리들 중 다수는 단순히 돈 쓸 여유가 있기 때문에 돈을 쓰는 것이다.

세계 은행에서는 연간 일인당 국민 총생산 자료를 내놓는데, 이 자료로 1인이 올리는 근사치의 수입을 알 수 있다. 또 '리디파이닝 프로그래스'에서 계산한 15개국의 발자국 크기 자료가 있다. 만일 발자국 크기 대비 수입의 관계를 좌표로 나타내본다면 연관성은 분명히 높게 나타날 것이다. 그러므로 건저 대략의 발자국 크기를 알아본 다음 아래 표에서 자신에게 해당하는 사항을 찾는다. 당신이 구매 행위와 생활 방식에서 환경을 고려하는 사람이라면 아래쪽 사항에 해당될 것이다.

이 책은 당신이 직접 결정하는 선택 사항들에 초점을 맞추고 있으며 수입이 그중 하나이다. 기본적인 욕구를 충족시키지 못하는 사람들은 수입을 더 많이 올리는 데 열을 올린다. 그러나 넉넉한 살림을 꾸리는 사람이 적게 가지게 되면 충분히 가지지 못하는 사람들에게 기회를 열어주는 셈이 된다. 과밀화된 세계에서 일감 나눠갖기는 매우 중요한 덕목이다.

표 6-4 · 수입과 발자국 크기의 상호 연관성

수입(1인당 GNP, $)	발자국 크기
100,000 이상	161,880~242,820m^2(40~60ac)
50,000~100,000	121,410~202,350m^2(30~50ac)
30,000~50,000	101,175~161,880m^2(25~40ac)
30,000 이상(유럽, 일본)	60,705m^2 이상(15ac 이상)
25,000~30,000	80,940~121,410m^2(20~30ac)
20,000~25,000	72,846~89,034m^2(18~22ac)
15,000~20,000	56,658~80,940m^2(14~20ac)
10,000~15,000	48,564~72,846m^2(12~18ac)
5,000~10,000	20,235~60,705m^2(5~15ac)
2,500~5,000	12,141~52,611m^2(3~13ac)
1,000~2,500	10,118~24,282m^2(2.5~6ac)
500~1,000	8,094~20,235m^2(2~5ac)
100~500	6,071~16,188m^2(1.5~4ac)

출처 : 세계 은행, 《세계 개발 지수*World Development Indicators*》, CD롬 자료, 2000년.
《자연이 주는 이익 공유하기: 지속 가능성 지표로서의 생태 발자국*Sharing Nature's Interest: Ecological Footprints as an Indicator of Sustainability*》, 어스스캔 출판사, 2000년.

　　수입을 덜 올리기로 결정하는 것은 다다익선의 원리가 지배하는 현대 사회의 본질에 역행하는 일이다. 사실 임금을 규제하는 문화적 법적 제재 조치가 전무한 데다 문화를 기반으로 한 사회에서 가치를 돈으로 환산하며 또 이러한 가치 개념이 도전받는 일이 거의 없기 때문에 적은 몫을 택한다는 것은 어려운 선택이다. 덧붙여서, 우리는 여유 있는 수입으로 안락함을 누리고 안전을 보장받으며 특권을 누릴 수 있다. 세계 경제에서 돈과 권력은 같은 말이다. 그러면 돈을 가진 자는 누구이며 또 그렇지 못한 자는 누구인가? 수입이 많을수록 우리가

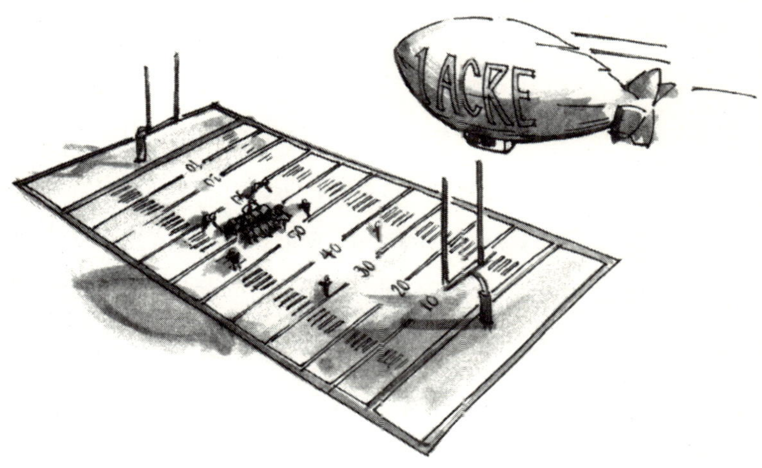

그림 6-5 _ 1에이커를 시각적으로 살펴보자 1에이커는 미식축구 경기장보다 약간 적은 면적이다. 1에이커는 4,840제곱야드, 미식축구 경기장은 5,330제곱야드이다 (또한 1에이커는 4,047제곱미터 즉 1,224평이다).

내는 목소리는 커지고 필요 이상의 물건과 사치품을 구입하게 되기도 한다. 돈은 정치적인 힘을 갖기 때문에 돈 있는 자는 세금 혜택을 받고 법도 자신에게 유리한 쪽으로 이용한다. 또 돈으로 서비스와 안전과 의료 혜택을 보장받는다. 이 모두가 다 돈으로 살 수 있는 영향력이다. 민주주의의 기본 이상도 돈으로 실현할 수 있다. 이런 상황에서 모두가 동등한 가치와 효과를 누린다는 것은 실현 불가능한 신화라고 해야 옳을지 모르겠다.

생태 발자국 퀴즈

리디파이닝 프로그래스에서는 개인의 환경 영향력을 신속하게 평가할 수 있는 퀴즈를 고안해냈다. 12개의 질문을 통해 합리적인 평가가 이루어질 것이다. www.myfootprint.org를 방문해보면 국가와 언어를 선택할 수 있고 인터페이스 접속 능력이 있는 이 퀴즈의 국제 버전이 올라와 있다. 생태 발자국에 대한 더 자세한 정보를 원하는 독자는 www.redefiningprogress.org를 방문해보기 바란다. 간단한 필기구만 있으면 이 책에서도 직접 퀴즈를 풀어볼 수 있다.

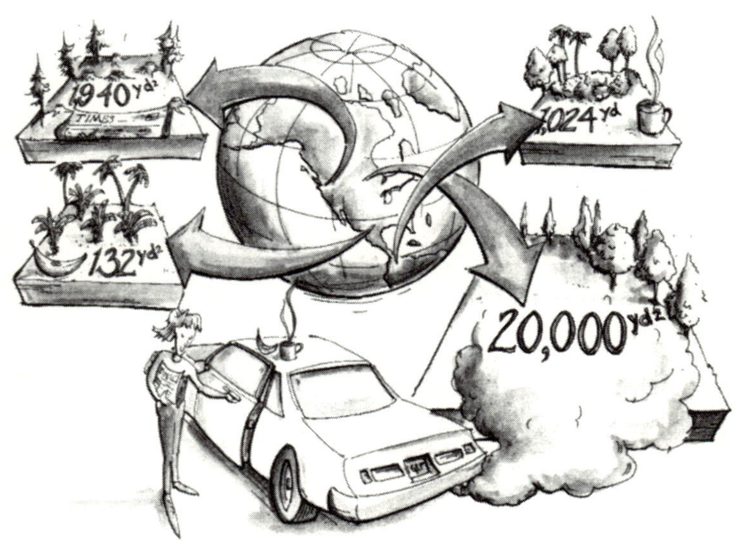

그림 6-6 _ 생태 발자국은 우리가 소비하는 모든 것의 배후에 감춰져 있다. 신문을 읽을 때, 바나나를 먹을 때, 커피를 마실 때, 자동차를 탈 때마다 숲은 조금씩 사라져간다.

자신의 생태 발자국을 계산해보세요

내가 살아가는 데 얼마만큼의 자연이 필요한지 궁금했던 적이 있다면 여기 그 답이 준비돼 있습니다. 미국의 각 시민을 대상으로 신속하고도 비교적 정확하게 생태 발자국을 계산해주는 기초 퀴즈입니다. 생태 발자국 퀴즈는 당신이 소비하고 배출해내는 자원과 쓰레기를 생산 처리하는 데 드는 생태적 생산 가능 대지와 바다 공간의 면적을 측정합니다. 12개 질문에 답을 하고 나면, 다른 사람들의 소비량과 지구의 사용 가능한 자원량 그리고 당신 자신의 생태 발자국을 비교해볼 수 있을 것입니다.

가능한 한 정직하고 정확한 답변을 해주세요.

지시 사항

Q1~Q12의 질문을 보고 당신의 대답에 해당하는 숫자에 동그라미를 한 다음 각 숫자들을 아래 소계란에 나와 있는 각 항목 값에 대입하세요. 그런 다음 소계란에 있는 숫자들을 모두 곱하여 발자국을 계산한 후, 각 항목의 소계를 퀴즈 결과 칸에다 써넣으세요. 퀴즈 결과에서 네 가지 항목의 소계를 모두 더한 것이 당신의 총 발자국 값입니다.

주의 사항

결과를 보고 놀라거나 충격을 받거나 고민스러워질 수 있습니다. 침착하되 그렇다고 너무 무반응이어도 안 됩니다!

Q1. 동물성 식품

식물성 식품을 생산해내는 데는 일반적으로 대지와 에너지 그리고 그 밖의 다른 자원들이 덜 소비된다. 모든 식품군을 놓고 볼 때, 발자국 크기는 재배 방식에 따라 크게 차이를 보인다. 당신의 거주 지역에서 소규모로 유기농법이나 지속성 있는 사육법을 쓰는 농장주가 생산한 동물성 식품류를 찾아본다. 당신은 동물성 식품을 얼마나 자주 섭취합니까? (쇠고기, 돼지고기, 닭고기, 생선, 달걀, 유제품)

전혀 섭취하지 않는다(채식주의자) ·················· a. 0.46

드물게(고기, 달걀을 제외한 유제품을 일주일에 몇 번 섭취) ······ b. 0.59

가끔(고기 제외 또는 고기와 달걀은 가끔 섭취, 유제품은 매일) ····· c. 0.73

자주(일주일에 고기를 한두 번) ······················· d. 0.86

아주 자주(고기를 매일) ··························· e. 1

거의 매일(고기, 달걀, 유제품을 거의 매끼마다) ············ f. 1.14

Q2. 지역 토산 식품

식품 생산 시스템에 사용되는 에너지의 대부분이 수확지에서 시장으로 운반·가공·포장·저장되는 과정에서 소비된다. 직접 재배·사육하거나 가공되지 않은 제철 식품인 지역 토산물을 구입하면 식품 생산에 드는 에너지를 크게 줄일 수 있다. 지역 토산 식품 구매를 보장하고 식품 발자국을 최소화할 수 있는 확실한 지름길은 생산 지역 내 시장이나 농부, 농장주들에게서 직접 구입하는 것이다.

당신은 지역 토산물이 아닌 가공 포장된 식품을 얼마나 먹습니까? (지역 토산물 구입 장소의 거리 기준은 20mi)

대부분	a. 1.10
3/4 정도	b. 1
1/2 정도	c. 0.90
1/4 정도	d. 0.79
아주 적게	e. 0.69

> 소계(1) __ 식품 발자국
> $5.5 \times Q1 \times Q2 =$ _____ ac
> 예 : $5.5 \times 0.86 \times^{\cdot} = 4.7ac$

· 주택 ·

(주택 부분의 질문은 축약된 것으로 전체를 보려면 www.myfootprint.org 참조)

Q3. 함께 사는 가족 수는 몇 명입니까?(당신이 공유하는 거주 공간을 계산하기 위한 질문)

1명	a. 1
2명	b. 2
3명	c. 3
4명	d. 4
5명	e. 5
6명	f. 6

7명 이상 ································· g. 7

Q4. 주택이나 아파트 크기
당신이 거주하는 집의 크기는?

$2,500ft^2$ ································· a. 2.9
$1,900{\sim}2,500ft^2$ ················· b. 2.2
$1,500{\sim}1,900ft^2$ ················· c. 1.7
$1,000{\sim}1,500ft^2$ ················· d. 1.2
$500{\sim}1,000ft^2$ ··················· e. 0.7
$500ft^2$ 이하 ·························· f. 0.2

Q5. 거주하는 주택의 형태는?

단독 주택 ································ a. 1
고층 아파트 ······························ b. 0.8
환경 친화적으로 설계된 집 ················ c. 0.5

*Q6. 집에서 에너지를 절약하고 효율성을 높이기 위한 장치를 사용하고
있습니까?*

아니다 ··································· a. 1
그렇다 ··································· b. 0.75

```
소계(2) __ 주택 발자국
5.1×(2.6÷Q3)×Q4×Q5×Q6 = ______ ac
예: 5.1×(2.6÷2)×1.2×1×0.75 = 6.0ac
```

• 교통 •

Q7. 대중 교통

매주 평균적으로 이용하는 대중 교통량은 어떠합니까?

200mi 이상 ·· a. 17.29

75~200mi ·· b. 8.47

25~75mi ·· c. 3.09

1~25mi ·· d. 0.89

0mi ·· e. 0

```
소계(3) __ 교통 발자국
0.05×Q7= ________ ac
예: 0.05×3.09 = 0.2ac
```

Q8. 자가용

1주일 평균 이동 거리는?

400mi 이상 ·· a. 1.91

300~400mi ·· b. 1.43

200~300mi ·· c. 1

100~200mi ··· d. 0.55

10~100mi ·· e. 0.12

0~10mi ·· f. 0

Q9. 당신이 소유한 차의 연료 효율은 1gal당 몇 km입니까?

차가 없다면, 당신이 이용하는 교통 수단의 평균 연료 효율을 측정한다.

50mi 이상 ··· a. 0.31

35~50mi ··· b. 0.46

25~35mi ··· c. 0.65

15~25mi ··· d. 0.98

15mi 이하 ··· e. 1.54

Q10. 자가용을 운전할 때 다른 사람과 동승하는 횟수는?

거의 혼자 운전 ··· a. 1.5

때때로(20%) ·· b. 1

자주(50%) ··· c. 0.75

매우 자주(75%) ··· d. 0.6

거의 항상 ··· e. 0.5

소계(4) __ 자가용 발자국
4.0×Q8×Q9×Q10 = _____ ac
예: 4.0×0.55×0.98×1 = 2.2ac

Q.11 비행기

당신은 1년에 비행기를 몇 시간 이용하는가?

약 100시간 ··· a. 20

25시간 ·· b. 5

10시간 ·· c. 2

3시간 ·· d. 0.6

전혀 이용하지 않음 ··· e. 0

소계(5) __ 비행기 발자국

0.3×Q11 = _______ ac

예: 0.3×5 = 1.5ac

• 재화 •

Q12. 이웃과 비교해 당신은 얼마만큼의 쓰레기를 배출하는가?

훨씬 적다 ··· a. 0.75

비슷하다 ·· b. 1

훨씬 많다 ··· c. 1.25

퀴즈 결과

1) 식품 발자국 ________ac ···························· 소계 (1)

2) 주택 발자국 ________ac ···························· 소계 (2)

3) 대중 교통 발자국   ________ac .... 소계 (3)

4) 자가용 발자국   ________ac .... 소계 (4)

5) 비행기 발자국   ________ac .... 소계 (5)

6) 이동성 발자국   ________ac .... 3) + 4) + 5)

7) 재화 인자   ________ Q.12

8) 주택 + 이동성   ________ac .... 2) + 6)

9) 재화와 서비스   ________ac .... 7) × 8) × 0.9

전체 발자국 =   ________ac .... 1) + 2) + 6) + 9)

예 :

1) 식품 발자국   4.7ac

2) 주택 발자국   6.0ac

3) 대중 교통 발자국   0.2ac

4) 자가용 발자국   2.2ac

5) 비행기 발자국   1.5ac

6) 이동성 발자국   3.9ac

7) 재화 인자   1

8) 주택 + 이동성   9.9ac

9) 재화와 서비스   8.9ac

전체 발자국 =   **24ac**

미국인의 평균 생태 발자국은 1인당 24ac이다.

당신의 발자국은 평균 발자국의 ________%이다.

$$식 : (당신의 발자국/24) \times 100$$

전세계적으로 1인당 사용할 수 있는 생태적 생산 가능 지역은 4.7ac이

므로 모든 인구가 당신과 같은 크기의 발자국으로 살려면 지구가

______개 필요하다.

$$식 : 당신의 생태 발자국 / 4.7$$

미국인 1인의 평균 발자국 크기(ac/1인)

1) 식품 발자국 5.5

2) 주택 발자국 5.1

3) 이동성 발자국 4.3

4) 대중교통 발자국 0.1

5) 오토바이 발자국 0.01

6) 자가용 발자국 4.0

7) 비행기 발자국 0.3

8) 재화와 서비스 8.6

전체 발자국 = ... 23.5

식품에 대한 발자국 크기를 측정하려면 경작지와 목초지 그리고 식품을 재배·사육·가공 운반하는 데 필요한 에너지가 연소할 때 배출되는 이산화탄소를 흡수할 바다 공간과 대지 면적의 총계를 구한다. 식품 범주에서는 어떤 식품을 선택하느냐에 따라 발자국이 큰 차이를 보인다. 유기농 식품만을 구입할 경우 당신의 환경영향력은 좀더 줄어들 것이다.

재화와 서비스 발자국은 소비하는 식품, 주택, 이동성 발자국 크기에 따라 결정된다. 평균 수준의 생활을 기준으로 전기·전자제품, 의복, 스포츠 장비, 각종 소형 장비, 컴퓨터 통신 장비, 가구, 청소 기구 등의 사용량을 측정하여 나온 결과이다.

퀴즈에는 상·하수도, 쓰레기, 무선 통신, 교육, 의료·재정 서비스, 오락과 유흥, 관광, 군대를 비롯하여 기타 정부 차원의 서비스도 포함시켰다. 보다시피 간단한 퀴즈 하나로 많은 항목에 대한 결과를 내는 것은 한계가 있으므로, 실제 당신의 생활 방식에 따라서 생태 발자국은 높아질 수도 있고 더 낮아질 수도 있다.

이동성 발자국에는 걷기, 자전거·기차·자가용·항공기 같은 교통 수단이 갖는 환경영향력과, 도로, 교통 수단 제조 과정, 자동차 부품, 경찰, 보험 그리고 이산화탄소 흡수에 필요한 숲도 포함된다.

주택 발자국은 마당 면적, 건물 건축에 필요한 자재와 에너지, 관리 유지에 드는 에너지가 포함된다.

6장에 소개된 두 가지 방법을 이용해 계산한 결과가 서로 어떻게 비교되는가? 나머지 부분에서는 한 차원 높게 발자국을 측정할 수 있

는 발자국 계산기가 나온다. 이 계산기로 당신의 선택이 미치는 환경
영향력을 더 정확하게 잴 수 있을 것이다.

발자국 측정기

우편 서비스와 이메일, 종이와 플라스틱, 쇠고기와 콩, 비행기와 자
가용 중 어떤 것이 더 큰 생태 발자국을 갖고 있을까? 일상에서 우리
는 수많은 선택을 해야 한다. 그렇다면 어떤 선택이 더 작은 발자국을
가지는지 어떻게 알 수 있을까? 13킬로그램짜리 자전거와 900킬로그
램 이상인 자가용을 비교하는 것처럼 답이 딱 떨어지는 경우도 있다.
하지만 1리터의 연료로 21킬로미터를 가는 자가용에 네 명을 태우고
출근하는 것과, 나 혼자 버스나 말, 자전거를 타고 출근하는 것 중 어
느 쪽 발자국이 큰지 어떻게 알 수 있겠는가? 이쯤 되면 도구를 사용
하고, 이 도구가 갖는 한계점을 파악해서 좀더 정확히 계산할 수 있는
방법을 알아야 한다. 일부 사람들은 자기가 소비하는 품목들이 모두
나와 있지 않다고 실망할 수도 있고, 또 이 책에서 다루는 내용이 지
나치게 자세하다고 불만스러워할 수도 있다. 소비 품목은 넘쳐나고
여기서는 의도적으로 항목들을 100가지 이하로 한정시켜놓았기 때문
에, 최대한 근사치에 해당하는 항목을 골라야 한다. 주변에서 정보를
구해야 할 때도 있을 것이다. 하지만 인내심을 가지고 시도해보라. 당
신이 지금 하고자 하는 일은 수치를 소수점까지 정확히 알아내는 것
이 아니라 자신의 발자국에서 큰 부분을 차지하는 5~20가지 항목을

밝혀내는 것이다. 기본적인 사항들만 잘 알고 있으면 매달 또는 매일 하는 당신의 선택에 어떤 문제점이 있는지 파악할 수 있을 것이다.

생태 발자국 계산 용어

용어를 알아두면 부록 B에 나와 있는 표에 익숙해지는 데 도움이 된다. 표 B-1부터 B-4까지는 당신 삶에서 들어오고 나가는 모든 유동 품목의 발자국을 계산하는 데 쓰인다. 표 B-5로는 가치가 6개월 이상 지속되는 물품들의 발자국을 재고, 표 B-6은 당신이 배출해내는 쓰레기의 발자국을 재는 데 사용된다.

이 책에서는 전문 용어 사용을 자제해왔지만 여기에서는 몇 가지 용어를 알아둘 필요가 있다. 그러나 새로운 것을 시도할 때는 늘 그렇듯이 몇 가지 특수한 단어의 뜻만 이해하고 있으면 충분하다.

범주(카테고리) : 소비 활동 품목을 식품, 주택, 교통, 재화와 서비스, 고정 자산, 쓰레기 등 여섯 가지 카테고리로 나눈다. 각 카테고리에는 별도의 차트가 있다.

항목 : 카테고리로 묶어놓은 품목의 리스트(예를 들어, 식품 범주에는 채소류, 빵류, 곡물류 등의 세부 항목들이 있다).

유동성 품목 : 구입한 물품 중 6개월 이내에 완전히 소비되는 것. 예로 외식, 전력, 로또 복권, 수도, 가스, 비행기 여행, 우편 요금, 버스, 식품, 보험료, 마사지 비용 등이 여기에 속한다.

고정 자산 : 현재 소유하거나 구입한 물품 중 6개월 이상 지속 가능한 품목들.

그림 6-8 _ 전형적인 가정에서는 다양한 범주의 고정 계산을 가지고 있고, 많은 유동 물품을 사용하며, 온갖 종류의 쓰레기를 배출해낸다.

차량과 주택 : 차와 집은 고정 자산이지만 좀 다른 방식으로 계산한다. 자동차 제조 과정이 갖는 환경영향력을 계산하려면 연료 사용량을 기록해둔다. 차가 여러 대라면 차의 무게를 합산해 차의 수명을 개월수로 계산한 것과 사용 인원수로 나누어 한 달 단위로 사용하는 무게를 구하고, 발자국 인자 ff를 찾으려면 표 B-5의 '금속' 항목을 참조한다. 집도 이와 비슷한데, 북미의 보통 시민이 거주하는 주택 발자국 인자를 기준으로 한다.

쓰레기 : 재활용하거나 그냥 쓰레기통에 던져버리는 모든 품목들. 모든 음식물 쓰레기는 퇴비로 재활용된다고 가정한다.

계산기 사용하기

먼저 부록 B에서 표 B-1~B-6까지의 도표를 복사해놓는다.

1단계

발자국을 계산하고자 하는 품목과 가장 근접한 것을 고른다. 바나나는 채소, 자명종은 컴퓨터 및 전자제품, 카푸치노 메이커는 소형 가전제품, 신문은 종이 및 판지류, 소설책은 내구지에 해당한다. 가장 비슷한 재료로 만들어진 것을 찾아야 하는 품목도 일부 있다. 알루미늄은 금속, 나무 소재는 가구, PVC는 플라스틱으로 분류되지만, 섬유유리 제품은 어디에 포함시킬까? 내 경우는 플라스틱류에다 포함시킨다.

애완 동물과 소의 사료는 원료를 따져보고, 두세 가지 주요 성분의 함유량을 대략 알아본다(예: 쌀 33퍼센트, 강낭콩 33퍼센트와 이외 콩류, 칠면조 33퍼센트). 말 먹이인 건초는 짚 항목에 포함된다.

그렇다면 냄비 손잡이나 자전거 타이어, 잔디 깎는 기계 타이어와 같이 여러 가지 재료를 혼합해 만든 품목은 어떨까? 들어간 재료들의 ff를 각각 찾아본다. 금속의 ff는 732, 플라스틱은 610이다. 두 인자가 비슷하므로 제1성분에 해당하는 항목의 무게를 적는다. 나무틀에 가죽을 씌운 소파는 가죽(ff = 3,904)과 목재 가구(ff = 890)가 각각 가구 무게의 몇 퍼센트를 차지하는지 보아 측정할 수 있다. 이런 식으로 계산하다보면, 발자국 인자를 선택할 때 좀더 큰 발자국을 가진 품목을 선택해야 하는 일이 많아질 수도 있다.

이제 선택한 품목에 가장 근접한 항목을 찾았으면, 두 번째 단계로 넘어가 보자.

2단계

'당월 사용량' 칸에는 한 달 동안 사용한 양을 쓰는데 주택과 아파트 칸은 제외시킨다. 주택 발자국을 재려면 표 B-2에서 자신이 살고 있는 주거지에서 차지하는 부분을 백분율로 쓰면 된다(예 : 침실 100퍼센트, 부엌 거실 사무 공간의 25퍼센트, 욕실과 창고 · 차고의 50퍼센트).

일년에 한 번 탄 비행기의 발자국은 왕복 비행 시간을 일년의 개월 수인 12로 나누어 한 달을 기준으르 한 시간을 잰 후 표 B-3의 해당 칸에 적는다.

3년 동안 쓸 수 있는 컴퓨터 한 대를 구입하는 발자국은 컴퓨터의 무게를 3년 햇수로 나눈 다음, 다시 12개월로 나누어 표 B-5의 해당 칸에 적는다.

식품 발자국을 계산하고 싶은데 5일 동안의 소비량만 쟀다면, 그 양에다 6을 곱한 다음 계산기에 대입시켜라. 1주일 간의 사용량을 구하려면, 이 값을 4로 곱한다.

3단계

이제 '당월 사용량'과 발자국 인자(ff)를 곱하면 그 품목의 생태 발자국(EF) 값을 구할 수 있다.

계산기 미세 조정

품목이 발자국 인자와 잘 들어맞지 않는 경우는 어떻게 할까? 이때는 표 A-1~A-6을 이용해 계산기를 미세하게 조정할 수 있다. 당신이 구입한 식품이 모두 지역 토산물이거나 집을 당신의 소유지에서 나는 목재로 지었다거나, 가구를 짤 때 기계나 화석 연료를 전혀 사용하지 않았거나 또는 조금만 사용하여 이웃이 짜주었다고 하자. 이 경우라면 에너지 발자국을 굉장히 많이 줄일 수 있다. 표 A-1~A-6까지에서 에너지 발자국 인자(eff)와 대지 발자국 인자(lff)라고 되어 있는 칸을 보자. 이 둘을 합치면 ff가 되므로 다음과 같은 식이 성립된다.

발자국 인자(ff) = 에너지 발자국 인자(eff) + 대지 발자국 인자(lff)

어떤 경우에는 에너지 발자국 인자를 따로 재거나 아예 삭제해야 할 때가 있다. 그럴 때는 당신이 직접 측정할 수 있는데, 그 품목의 재배자 또는 제조자에게 묻거나 스스로 경험에 비추어 추측해야 할 것이다.

각 표에서 세 번째 칸을 보면 '미국인 1인당 평균 사용량'이 있다. 이 수치는 선택한 품목에 대한 당신의 소비량을 전체 평균 소비량과 대략적으로 비교해준다. 단 비실용적인 면도 간혹 있다. 예를 들면 당월 주택 발자국 인자를 나타내는 표 A-2에서 프로판 가스 평균 사용량 1.2는 미국인 일인당 평균 사용량이긴 하지만 프로판 가스를 쓰지 않는 사람들도 포함된 수치이다.

비교하기

여기서는 식품, 주택, 교통 등 각 카테고리를 되짚어보고, 각 카테

고리 안에 있는 몇 가지 항목을 비교해본다. 측정하려는 품목이 토
산품이거나 유기농 재배를 했거나 화석 연료를 적게 또는 아예 쓰지
않은 것과 같은 환경 친화적인 특징이 없다면, 표 B-1~B-6만 참고
하면 된다. 환경영향력이 적은 품목이라면 표 A-1~A-6까지를 참
고한다.

식품군

유제품을 비교하려면 당월 식품 발자국 인자를 보아야 하니 표 A-
1을 보면서 시작하도록 하자. 한 예로 한 달 소비한 채소(1킬로그램)의
발자국 인자는 63이고, 빵과 치즈의 당월 발자국 인자가 각각 235,
926이다. 이들 품목은 모두 킬로그램 단위이므로, 발자국 비교에는
무게 ff만 해당된다. 무게로 따지면 치즈의 EF는 채소의 15배이다. 표
A-1에서 아래로 다섯 번째 칸 '콩루와 건조콩류'를 보면 이 항목의
eff는 35, lff는 429로 전체 ff는 464이다. 그러나 이 항목은 건조 식품
이므로 요리 과정을 거치면 무게가 서너 배 더 늘어난다. 건조 상태에
서 같은 양에 해당하는 식품보다 무게 ff가 7.6배이긴 하지만 요리가
되고 나면 무게 ff는 같은 양의 식품의 두 배에 불과하다. 당신이 매달
당월 발자국을 조사하고 있다면 매달 소비한 건조 콩류 식품의 양을
기록해놓으라. 한 가지 품목에 대해서만 발자국을 계산할 때, 예를 들
어 한 달에 건조 커피 0.9킬로그램을 소비한다면 0.9×943을 하여 발
자국은 약 849제곱미터가 된다.

두부, 쇠고기, 치킨 버거의 차이를 보자. 다음에서는 단순히 발자국 인자만 비교했다.

a. 두부는 콩으로 만들어졌으므로 콩류와 건조 콩류 항목을 이용한다. ff = 464. 건조 콩을 액체로 만든 다음 응고시켜 압력을 가한 후 완성되는 두부는 건조 콩 무게의 약 3배이므로 ff는 3분의 1인 154로 줄어든다. 0.5킬로그램의 두부를 만들려면 마른 콩이 약 0.17킬로그램 필요하다는 얘기다.

b. 쇠고기 ff = 2,171

c. 닭고기 ff = 616

두부 버거의 발자국은 치킨 버거보다 네 배, 소고기 버거보다 14배 작다. 당신이 마당에다 닭을 키우고, 닭 모이를 손수 만든다고 가정하자. 그렇다면 화석 연료 유입량은 전무한 상태인데, 이럴 경우 닭고기와 포장 두부의 발자국은 얼마나 다를까?

a. 두부 ff = 154

b. 닭고기 ff = 340(대지 발자국 인자 lff만 비교했을 때)

비교 2

채소, 감자, 과일을 슈퍼마켓에서 구입할 때와 자가 재배할 때 그리고 지역 토산물 시장에서 구입할 때는 어떻게 다를까? 한 달에 23킬로그램을 소비할 때 이 세 가지 경우를 아래에 비교해놓았다.

a. 슈퍼마켓 : 표 A–1 참조. 평균 수확량과 생산 선적 과정에서 소비된 에너지 양을 고려한 채소, 감자, 과일의 ff는 63(eff = 35, lff = 28)이다.

$$EF = 23 \times 63 = 1,449m^2$$

b. 자가 재배 : 화학 비료, 거름 등의 외부 인자 사용은 없고 풀을 썩혀 직접 만든 퇴비를 써서 화학 비료를 썼을 때와 동일한 양을 수확했다고 가정한다. 이 경우에 채소, 감자, 과일의 발자국 인자는 대략 lff 28로 정하는 것이 적당할 것이고 eff = 0이다.

$$EF = 23 \times 28 = 644m^2$$

결과는 위와 같다. 자가 재배는 화석 연료 사용이 전혀 없으므로 발자국 인자가 2.2배 줄어든다. 그러나 유기 비료나 퇴비를 사오거나 또는 운반하는 데 트럭을 사용한다면, 이것들도 포함시켜야 한다. 그럴 경우 당월 주택 발자국 인자를 나타내는 표 A–2에서 밀짚 항목의 ff를 쓰면 되고, 마른 짚단으로 간주해서 당신이 사용한 유기 비료나 퇴비의 양을 측정한다. 젖은 짚단과 마른 짚단은 무게 ff가 다르기 때문이다. 포장된 상품을 샀을 경우에는, 포장에 무게가 씌어 있으니 그에 적합한 ff를 고른다. 그러면 나뭇잎과 해초도 퇴비일까? 퇴비에 넣고 안 넣고는 당신의 선택에 달렸다. 내 경우에는 자연적인 것은 어디에든 쓸모가 있다고 생각하기 때문에 계산에 넣는다. 해변에서 자라는 해초는 생태계의 일부이므로 그냥 쓰레기로 버려지지는 않을 것이고, 나뭇잎은 나무가 자라는 토양을 만들기 때문이다. 따라서 이것들을 짚으로 생각하고 양을 잴 수 있다.

c. 지역 토산물 : 이 경우에 발자국 측정을 하려면 약간의 조사를 하거나 경험을 토대로 추측을 해야 한다. lff는 자가 재배의 경우와 같은 28로 정하는 게 적당하다. 또한 토질이 좋거나 농사법, 들이는 정성, 퇴비량 같은 요소에 따라서 면적당 생산량이 늘어날 수도 있다. 그러므로 수확량은 크게 차이가 있을 수 있으나, 여기서는 간단히 lff = 28로 잡도록 한다. 당신이 거주하는 지역의 농부가 화학적인 대량 생산 농법을 사용하는 경우라면 발자국을 줄일 수 있는 요소는 교통 수단뿐이므로, eff는 35에서 25퍼센트 줄어서 26이 된다. 28과 26을 합한 것이 전체 발자국 인자 ff가 된다.

$$EF = 23 \times 54 = 1,242m^2$$

거주 지역에 있는 유기 농장에서 극히 일부분만 기계를 사용하고 당신이 물건을 사러갈 때 자전거를 이용한다면 eff는 0이 된다. 따라서 발자국은 자가 재배의 경우와 똑같은 크기가 될 것이다. 자전거 대신에 자동차를 운전할 경우 계산을 편하게 하기 위해 eff를 0으로 잡고 매달 사용한 연료 연소 총량을 따로 계산할 수도 있다. 좀더 정확한 비교를 하려면, 예를 들어 농장에 차를 몰고 4회 다녀오는 행위의 발자국을 계산하는 등 자세한 계산법을 알아야 한다. 유기 농장인데 기계를 많이 쓴다거나 토양 개량제가 담긴 포장지가 수북이 쌓여 있으면 eff는 50퍼센트 늘린다.

지역 농장에서 재배한 제철 식품 소비를 장려함으로써 당신은 많은 양의 자연을 보호할 수 있다. 재배 사육 환경에 관한 정보를 많이 알수록 발자국 인자를 좀더 세밀하게 잴 수 있다. 이 모든 과정이 너무 복잡해 보인다면 간단히 표 A-1~A-6에 나와 있는 ff만 쓰기 바란다.

d. 자가 재배 : 자가 재배한 생산품의 발자국을 측정하는 대안으로 정원의 크기와 수확량을 계산하는 방법이 있다. 이 방법을 쓰기 위해서는 정원의 넓이를 등가 인자로 곱해야 한다. 이렇게 해서 당신의 정원과 세계의 평균적 생태 생산 가능 지역을 비교할 수 있다. 정원의 발자국을 얻으려면, 정원 넓이에다 토양이 양질에 해당하면 3을 곱하고 평균에 해당하면 2, 평균 이하면 1을 곱한다. 단, 지구의 모든 생산 가능 지역이 '1'에 해당함을 기억하라.

면적을 계산할 때 땅의 질은 채소밭으로 기능하기 이전의 땅으로 하라. 보통의 모래토를 양질의 토양으로 전환하려면, 토양 등가 인자를 곱해야 한다. 외부에서 트럭으로 유입된 품목이 있으면 계산에 넣는다.

예: 내 친구 행크는 560제곱미터의 채소밭에서 900킬로그램의 채소를 수확한다. 토양의 평균 수준으로 등가 인자는 2이다.

$$\text{정원 발자국} = 560 \times 2 = 1{,}120\text{m}^2$$

내 친구의 발자국 ff를 계산하려면,

1. 수확량을 단위 면적당 한 달 생산량의 무게로 변환한다.

$$\frac{900\text{kg/yr.}}{560\text{m}^2} \times \frac{1}{12} = 0.13\text{kg/m}^2/\text{month}$$

2. 내 친구의 ff = (1 / 단위 면적당 한 달 생산량) × 생산량 등가 인자 =

   (1 / 0.13) × 2 = 16.7

그의 생산량을 평균과 비교해보자. 표 A–1을 보면 채소, 감자, 과일의 lff는 28이다. 농사법과 정성 그리고 노동을 통해 그의 채소밭은 화학 비료를 사용해 대량 생산법으로 재배한 것보다 거의 두 배의 수확을 올렸다.

주택

비교 1 — 공유하기

먼저 서로 다른 크기의 두 거주 공간이 갖는 발자국을 비교해보자. 주택 발자국 인자를 나타내는 표 A–2를 참고해 주택의 나이와 관련된 ff가 발자국 크기를 얼마나 줄이는지 관찰하라. 지은 지 20년 된 111제곱미터(약 34평)짜리 주택에서 거주하는 사람이 한 명, 두 명 또는 네 명일 때 발자국 크기는 얼마일까? 집의 크기와 일인당 ff를 곱하면 된다.

한 명일 때 EF = 111 × 109 = 12,099m²

두 명일 때 EF = 111 / 2 × 109 = 6,050m²

네 명일 때 EF = 111 / 4 × 109 = 3,025m²

보살피고 관리하여 집 수명을 40년에서 80년까지 늘리면 어떤 이익이 있는지 알아본다. 리모델링이나 정밀 검사, 개미 떼 출몰, 증축, 해체, 재건축은 대부분의 집들이 한 번씩은 거치는 과정이다. 당신의 집은 이 같은 일 없이 잘 관리돼왔다고 가정한다. 60년이 되어서 지붕을 새로 해엏고 페인트를 칠하긴 했어도 아직 상태가 좋다. 큰 공사를 거치지 않고도 20년은 더 견딜 것이다. 간단한 비교를 위해 지붕 재료와 페인트 그리고 다른 유지 관리 물품을 각각 계산했다고 치자. 각각의 경우 손질을 거친 주택의 발자국은 위의 면적에서 반 정도로 줄어 6,050제곱미터, 3,025제곱미터, 1,513제곱미터가 될 것이다. 당월 고정 자산을 나타내는 표 A-5에서 페인트와 지붕 고칠 때 들어간 재료는 '플라스틱 제품'에 해당하고 ff는 610이다. 재료의 무게가 680킬로그램이고 수명이 25년 간다면, 집을 유지하는 데 드는 추가적인 발자국은 다음과 같다.

680kg / 25yr. / 12months = 2.27kg/month

이 수와 플라스틱 제품에 해당하는 ff를 곱한다.

2.27 × 610 = 1,385m²

집 유지 보수에 네 명이 참여했다면, 생태 발자국은 다음과 같다.

EF = 1,385 / 4 = 346m^2/1인

전기를 사용할 때에는 대부분 그리드가 필요하다. 그리드란 서로 다른 전력 시설에서 전력을 끌어모아 공급하는 데 쓰이는 금속판이다. 미국의 보통 가정에서 쓰는 전기는 88퍼센트가 화석 에너지와 원자력 에너지에서, 10퍼센트는 수력, 1.5퍼센트는 자연 생물, 0.4퍼센트는 복사열, 0.1퍼센트는 풍력으로 충당한다. 전기를 자력으로 생산하는 방법은 별도로 하고, 전력 발자국을 줄이는 가장 좋은 방법은 매달 쓰는 전기량의 발자국을 줄이는 것이다. 백열등과 형광등의 발자국 차이를 알아보기 위해 20개의 전등을 하루 한 시간씩 켜놓아 보자. 백열등은 모두 75와트짜리이고 소형 형광등은 10와트짜리이다. 형광등 사용이 발자국을 얼마나 줄일 수 있을까?

a. **백열등** : 매달 시간당 몇 킬로와트를 사용하는지 계산한다.

20개 × 75W × 30days = 45,000Wh = 45kWh

표 A-2에서 그리드 전력량에 해당하는 ff는 27이므로,

EF = 45 × 27 = 1,215m^2

b. **형광등** :

20개 × 10W × 30days = 6,000Wh = 6kWh

EF = 6 × 27 = 162m^2

주택 난방은 가장 발자국이 큰 상위 다섯 가지 항목 중 하나이다. 석유 난방을 하는 경우라면 일년에 2,877리터를 쓰고, 한 달에는 240리터를 쓰는 셈이다. 표 A-2는 석유 연료에 해당하는 ff가 87로 돼 있다.

$$EF = 240 \times 87 = 20,880m^2$$

일인당 난방 발자국을 줄이는 방법에는 여러 가지가 있다.

- 집을 여러 사람과 함께 쓴다. 세를 한 사람만 들여도 난방비 발자국이 반으로 줄어든다.
- 온도 조절 장치로 온도를 줄여놓는다. 집을 비울 때나 쓰지 않는 방에는 난방을 끈다.
- 문이나 창틀에 문풍지를 달거나 틈새를 막아놓는다. 넓게는 단열재를 이용하는 방법이 있다. 온열기를 정기적으로 유지 · 보수하는 것도 에너지 절약 방법이다.

이런 조치들을 취하기 전에는 에너지 절약이 얼마만큼이나 이루어질지 실감하기란 어렵다. 하지만 집에 틈새가 많고 단열재가 얇은 데다 적극적으로 에너지 절약을 실천하지 않았다면, 이렇게 하는 것만으로 하우스 메이트를 구하지 않고서도 난방비 발자국을 3분의 1에서 절반가량을 줄일 수 있다. 좀더 획기적으로 줄이기를 원한다면 위의 사항들을 다 실천하면서 한 달 동안 사용하는 석유량을 240리터에서 132리터로 낮추고, 한 집에서 네 명이 거주해보라. 난방비 발자국은 다음과 같이 획기적으로 줄어들 것이다.

$$EF = 132 / 4 \times 87 = 2,871m^2$$

교통

우리가 선택하는 교통 수단의 발자국은 얼마나 큰지 알아보자.

비교 1 — 미국인의 평균 자동차 사용량

교통 수단 발자국 인자를 나타내는 표 A-3을 참고하라. 한 달에 쓰는 액화가스연료를 140리터라고 할 때 생태 발자국 크기는 다음과 같다. ff는 113이다.

$$EF = 140 \times 113 = 15,820m^2$$

평균 연료 효율이 1리터당 8킬로미터라고 할 때, 한 달이면 위의 연료로 1,120킬로미터를 가는 셈이다. 매일 출퇴근하며 16킬로미터를 달린다면 월말에는 480킬로미터를 달리는 것인데, 나머지 640킬로미터는 어디에 쓰인 것일까? 친구나 친지를 방문하는 데 386킬로미터, 놀러가는 데 160킬로미터, 쇼핑하러 가는 데 94킬로미터를 달렸다고 치자. 다음과 같은 선택을 할 경우 발자국을 얼마나 줄일 수 있는지 살펴보자.

a. **카풀** : 1리터당 21킬로미터 연료 효율이 있는 차에 당신 외에 3명을
더 태우고 출근한다면 전체 480킬로미터를 달리는 데는 약 22리터의
연료가 든다. 22리터를 사람수 네 명으로 나누면 약 5리터이다.

$$EF = 5 \times 113 = 565m^2$$

b. **버스** : 가족 방문을 할 때 버스로 386킬로미터를 왕복했다고 치자.
표 A-3에서 시내 버스에 해당하는 ff는 2이다.

$$EF = 386 \times 2 = 772m^2$$

c. **자전거** : 놀러가는 데는 자전거를 사용했다고 가정하자. 너무 작은
발자국이라서 고려할 가치가 없다.

d. **혼합** : 쇼핑 센터에 갔다오는 데 복합적인 교통 수단을 사용했다고
가정한다. 일부는 자전거를 사용했기 때문에 한 달 동안 자동차 사용
거리를 16킬로미터로 줄였다. 당신의 차는 1리터당 21킬로미터를 가
므로 사용 연료는 약 0.7리터이다.

$$EF = 0.7 \times 113 = 79m^2$$

전체적으로 줄어든 발자국을 계산하면, 아래와 같다.

$$EF = 565 + 772 + 79 = 1,416m^2$$

따라서 평균 수준 EF인 1만 5,820제곱미터의 10분의 1수준으로 환경영
향력이 줄어든 것을 알 수 있다.

비교 2

4,047제곱미터(1에이커)의 발자국을 유지하고자 하는 당신이 연료
효율이 1리터 당 21킬로미터인 차에 들어가는 가솔린 연료 발자국을
417제곱미터로 못박는다면 한 달에 몇 킬르미터를 달릴 수 있을까?

약간의 산수 계산을 할 준비가 되었는가? 구하려는 값은 EF가 417제곱미터일 때 이미 써버린 가솔린의 양이다.

EF = 가솔린의 양 × ff

가솔린 양 = EF / ff

가솔린 양(ℓ/month) = 417 / 113 = 약 4ℓ

4ℓ ×21km = 84km/month

통상 두 명이서 자동차를 같이 쓴다면 한 달에 168킬로미터를 갈 수 있고 교통 수단 발자국을 417제곱미터로 유지할 수 있다.

비교 3 — 대륙 횡단 여행

일년에 한 번씩 비행기, 버스, 기차, 자동차, 자전거, 말 등의 수단을 이용해 대륙 횡단 여행을 하는 데는 발자국 크기가 얼마나 될까? 왕복 여행 거리는 약 9,600킬로미터(6,000마일)라고 한다. 이 거리를 12개월로 나눈 다음 표 A-3에 월별 평균 비행기 사용 시간을 써넣는다.

a. **비행기(일반석)** : EF = 14hr. / 12months × 4,361(비행기 ff) = 5,059m^2

b. **버스** : EF = 9,600km / 12months × 2(버스 ff) = 1,600m^2

c. **기차** : EF = 9,600km / 12months × 9(기차 ff) = 7,200m^2

d. **자동차**(연료 효율 8km/ℓ) : EF = 9,600km / 12months / 8(km/ℓ)×

113(기차 ff) = 11,300m^2

e. **자동차**(연료 효율 21km/ℓ) : EF = 9,600km / 12months / 21km / 113(기차 ff) = 4,305m^2

f. **자전거** : 이 여행에 3개월이 걸린다고 가정하면, 발자국은 당신이 이 기간 동안 소비하는 음식의 발자국과 동일할 것이다. 3개월에 소비하는 식품량은 다음과 같다.

$$0.6kg / day \times 3months \times 30days / month = 54kg$$

이 여행은 일년에 한 번뿐이므로, 일년을 기준으로 했을 때 한 달 간 음식 소비량을 구한다.

$$54kg / 12months = 4.5kg/month$$

4.5킬로그램 중에서 채소와 과일, 빵, 국수와 시리얼이 각각 3분의 1씩 차지한다면 각 품목당 한 달에 1.5킬로그램씩 소비하는 셈이다.

채소와 과일 EF = 1.5×63 = 94.5m^2

빵류 = 1.5×235 = 353m^2

국수와 곡류 = 1.5×218 = 327m^2

전체 식품 EF = 94.5 + 353 + 327 = 774.5m^2

g. **말** : EF = 9,600km / 160km / 1day = 60days

선택 A : 일년 내내 말을 먹여야 하므로 EF는 말이 한 달 간 먹는 여물 양과 같다.

30days × (콩 1kg + 곡물 6kg) = 콩 30kg + 곡물 180kg

EF = 30kg × 464(콩 ff) + 180kg × 218(곡류 ff) = 53,160m²

선택 B : 여행하는 동안 풀을 먹일 수 있다. 이 경우에는 화석 연료 인 자 eff와 곡물류에 해당하는 lff 는 빼고 계산한다.

EF = 2months / 12 × 204kg/month × 218(곡류 ff) = 7,412m²

고정 자산, 재화와 서비스

비교 1 — 우편 메일 vs 이메일

이제는 우편과 이메일의 발자국을 비교할 차례이다. 당월 재화와 서비스 발자국 인자를 나타내는 표 A-4와 당월 고정 자산 인자를 나타내는 표 A-5를 사용한다. 고정 자산은 6개월 이상 가는 물품을 일컫는다. 여기서는 계산을 위해 몇 가지 가정이 필요하지만, 각자 자신의 상황에 맞게 계산하기 바란다. 한 달에 연락 건수가 100회라고 가정하자.

a. **이메일의 경우** : 이메일 사용 시에 컴퓨터를 사용한다면, 컴퓨터의 무게는 41킬로그램이고 고장나거나 폐품이 되기 전까지 사용 기한은 4년이다. 컴퓨터 ff를 표 A-5에서 찾아보면 2,440이다.

한 달 간 사용 무게를 구하면, 41kg / 4yr. / 12months = 0.9kg/month

컴퓨터 EF = 0.9kg/month × 2,440 = 2,196m^2

이제 전화선과 인터넷 설비의 발자국을 그려해보자. 인터넷 연결 비용이 매달 15달러 들고 전화비에서 인터넷 사용료가 매달 3달러이면 합계는 18달러이다. 표 A-4를 보면 전화 사용료 ff는 11이다.

전화선을 통한 인터넷 사용료 EF = 18$/month × 11 = 198m^2

하루 평균 컴퓨터 사용량이 한 시간이라고 칠 때, 시간당 250와트이면 한 달 7.5킬로와트를 사용하는 것이다. 표 A-2에서 전기 ff는 27이다.

전기 사용량 EF = 7.5kW/month × 27 = 203m^2

이제 이메일을 프린트하는 데 종이가 50장 또는 0.2킬로그램이 들어간다고 하자. 표 A-6에서 재활용 종이의 ff는 359이다.

프린트용 종이 EF = 0.2kg×359 = 72m^2

한 달 간 이메일을 보내는 데 필요한 총 발자국은 아래와 같다.

EF = 2,196 + 198 + 202 + 72 = 2,668m^2

b. **우편 메일**: 이제 이메일의 EF를 한 달에 보통 우편으로 100통을 보

낼 경우와 비교해보자.

편지지 크기의 종이 500장 묶음이 2.2킬로그램이라고 하고 1통 보낼 때마다 연습용으로 1장씩 쓴다고 치면 100통에 편지지 200장을 쓴다.

한 달에 쓰는 종이 무게 = 200 / 500 × 2.2kg = 0.9kg

여기에 우편 봉투 무게로 0.4kg을 더하면 종이의 발자국은 아래와 같다.

종이 EF = 1.3kg × 359(종이 ff) = 467m^2

다음엔 표 A-4에서 우편 배달 서비스 발자국을 정한다. 국내 우편 0.8 킬로그램, 해외 우편이 0.5킬로그램이라 가정하고 발자국을 계산해보자.

EF = 0.8×110(국내 우편 ff) + 0.5×552(국제 우편 ff)= 364m^2

보통 우편의 전체 EF = 467 + 364 = 831m^2

놀랍지 않은가! 위의 가정으로 계산해보니 이메일의 발자국이 우편 메일보다 세 배 이상 컸다.

쓰레기

쓰레기 항목에서는 당신이 평균량의 재활용 가능 물질을 배출한다는 가정하에서 재활용이 전혀 안 되는 물품, 100퍼센트 재활용되는 물품, 포장지를 재사용하는 행위를 비교해볼 것이다.

비교 1

재활용 가능한 품목들을 모두 내다버릴 경우, 당월 쓰레기 인자를 나타내는 표 A-6에서 쓰레기 ff를 써서 각 항목을 합한 발자국을 구할 수 있다.

$$EF = (10kg + 0.4kg + 0.8kg + 2.3kg + 2.3kg) \times 897 = 14,173m^2$$

비교 2

모든 용기와 그릇을 재활용할 경우, 표 A-6에서 각 항목당 별도의 ff를 써서 EF를 구할 수 있다.

$$EF = 10kg \times 359 + 0.4kg \times 153 + 0.8kg \times 622 + 2.3kg \times 128 + 2.3kg \times 183 = 4,864m^2$$

비교 3

상점에 갈 때는 집에서 장바구니를 가져가고 대형 식품 매장에서만 구입하는 경우, 한 달 후면 버려지는 비닐 봉투 0.9킬로그램을 재활용하는 셈이다. 재활용된 비닐 봉투의 ff는 183이다.

$$EF = 0.9kg \times 183 = 165m^2$$

보다시피 우리가 무엇을 선택하느냐에 따라 발자국 크기에 커다란 변화가 일어난다. 앞에서 살펴본 바와 같이 기술을 사용하지 않거나 환경 친화 제품을 사용하면 발자국이 줄어든다. 시간을 내어 이 표를 꼼꼼히 따져보기 바란다. 일단 익숙해지고 나면 계산을 좀더 신속하게 할 수 있을 것이다.

발자국 측정하기

몇 가지 연습을 거쳤으니, 이제 당신 삶의 발자국 크기를 재볼 차례다. 매달 지속성 있는 노동 단계에서 정한 지속성 목표를 향해 가는 과정을 추적해보자. 시작하기 전에 먼저 이 장 전체를 정독해보는 것도 좋은 방법이다.

이 과정을 시작하려면 정신을 바짝 차리고 집중해야 한다. 처음 두세 달 동안은 한 달에 5~10시간 정도 걸린다. 그 후에는 시간이 반으로 줄 것이다. 지금이 시작하기에 적기라는 확신을 가져라. 적절한 시간을 투자하면 당신의 목표를 성공적으로 달성할 확률이 높다. 그리고 지금 투자한 시간에 대해서는 두고두고 삶을 통해 엄청난 양의 시간으로 보상받을 것이다.

너무 분주한 일상이라 계산할 시간이 없다면, 그냥 부담없이 읽어도 괜찮다.

당신에게 필요한 것

아래 열거한 것은 이 작업을 시작하기 전에 준비할 것들의 목록
이다.

- 저울. 욕실용 저울이면 대부분 품목의 무게를 잴 수 있다. 하지만 가
  벼운 품목은 감도가 좋은 주방용 저울이나 생선 무게를 재는 저울이
  유용하다.
- 소형 계산기.
- 3~10미터 길이 줄자.
- 부록 B에 있는 도표와 연습용 작업지를 복사한 것. 두 달 동안 사용
  할 분량으로 표 B-1~B-6까지는 2장씩, 표 B-7~B-8은 4장씩, B-
  9~B-10은 한 장씩.
- 공과금 · 전화요금 청구서, 수표책 대장, 신용카드 사용 내역서, 필요
  할 경우엔 영수증.
- 필기 도구, 지우개, 종이.
- 두께가 15센티미터 정도에 길이가 30센티미터 안팎인 금속 토막 두
  개. 저울 위 양 옆에 올려놓고 물건 담을 바구니나 상자를 올려놓으
  면 눈금 읽기에 편하다. 큰 가구 무게를 잴 때는 이것보다 더 큰 것이
  필요하다. 만약 다리가 네 개 달린 가구라면 한쪽 다리 두 개를 저울
  에 올려놓고 무게를 잰 다음 그 값에 두 배를 하면 된다.
- 물건 담을 상자 또는 세탁 바구니.

컴퓨터로 스프레드 시트를 사용하고 싶다면 www.redefiningprogress.org나 www.globallivingproject.org에서 다운로드받을 수 있다. 마이크로소프트 사의 엑셀(4.0이나 그 이후에 출시된 버전)을 실행할 수 있는 프로그램이 필요하다. 스프레드 시트를 구비해놓도록 노력하겠지만 장기간 사용이 가능할지는 장담할 수 없다.

몇 가지 의문들

개인적으로 발자국 측정을 시작할 때, 몇 가지 의문점이 생길 수 있다. 많이 묻는 질문과 그에 대한 대답을 아래에 나열해 놓았다.

- **시간이 지나면 발자국 인자가 바뀌는가?** 그렇다. 국제연합 식량농업 기구는 해마다 생산량 관련 정보를 조정해 내놓기 때문에 발자국 측정 과학은 점점 더 정확해지고 있다. 여기에 등장하는 수치들은 이 책의 출간 연도에 올려진 정보를 참고해서 실어놓은 것이다. 정기적으로 웹사이트를 방문해 계산이 크게 달라질 만큼 중대한 변화가 있는지 알아보는 것이 좋다.

- **식품을 가족 단위로 구입할 때는 어떻게 하는지?** 가족이 네 명이고 같은 종류, 비슷한 양의 음식을 소비한다면 식품 발자국 값을 인원수 4로 나누면 된다. 당신은 채식주의자인데 나머지는 고기와 유제품을 섭취하는 등 식구들 간에 식단이 크게 차이가 난다면, 당신이 먹지 않는 품목은 제외시킨다. 가족 가운데 운동 선수가 한 명 있다면, 그 사람은 아마 평균보다 많은 양의 음식을 먹을 것이므로 그 양만큼 계산에 더 포함시킨다.

- **부부 또는 가족 단위로 발자국 크기를 측정할 수 있는지?** 그렇다. 월

말에 당신이 추적한 발자국 크기를 가족 수로 나눈다. 그러나 나머지 가족이 이 작업에 잘 참여하고 있지 않다면 데이터를 구하기가 어려울 것이고, 발자국 크기 계산법에 익숙하지 않은 당신이라면 선택하는 품목이 매일 달라질 것이다. 그래도 해야겠다고 생각되면 이 점에 유의하여 실행하기 바란다. 물품의 출납 변동 사항을 적어놓으면 공동 또는 개인의 발자국을 추적할 수 있을 것이고 월말에 합계를 내면 된다.

- **사업상 들어가는 비용도 포함시켜야 하는가?** 그렇지 않다. 계산이 중복되는 결과를 낳는다. 만일 당신이 백과사전 방문 영업직에 종사한다고 치면, 내가 한 세트를 구입할 경우 나는 백과사전을 내 발자국 표의 '내구지' 항목에 표시하여 계산한다. 내구지의 eff에는 당신이 이동하는 데 쓴 연료도 포함된다. 당신은 또 당신대로 자신의 발자국 표에서 '이동'에 소비한 연료를 포함시켜 계산할 것이므로 당신과 내가 동시에 이동 발자국을 중복 계산하는 셈이 된다. 사업상 비용이라도 당신이 돈을 지불하그 물품을 구입한 경우에는 모든 품목을 포함시킨다.

- **중고품을 구입했을 경우는 어떤가?** 물건을 샀을 때, 유효 기간이나 수명이 얼마나 남았는지 계산한다. 산 옷에 흠집이 있긴 하지만 아직 오래 입을 수 있는 상태라면 수명의 50퍼센트가 남은 것으로 친다. 쓰레기장에서 챙겨둔 물건이라면 발자국이 마이너스로 내려간다고 할 수 있다. 하지만 단지 새것만을 취급하는 문화니까 헌옷에 대한 발자국 크기는 건너뛰어도 된다는 생각이 싫다면 발자국 크기를 재도 좋다. 이와 비슷한 또 다른 예는 카플이나 히치하이킹인데, 버스

를 탄 것과 동일시하여 계산에 넣을 수도 있고 또 제외시켜도 된다. 어디까지나 자신의 재량에 달린 문제이다. 계산에 넣지 않는다고 뭐라는 사람은 없다.

마지막으로 조언을 덧붙이자면, 한 가지 계산법을 정해놓고 사용하라는 것이다. 미터법이나 미국 표준 단위를 써도 무방하다. 이 계산법에 익숙해지려면 시간을 내어 부록 A와 B에 나와 있는 연습용 작업지와 표들을 살펴보기 바란다.

1단계 : 유동량

한 달에 당신이 소비하고 버리는 물품의 양은? 6개월 내에 완전 소비하는 품목은 연습용 작업지 표 B-7에 있다. 어디를 가든 복사본을 접어 지갑에 넣어가지고 다니고 필기 도구를 항상 준비해놓는다. 연료를 쓰거나 식사나 영화 관람을 할 때마다 꺼내어 기록한다. 무게를 재야 하는 품목은 저울을 사용한다. 방금 쇼핑을 끝냈다면 영수증에 무게가 적혀 있을 것이고, 그것을 모두 더해서 품목별로 정리해놓는다. 산 물건을 모두 세탁 바구니에 넣고 무게를 잰다. 주방용 저울이나 생선 무게를 다는 저울을 사용하면 가벼운 품목들도 정확한 무게를 잴 수 있다. 생선용 저울을 사용할 때는 비닐봉투에 물건들을 모두 넣어 한꺼번에 잰다.

2단계 : 고정 자산 조사하기

주변에 있는 물건들을 조사하고, 당신이 소유한 모든 물품들을 평

그림 6-9 _ 다양한 종류의 저울을 사용해 당신의 유동 물품과 규모가 작은 고정 자산 무게를 잰다.

가해본다. 여기서 할 일은 당신이 가진 모든 물질을 표 B-5에 나온 열 가지 항목으로 구분해서 완벽한 리스트를 작성하는 것이다. 무게를 재고 수명과 사용자 수를 파악하며, 달러로 가치를 환산하는 동시에 이 물건들이 정말 필요하고 있어야 하는지 자문한다.

처음 시작하는 이들을 위해 이 과정이 왜 중요하고 유용한지 다음과 같은 이유를 들어보았다.

– 각 물품들은 자연에서 원료를 얻은 것이고, 생산 과정에서 쓰레기를 배출시킨다. 따라서 그 모든 것을 꼼꼼히 기록한 다음, 추측이 아닌

정확한 발자국을 계산해야 한다.

- 당신의 선택이 어떤 환경 영향력을 갖는지 드러난다.

- 당신 재산에 관한 자세한 정보를 알 수 있다. 다른 사람의 잣대가 아닌 자신만의 판단 기준으로 볼 때 자신의 구매 경향에 대해 만족할 수도 있고, 그렇지 않을 경우에는 무엇이 문제인지 곰곰이 생각할 시간을 갖게 될 것이다. 그 시기가 빨리 올수록 좋다. 봄철에 대청소를 할 때처럼 물건 하나하나를 직접 파악해보면 홀가분함을 느낄 것이다. 우리들 대부분은 우리가 쓰는 돈이 어디로 없어지는지 모른다. 바로 여기서 알아보도록 하자.

- 당신의 돈 씀씀이, 자연 소비 경향이 드러날 것이다. 앞으로도 계속 이 경향을 유지하고 싶은지 생각해보자.

- 자신이 가진 것에 감사하는 마음을 되새길 수 있다.

- 소비 위주의 문화에서는 '물질'을 소유할 때에만 매력적인 친구가 생기고, 행복감을 느끼며, 자유로워지고, 다른 사람보다 특별한 존재가 된다며 당신을 세뇌시킨다. 당신이 구입한 물건들이 이 조건들 중 하나라도 충족시켰는가? 충동적으로 구매한 물건 중에서 옷장이나 다락, 창고에서 쓸모없이 뒹굴고 있는 것들은 어떤 것들인가? 이렇게 함으로써 구매 습관을 반성하고 앞으로 변화할 수 있다.

- 물건으로 잔뜩 어질러진 공간이 얼마나 되는가? 거주 공간을 줄임으로써 청소하는 데 소비하는 시간과 돈 그리고 발자국의 크기를 줄일 수는 없는가? 작은 공간으로 옮기거나 공동 거주인을 구할 수 있지 않을까? 이 공간을 팔아서 빌린 돈을 갚을 수 있지 않을까?

- '물질'이 당신의 신체, 마음, 정신적 공간을 방해할 수 있다. 당신이

2005년 3월 1일에부터 2005년 3월 31일까지

품목	세부사항	1인당 사용량	비용	수입
채소류	야채와 과일	5.4kℓ	$15.50	
빵류		0.9kℓ	$4	
우유		2ℓ	$1.55	
재생 알루미늄		0.5kℓ		
급여				$284.00
재생 유리		2.3kg		
재생지		9kg		
외식	저녁식사	$12	$12	
가스		30.2ℓ	$10.95	
장작		202.5kg	$10	
오락	영화 관람	$6	$6	
오락	디스코텍	$10	$10	
외식	저녁식사	$15	$15	
급여				$284.00
전기	그리드	310Wh	$42.95	
채소류		11.3kg	$23.50	

생각하는 것보다 더 많은 부분에서 당신을 실패의 길로 인도할지 모른다. 걱정, 욕심, 죄책감 때문에 비물질적이고 정신적인 자아에서 스스로 멀어질 수 있다.

고정 자산을 조사하는 단계는 종종 거대한 물질세계 속에서 변화를 촉구하는 촉매제의 역할을 하기도 한다. 이 과정을 즐겨라. 맛있는 요깃거리를 준비해놓고, 좋은 음악이 흐르는 가운데 하루의 전부를 투자하라. 체력을 다 소모해버렸다면 다락, 창고, 차고 조사는 다른 날에 하기로 한다. 이 일이 여의치 않다면, 품목 하나를 구입할 때마다 표 B-5를 사용해 발자국을 측정한다. 발자국 크기는 매달 오르락내리락 변동이 있겠지만 6개월 후에는 평균 발자국을 계산할 수있다. 6개월 후에도 당신 집이 물건들로 가득 찼다면 발자국을 5~20퍼센트 낮게 잡았기 때문일 수도 있다. 6개월 후에도 처음 기록해두었던 고정 자산 목록에 변화가 없다면, 각 품목마다 동일한 당월 무게를 사용해도 된다. 고정 자산의 무게를 재는 게 불가능하다면, 아래 서술한 사항 중 하나를 선택하여 당신의 고정 자산 무게를 가늠해보자.

고정 자산 추정하기

A. 당신은 279제곱미터(약 84평)가 넘는 크기의 집에 살고, 별장을 한 채 갖고 있다. 커다란 차고에 SUV 한 대가 주차되어 있고, 소형 컨버터블이나 오토바이, 보트, 설상차, ATV(산악 오토바이), 산악 자전거, 카약 중에서 몇 가지 품목을 갖고 있다. 창고, 작업실, 음악 녹음실, 지하실, 여분의 아파트, 오락장 중에서 몇 가지를 소유하고 있다. 대형 스크린 TV, 최신형 라디오나 영상 장비, 각종 부대 장치를 구비한 컴퓨터, 다양한 음악 장비 등 전자제품을 많이 갖고 있다. 마사 스튜어트Martha Stewart(평범한 주부에서 출발해 요리, 인테리어, 정원 꾸미기 등 빼어난 살림 노하우를 상품화해 일약 거부의 반열에 오른 미국 여성 사업가―편집자)의 살림 솜씨만큼이나 화려하게 꾸민 부엌에, 서재에는 온갖 종류의 책이 꽂

혀 있다. 그렇다면 당신이 소유한 물건들은 가장 큰 이삿짐 차로 18대분을 채울 것이고 무게는 대략 7,650킬로그램에 이를 것이다. 고정 자산의 발자국은 약 6만 705제곱미터(15에이커)라고 할 수 있다.

B. 186제곱미터(약 56평) 크기의 화려하진 않지만 안락한 집을 가지고 있다. 필요한 물건이 꽤 잘 구비되어 있고 약간의 사치품 그리고 제대로 정돈되지 않은 공간이 당신이 바라는 것보다 조금 많다. 여분의 차가 한 대, 오락을 즐길 때에는 가끔 차를 사용하지만 보트와 카누도 즐긴다. 창고에는 작업장과 대형 잔디깎기 기계, 취미 생활을 할 공간이 있다. 속도 빠른 인터넷 연결 장치를 포함한 전자 제품은 최신형이다. 당신의 고정 자산은 트랙터 트레일러를 반 이상 채울 만한 양이며 구게는 5,400킬로그램이고 발자국 크기는 약 3만 2,376제곱미터(8에이커)라고 볼 수 있다.

C. B와 비슷한 생활 방식이지만 좀더 검소하다. 집 크기는 93제곱미터(약 28평)이고 여분의 차는 없지만 보트 타기를 즐긴다. 물건을 오래 쓰는 편이고 때마다 컴퓨터를 최신 기종으로 업그레이드할 필요를 못 느낀다. 매우 안락한 삶을 살고 있으며 물질적으로 거의 부족함이 없다. 보통 크기의 이삿짐 트럭이면 당신의 고정 자산 4,230킬로그램을 운반할 수 있다. 발자국은 22,259제곱미터(5.5에이커)이다.

D. 65제곱미터(약 20평) 크기의 집에 검소한 생활 방식이 더해져서 소유한 물건이 적다. 알맞은 크기의 서재에 컴퓨터, 오래된 스테레오, 연장과 하찮은 물건들이 있고, 파티를 열 만한 공간이

있다. 사람이 중심이 되는 오락을 즐기고 질 좋은 캠핑 장비가
있다. 고정 자산의 총무게는 1,800킬로그램이고 친구의 도움을
받아 소형 트럭 몇 대로 몇 번 왔다갔다하면 다 옮길 수 있다.
발자국은 약 10,118제곱미터(2.5에이커)로 추정된다.

E. 기본적인 것 외에 많은 물질을 소유할 필요를 못 느낀다. 집은
37제곱미터(약 11평)이고 쓸데없이 버려지는 공간이 없으며, 여
유 공간이 좀 있을 뿐이다. 랩톱 컴퓨터 한 대, 책 열 상자, 소형
라디오, 주서기, 자동차, 자전거가 있고 이 물건들과 집, 정원을
수리할 때 필요한 공구가 있다. 필요한 물건이 있으면 중고 물품
을 구하거나 친구에게 빌린다. 모든 소유물을 옮기는 데는 중간
크기 화물차면 충분하다. 발자국은 약 2,671제곱미터(0.66에이
커)로 추정된다.

이제 시작할 준비가 되었다면 이렇게 하라. 저울과 연습용 작업지
표 B-8과 B-5 복사본을 가지고 어디가 됐든 장소를 골라 시작한다.
침실을 먼저 선택했다고 치자. 거기서 수명이 6개월 이상 되는 모든
품목들을 찾는 것이다.

• 목록 6-11 • 고정 자산 무게 재는 요령

무게 재기

가구 : 친구 몇을 불러 가구의 한쪽 끝을 들어올리게 하고 저울을
그 아래에다 놓는다. 그 무게에다 2를 곱한다. 탁자나 다리가 달린 침

대를 잴 때에는 눈금을 0으로 맞춘 다음 다리 두 개를 올려놓고 그 무게에 2를 곱한다. 머리를 써라. 책장에서 책을 모두 빼내고 무게를 재는 대신 책장 선반 무게와 비슷한 나무 판자를 구해 무게를 잰다. 판자가 120센티미터 길이라면 4로 나누어 30센티미터당 무게를 알아낸다. 책장의 세로 길이를 포함한 선반 전체 길이를 재서 30센티미터당 무게와 곱한다. 자기로 만들어진 서류장이 너무 큰 것 같으면, 다음 주로 미뤄도 좋다. 어쨌든 계속 진행하라.

주요 전기 제품 : 어떤 제품은 부분별 무게가 균등하지 않으므로 오른쪽, 왼쪽 무게를 따로 재서 합산한다. 표 6-12에는 무게를 재기가 여의치 않거나 붙박이로 설치된 경우를 대비해서 흔한 전기 제품의 무게를 올려놓았다. 에너지 효율이 좋은 전기 제품의 이점은 당월 가스 전기 사용량이 낮게 나타나는 것으로 알 수 있다.

의복과 직물류 : 면, 모직, 합성섬유별토 옷을 분류하기 어렵다면 어림짐작해 분류한다. 주원료가 면인 것을 모두 면제품에 포함시키면 크게 틀리지 않는다. 옷의 평균 수명도 추정할 수 있다. 옷장 면적 중 90센티미터에 해당하는 부분의 무게를 재서 30센티미터당 무게를 알아낸 다음 옷장의 직선 부분 길이를 재서 곱한다.

내구지와 파일들 : 위와 비슷한 방법을 쓴다. 90센티미터로 쌓아놓은 책 무게를 재서 3으로 나눈 다음 책장 전체의 길이를 곱한다. 이 방법으로 빨리 계산할 수 있다. 계산에 세심한 주의를 기울인다면 의미 있는 작업이 될 것이다.

표 B-8에 있는 연습용 작업지 2를 작성하는 방법은 다음과 같다.

A 단계

각 품목의 무게를 잰다. 사용자의 수가 동일하고, 동일한 재료로 만들어진 품목은 한꺼번에 무게를 재도 좋다. 예를 들어 면 소재 T셔츠, 청바지, 땀복, 속옷, 양말, 시트, 수건 등을 쓰는 사람이 당신 한 사람뿐일 경우, 한 번 무게를 재놓으면 5년 동안은 쓸 수 있다. 저울 위에 금속 토막 두 개를 올려놓고 빈 세탁 바구니를 놓은 다음 눈금을 0에 맞추고 물건들을 집어넣어라. 가구를 재는 데는 친구의 도움이 필요할 것이다. 빈 화장대라도 무게는 재둔다. 자질구레한 물건이나 장식품들은 유용한 것이거나 수집하는 게 아니라면 재지 않아도 좋다. 수명이 6개월 이상인 품목 하나의 무게가 2킬로그램 이하이면 동일한 재질로 만든 다른 품목에 포함시키거나 아니면 제외시켜버려도 좋다.

B 단계

공유 품목의 경우, 각각 일반 사용자 수를 기록해놓는다. 침대와 컴퓨터를 남편과 공유하지만 컴퓨터는 주로 한 사람이 쓴다면 침대 사용자는 두 명, 컴퓨터 사용자는 한 명으로 한다. 식구 네 명이 거실을 공유한다면 거실에 있는 모든 품목의 사용자는 네 명으로 적는다. 에스프레소 메이커 사용자가 당신뿐이라면 한 명이라고 기록하라.

C 단계

각 품목의 수명을 달로 계산한다. 좋은 품질의 가구는 100년을 가

표 6-12 • 주요 전기 제품의 무게

전기 제품	무게(kg)		
	소형	중형	대형
냉장고	35	75	156
오븐	13	19	31
전자 레인지	46	75	105
식기 세척기	36	41	54
세탁기	36	70	87
세탁물 건조기	51	54	65
초저온 냉동고	52	68	99
에어컨	32	60	73
온수 탱크	59	81	113
가스 화덕	51	66	79
석유 화덕	113	42	185
장작 벽난로	101	158	222

기도 하지만, 다른 것들은 길어야 10년이다. 5년마다 새 가구로 바꾸고자 한다면 계산에 참고한다. 중고품을 샀는데 15년 된 제품이라면 15년을 더해 30년으로 계산한다. 2년, 8년 주기로 컴퓨터를 교체한다면 이 사항도 계산에 넣는다.

D단계

당월 물품 무게를 구하려면 한 품목의 무게를 사용자 수로 나눈 다음 그 품목의 수명을 개월 수로 환산해 다시 나눈다.

예) 15kg / 2명 / 24months = 당월 무게

E단계

품목의 현재 가치를 현금으로 환산한다. 중고 판매나 위탁 판매 시설, 또는 지역 신문에 광고를 내면 얼마를 받고 팔 수 있을지 계산해본다. 제품의 수명이나 재질에 따라 분류해서 한꺼번에 계산해도 된다. 망설일 것 없이 물건을 살 손님들이 내일 도착하므로 당장에 가격표를 붙여두어야 한다고 가정해본다. 이 단계의 목적은 내가 소유한 모든 물건들의 가치를 포함해서 내 자신이 얼마만큼의 가치가 있는지 계산해보자는 데 있다. 주택 소유자 보험을 들어두었다면 당신의 재산에 대한 가격 명세서가 있을 터이니 물건을 팔 때 그 가격을 참고해도 된다.

F단계

각 품목마다 그것이 불필요한 물건인지 아닌지 생각해보고, 그 정도에 따라서 ○, ×, 약간, 아주 등으로 표시해둔다. 치워버리려고 생각했던 물건들을 분류해놓으면 모든 물건들을 일일이 기록해야 하는 수고를 덜 수 있다. 분류해놓은 물건들을 처분하는 데는 다음과 같은 방법이 있다.

- 중고품 판매 행사나 중고품 교환 시장 또는 벼룩시장 등을 찾는다.
- 위탁 판매 시장에 맡긴다.
- 신문에 광고를 낸다.
- 판매할 품목들의 목록을 만들어 벽보에 붙인다.
- 마당 앞에다 물건을 늘어놓고 원하는 사람에게 무료로 제공한다.
- 중고품 할인점에 기증한다.

– 자선 단체에 기증한다.

– 친구에게 선물한다.

　아직 쓸 수 있는 좋은 물건을 그냥 버리는 것은 귀중한 자연을 낭비하는 것이니 이 점에 주의하면서 과정을 즐겨라.

　귀찮은 일이라고 생각되더라도 이 과정을 건너뛰지는 않기 바란다. 침실이나 거실은 친구의 도움을 받아 한두 시간이면 끝낼 수 있다. 이 일이 재미있는 사람이라면 집 안의 모든 장소를 신속하게 끝마치고 계산을 하면 될 것이고, 직접 버리지 않는 한 물건들은 없어지지

표 6-13 • 당월 고정 자산 작업 연습지 견본

2005년 3월 1일~ 2005년 3월 31일

품목	상세설명	무게 (kg)	사용자 수	수명 (개월수)	당월 무게(kg)	가격 (달러)	없어도 되는 물건인가
면	옷&타월	25	1	60	0.4	50	약간
모직	스웨터&담요	8	1	120	0.07	50	×
가죽	신발&자켓	5	1	60	0.08	75	약간
컴퓨터	펜티엄	43	2	36	0.6	1,200	×
전자 제품	라디오&스테레오	29	2	96	0.15	300	×
가구	식탁	36	4	240	0.04	100	×
유리	그릇	90	4	120	0.18	50	아주
주요 전기 제품	냉장고	100	4	120	0.2	300	O
주요 전기 제품	식기 세척기	75	2	120	0.31	150	O
금속	냄비류	20	4	240	0.02	200	약간
면	타월	4	4	36	0.03	10	약간
내구지	잡지	23	2	24	0.48	0	아주

않을 테니 당장에 짬을 낼 수 없는 사람이라도 6개월의 여유를 두고 계획을 세우면 된다. 유동 물품 목록을 먼저 작성하고, 고정 자산 목록은 시간을 두고 천천히 기록해도 된다.

표 B-8 당월 고정 자산 작업 연습지에 기록해놓은 모든 품목은 최종적으로 표 B-5 당월 고정 자산 발자국 계산에 이용되므로 연습지와 표에 있는 전자 제품, 내구지, 면 등의 카테고리 이름이 같아야 한다. 그래야 연습지의 총계를 표로 옮겨적을 때 편리하다. 고정 자산의 수명이 개월수로 변환된다는 점도 잊지 말자.

각 품목을 잴 때 이 책에서는 미국 표준 단위나 미터법으로만 발자국 요소를 계산해놓았으니 이 두 가지 중 하나를 선택하여 계산한다. 전체 계산에 오류가 생기기 전에 지금 사용하고 있는 단위를 다시 한 번 확인한다.

식기 세척기를 나중에 처분할 계획을 갖고 있다면 표 B-8 주요 전기 제품 카테고리에 줄을 그어 표시해놓고 다음달분 주요 전기 제품 항목 합계를 다시 낸다. 컴퓨터 한 대를 새로 구입했다면 표 B-8 컴퓨터 카테고리에 품목을 추가하여 합계를 다시 낸다. 식기 세척기를 쓰레기로 처분했다면 그 달에 해당하는 쓰레기 카테고리에 식기 세척기 무게를 적고 고정 자산 항목에 있던 것을 삭제한다. 찬장에 있는 음식이나 세면 화장품류에 대해서는 그것을 처음 사왔을 때 유동 품목에 포함시켜 기록해둔다.

3단계 : 나의 발자국 계산

월말이 되면 표 B-1~B-6까지의 도표에다 고정 자산과 유동 품목의 합계를 계산해 적는다. 예를 들어 채소 품목의 합계를 적는다 할 때, 당월 유동 품목 작업 연습지에 적힌 채소, 감자, 과일의 무게를 모두 더하여 당월 식품 발자국을 나타내는 표 B-1의 '한 달 사용량' 칸에 적는다. 고정 자산에 대해서도 이와 같은 식으로 기록한다. 예를 들어 면 품목의 합계를 내려면, 당월 고정 자산 작업 연습지 표 B-8에 있는 '한 달 사용 무게'를 모두 더하여 당월 고정 자산 발자국인 표 B-5의 '한 달 사용량'에 기입한다. 각 카테고리별로 한 달 사용량을 발자국 인자와 곱해 그 값을 발자국 칸에 기록한다.

표 B-1~B-6에다 각 품목의 총발자국을 계산해 적어놓은 것을 표 B-9 당월 합계에다 기입한 뒤 여섯 가지 카테고리에 적힌 값을 모두 더하면 당신의 한 달 총발자국이 나온다.

당신의 발자국을 표 B-10에 적어넣으면 드디어 발자국 계산이 완성된다. 이제는 자신의 생태 발자국이 얼마인지를 알게 되는 것이다. 여기까지 오느라고 고생했으니, 숲을 천천히 산책하며 이제 지속성 있는 목표를 향한 여정을 시작할 수 있다는 사실을 느긋한 마음으로 음미해본다. 우리의 두 번째 도구 《당신의 돈인가, 삶인가》는 지금까지의 작업에 보태어 발자국을 줄이는 과정에 많은 도움을 줄 것이다.

7장

두 번째 도구

《당신의 돈인가, 삶인가YMOYL》

다트머스 대학의 교수이자 지속성을 연구하는 학자인 도넬라 메도스 Donella Meadows는 비키 로빈, 조 도밍게즈의 저서 《당신의 돈인가, 삶 인가YMOYL》(이하 《YMOYL》)에 대해 깊이와 강력한 힘이 느껴진다고 평한 적이 있다. 이 책의 깊이는 진실을 정직하게 담아낸 데서 나오는 것이요, 강력함은 평범한 독자들도 고개를 끄덕이게 만드는 '적게 가 지면 더 잘 살 수 있다' 는 주장이 지니는 설득력에서 나오는 것이다.

많은 사람들이 포괄적인 아홉 가지 단계로 이루어진 《YMOYL》을 통해 돈과 자신의 관계를 재정립하는 데 도움을 받았다. 이 방법을 실 천해본 사람들은 덜 쓰고 많이 저축하게 됐으며, 만족감이라든가 가 치를 자신들의 소비와 연관시켜 생각해본 후 가족이나 취미 생활 또 는 정신적인 분야와 봉사 활동에 시간을 할애할 수 있게 되었다고 말 하고 있다.

이미 이 9단계를 따르고 있다면 앞서가는 독자라 할 수 있겠고,

《YMOYL》을 읽을 계획을 갖고 있다거나 또는 사놓고도 차일피일 미루고만 있는 독자라면 지금이 프로그램을 시작할 적기이다. 이 책에는 다섯 가지 시작 프로그램 축약판이 실려 있으므로 굳이 사지 않아도 좋지만, 9단계를 완벽하게 실행해보고 싶은 독자라면 《YMOYL》이 절대적으로 필요하다.

《YMOYL》을 따라 하기 위해서는 자신이 쓰는 돈을 잔돈 단위까지 추적하고, 식품과 주택, 교통 등의 카테고리에 대한 매월 소비 총액을 알아야 하며, 소유한 모든 품목을 목록으로 작성한 다음 화폐 가치로 환산해야 한다. 6장에서 발자국 크기를 정할 때 다루었던 개념이라 그리 생소하지는 않을 것이다. 그 다음에는 매월 당신이 소비한 모든 품목을 얻는 데 들어간 당신의 시간 또는 생활 에너지의 양을 측정하는 방법이 소개되고, 자가 평가 절차를 거친다. 자가 평가 과정은 생활 에너지를 물건과 맞바꾼 거래가 가치가 있었는지 스스로에게 질문해보는 단계이다. 한 달이 지날 때마다 당신의 수입과 써버린 돈을 추적할 것이다. 시간이 지남에 따라 저축액이 늘어 이자도 늘어났다면 그 액수도 포함시켜야 한다. 당신이 한 달에 쓰는 돈의 액수가 저축액의 이자로 받는 금액과 같다면 당신은 평생 월급쟁이로 살지 않아도 된다.

《YMOYL》의 아홉 가지 단계

이 9단계 프로그램의 주된 내용은 전체 시스템을 바탕으로 라이프

스타일을 구성해나감으로써 부분으로서의 삶보다는 전체로서의 삶이 훨씬 중요함을 이해하는 것이며, 또 어디에서 충족감을 느끼는가에 관한 것이기도 하다. 친구의 머리를 손질해주고, 신용카드를 없애고, 텔레비전을 치워놓는가 하면 점심 도시락을 싸가고, 빚을 청산하고, 해외 여행 대신에 가까운 곳에서 휴가를 보냄으로써 그리고 이웃과 차를 나누며 가끔씩 명상과 기도하는 시간을 가지고, 당신이 가능하다고 생각했던 이외의 분야에서도 돈을 저축해봄으로써 만족을 느낄 수 있다는 사실을 깨닫게 될 것이다.

전체적인 삶의 시스템은 당신의 삶 속에서도 실현될 수 있다. 바로 신비로운 우주의 섭리인 내일을 통해서이다. 그러나 당신에게 내일이 오지 않는다고 가정해보자. 그러면 그때에는 이 아홉 가지 단계를 온전히 실행하기로 결심하게 될 것이다.

만족감 곡선

고등학교 시절에 학생들은 별다른 이의를 제기하지 않고 다람쥐 쳇바퀴 돌아가는 듯한 틀에 박힌 생활을 하게 마련이다. 온갖 광고가 소비를 부추기는 문화 속에 기꺼이 동참한다. 하지만 일단 졸업을 하고 독립을 하면, 처음으로 내 집을 꾸민다는 생각에 흥분하면서 냄비나 프라이팬, 책상, 침대 등 살아가는 데 기본적으로 필요한 살림살이를 모아들이기 시작하고 물건을 하나씩 마련할 때마다 엄청난 행복감을 맛보기도 한다.

대학을 졸업한 이후에는 직장을 잡고, 몇 개 안 되지만 신용 카드를 만들고 얼마간 편한 생활을 누리고자 하는 노력을 본격적으로 시작하는 시기이다. 배터리가 다 떨어질 걸 염려해 높은 곳에다 세워둘 필요가 없을 만큼 좋은 차를 살 수도 있으니 얼마나 기분 좋은 일인가. 사모으는 CD가 늘어나면서부터는 학생 시절 기숙사 방에서 파티를 할 때 쓰던 휴대용 오디오가 좀더 좋은 제품으로 업그레이드되고, 질 좋은 오크 나무 책장에는 읽고 싶은 책들이 가득 꽂혀 있다. 그런데도 당신은 갇혀 있는 듯한 기분이 든다. 생활이 조금씩 안락해지면서 만족을 느낄 가능성도 높아지지만, 당신이 살아가는 속도를 따라잡지 못하는 것이다.

최초의 승진 시기가 되면 사치품들에 눈길이 간다. 스타일이나 색, 나의 이미지에 맞는 차를 고르게 되고, 집에는 일광욕을 할 수 있는 방을 만들며, 부엌 전체를 뜯어고쳐 구미에 맞게 바꾼다. 하지만 새 차를 탄 지 얼마 안 되어 흥분은 사라지고 초과 근무나 다른 사람들의 문제까지 해결해야 한다는 스트레스만 되돌아온다. 배관공이나 전기 기사, 가구상을 만날 일에 신경이 날카로워지고, 이제는 함께 해변으로 산책 나가는 일도 없어졌다고 불평하는 배우자와 말다툼을 벌이게 된다. 꽉 짜여진 일정에 묶여 당신은 호탕하게 웃는다든가 엉뚱하고 기발한 생각을 하는 일이 사라져버린 것을 눈치채지 못한다. 이제 필요 이상으로 바쁘게 살아가야 하며, 행복감을 주는 일은 별로 없는 대신 불만족스러운 일이 매우 많아진다.

《YMOYL》의 공저자인 비키와 조는 필요한 것을 갖게 되고 그것으로 즐거움을 누리는 시점, 스트레스를 느낄 만큼 많지는 않지만 충분한 물질을 소유하게 되는 시점, 즉 개인의 만족감이 최고조에 달하는 시점을 연구했다. 이 《YMOYL》 과정에서는 자신만의 고유한 최대 만족 지점을 아는 것이 가장 중요하다.

'충분함'을 정의하는 네 가지 특징과 여섯 가지 현실

최대 만족 지점에 도달했을 때, 우리 삶에는 몇 가지 특징이 나타난다.

1. **목적 의식** : 물질에 동요되지 않는 상태. 복잡한 도시 환경을 벗어난 차원 높은 목적을 갖게 된다.
2. **지구와 사회, 가족과 나 자신에 대한 책임 의식** : 소비 중독으로 내 삶이나 결혼 생활 또는 지구가 파괴되지 않도록 한다.
3. **내적인 가치 척도** : 출신 국가와 관계없이 얼마만큼이 적당한가 그리고 공평하고 지속 가능한 가치와 균형에 대해 깊이 이해한다.
4. **FI** : 《YMOYL》에서 FI는 재정적인 면에서의 성실함Integrity과 지혜 Intelligence, 독립Independence을 가리킨다. 재정적으로 성실하다는 것은 자신의 소비 행위는 곧 자신의 가치이므로 돈을 벌고 쓰는 행위의 결과에 대해 책임을 진다는 뜻이고, 지혜는 생활 에너지를 현명하게 사용한다는 뜻이다. 마지막으로 재정적인 독립은 이자 수입으로 당월 생활비를 충당할 만큼 저축률을 높이자는 말이다. 일단 세 가지가 구비되면 일과 관련해 들어가는 경비도 줄일 수 있다.

이 같은 특성이 여섯 가지 현실로 연결된다.

1. **마음의 평화** : 재정적 문제가 해결되면 많이 갖지 못하는 것에 대한 두려움이나 걱정이 사라지고 정신 분야를 탐구할 수 있는 삶의 공간이 커진다.

2. **빚 청산** : 빚을 지는 상황에 다시 빠지지 않는다.

3. **저축** : 저축을 하면 병이나 위급한 상황이 닥쳐도 삶 전체가 위험에 빠질 염려가 없으므로 안정감을 갖게 된다.

4. **기술 습득** : 여분의 자유 시간으로 새로운 기술을 습득하여 검소한 삶을 쉽고 즐겁게 실천한다. 해머나 망치로 직접 자전거도 수리하고 채소나 먹거리를 손수 재배할 수 있다.

5. **공동체** : 여유 있는 시간을 이용하여 공동체에 참여한다. 자연의 생물과 접촉하는 시간도 가질 수 있다.

6. **수입** : 사회적 압박감에서 자유로워지는 최고 만족 지점에 도달하면 충분한 수입을 얻는 일은 소로의 말대로 '고된 노동이 아니라 오락'이 된다. 안전을 보장받고 싶은 것은 인간의 기본 욕구이다. 그것이 은행 예금이나 보험이 될 수도 있지만, 사랑하는 친구나 풍성한 채소밭이 될 수도 있다.

세계 경제에 참여하는 우리는 세계 시민이다. 우리가 필요하다고 생각하는 것들이 자신의 판단이 아니라 이웃이 가진 것이나, 광고가 우리에게 사라고 부추기는 것들, 또 우리가 도달할 수 없는 삶과 스스로를 비교하는 습관 때문에 결정되는 경우가 종종 있다. 이 책에 소개된 5단계는 개인에게 충분한 물질의 양이 얼마인지 정하는 데 도움을 줄 것이다.

위의 여섯 가지 현상은 삶에서 상승 작용을 일으켜 자기 삶에 대한 자신감을 증가시킨다. 그 삶은 당신 자신뿐 아니라 더 큰 세계에 공헌하며, 또 당신 스스로 계획한 삶이기도 하다. 그 속에서 당신은 친구나 가족과 함께 보낼 시간, 해변을 산책할 여유를 얻을 것이다.

현실에서 재산은 곧 생태 발자국이고, 그것을 어떻게 소비하느냐가 내가 모든 생명과 어떻게 상호 작용하며 살 것인가에 대한 전형적이고 전반적인 모습이 된다. 다른 생명체가 죽고 사는 운명을 내가 쥐고 있는 것이다. 물건이나 돈이나 모두 자연이다. 우리의 필요와 욕구에 의해 생명체와 대지가 소비되고 죽임을 당하고 괴롭힘을 당한다는 사실을 부인하지는 못한다. 생태 발자국 측정은 모든 생명체와 인류 그리고 미래 세대를 고려해 측정한 최대 만족 지점의 기준을 아는 데 도움이 될 것이다.

《YMOYL》은 어째서 시기 적절한 도구인가?

인류가 지구에서 평화롭고 지속 가능한 삶을 영위할 수 있는 방법을 찾는 데 14년을 바쳐왔지만, 나는 여전히 《YMOYL》이 가장 비전이 있고 현실에 맞는 도구 중 하나라고 생각한다.

우리 모두는 갈림길에 서 있다. 한쪽은 숲이 우거져 잘 보이지 않고 무슨 일이 일어날지 종잡을 수 없는 희미한 길이고 다른 길은 차들과 빚더미, 플라스틱 용품들로 꽉 들어찬 널찍한 4차선 도로이다. 빚이 늘어가면 회사를 다녀야 하고 신용카드를 긁어야 하며 월급도 많이 받아야 한다. 그러니 이제 당신이 진정으로 원하는 것이 무엇인지 알아볼 시간이 되었다.

틀에 박힌 생활을 하는 보통 사람이라면 길거리나 TV 앞에서 지나치게 많은 시간을 보내고 있을 것이다. 그것 말고 다른 할 일이 있다는 것은 깨닫지 못한 채 말이다. 일부 사람은 다른 일을 하더라도 적절한 기술 없이 충분한 에너지를 쏟지 못한 채 그저 시도에 그치고 만다. 그러고는 의기소침해지고 목표를 이루지 못했다는 사실에 당혹스러워한다. 우리가 하고자 하는 일은 효과도 없는 시도는 이제 그만 멈추고 더 나은 방법을 찾아보자는 것이다. 이 방법들을 익히는 것이 힘들게 느껴질 수도 있으나 노력해볼 가치는 충분하고도 남는다. 20여 년이 지나 과거를 돌이켜볼 자신을 상상해보라. 그때 가면 지금 헌신한 일년은 고교 시절 졸업반만큼이나 멀게 느껴지고 또 희미해지겠지만 이 일년으로 미래의 50년을 해방시킬 수 있고, 또 그로 인해 꿈이 이루어진다면 당신의 인생에서 가장 의미 있는 해가 될 것이다.

이미 검소한 삶을 살면서 시간을 내서 자신의 생태 환경을 정돈하며 다음 단계를 준비하는 분도 있을 것이다. 그렇다면 다음 단계에서 해야 할 일은 무엇일까? 우리 지역 강에서 연어가 다시 살 수 있도록 돕거나 농부들이 운영하는 시장을 만들고, 위협받는 자연 환경을 보호하고자 할 수도 있다. 또 도시가 배출한 젊은이들을 고용하고, 다음 세대를 전쟁이나 개발에서 벗어나게 하기 위한 일을 시작할 수도 있다. 이미 당신과 동료들은 뭔가 긍정적인 계획을 세웠거나 아니면 필요한 사업을 시작했거나 새로운 운동 또는 공동체 만들기 활동에 착수해왔는지도 모른다. 일련의 기술을 습득하고 대의를 품은 열 사람이 주당 40시간인 근무 시간을 대폭 줄인다면, 공동의 전망이 성공할 확률은 그만큼 더 높아질 것이다.

《YMOYL》을 통해서 임무가 생기면, 당신은 언제든 시작할 수 있는 준비된 사람으로 거듭날 수 있다. 우리는 도전을 받고 있다. 그러나 완전히 깨어 있는 내가 되어 새롭게 찾은 자유를 봉사를 위해 쓴다면 커다란 변화가 가능해진다. 《YMOYL》은 정치적 메시지를 전할 수도 있고 종교적인 언어 또는 대중 문화의 언어로써도 이야기할 수 있다. 옳고 그름을 구별하는 개인의 가장 이성적인 판단력에 호소함으로써 그들을 분열시키는 대신에 함께 끌어모으는 《YMOYL》의 언어는, 그러므로 포용과 열정 그리고 상식의 언어임에 틀림없다. 《YMOYL》 프로그램의 이면에 담긴, 단순하지만 의미심장한 전제는 다음과 같다.

- 인간은 선한 본성을 지닌 존재로 공익을 희구한다.
- 자신이나 타인을 부끄럽게 여기지 않고 탓하지 않음으로써 성장을 위한 더 나은 환경을 창조할 수 있다.
- 인구가 증가할 것이라는 사실과 우리에게 유익한 것이 무엇인지를 알면 급진적인 변화가 생길 것이다.
- 내게 유익한 것이 곧 지구에 유익한 것이다.

우리가 늘 깨어 있고, 포용력 있는 언어로 말할 때, 우리의 원대한 꿈은 한층 더 실현 가능한 것이 될 것이다.

단순하게 살기 운동의 발전

완전히 자발적으로 시작된 단순하게 살기 운동은 지금까지 믿기지 않을 만큼 성공을 거두어왔지만 여전히 초기 단계에 머물러 있다. 이 활동이 대규모 운동으로 전환될 잠재력을 지니고 있음을 보여주는 기사를 몇 개 소개하고자 한다.

1995년 11월 6일 〈타임스*The Times*〉에는 이런 기사가 실렸다. '놀랍다! 소박한 삶의 즐거움을 증진시키고자 하는 사람들이 유례없이 바쁜 움직임을 보이고 있다. 《YMOYL》은 350만 달러의 수익을 올렸고 불과 3년 내에 35만 부가 팔려나갔다. 이 기간 동안 공저자 비키 로빈 씨는 600건 이상의 인터뷰를 했으며, 책 홍보차 20개 도시를 순회했다. 〈오프라 윈프리 쇼〉에 2회 출연했으며 북미 주변 지역을 돌며 재정 관련 세미나를 공동 주최하기도 했다. 이 책을 쓰기 전에 로빈 씨는 20년 간 비행기를 탄 적이 한 번도 없다고 한다. …… 두 저자는 책을 판 순수 수익금을 자선 단체에 기부했다.'

〈피플 위클리*People Weekly*〉 1992년 11월호에는 조 도밍게즈의 이야기가 실렸다. '할렘 가에서 성장하여 여덟 살의 나이에 식료품 배달 일을 하던 재능 있는 한 학생이 뉴욕 시립 전문대를 졸업하고 월스트리트 증권 중개회사에서 심부름꾼으로 일하다가 곧 기술 분석가로 변모했다.' 1960년대 말 그는 자신이 만든 프로그램을 실행에 옮겼는데, 그것은 검소하게 살면서 가능한 한 모든 돈을 저축하는 것이었다. '그는 수입과 지출 사항을 도표로 만들어 자신의 저축액이 지출보다 많아지는 날까지 기록해나갔다. 5년 후인 1969년, 마침내 그날이 왔다.' 서른의 그는 8만 달러의 저축액을 달성하고 직장을 그만둔 뒤로는 다시는 돈을 벌 목적으로 일하지 않았다.

이 저자들은 심지어 자신들의 책을 도서관에서 빌려보라고까지 권한다. 이 책은 현재까지 80만 부가 팔렸고 〈비즈니스 위크*Business Week*〉의 베스트셀러 목록에 오른 지 2년 반이 지난 뒤에도 상위 1,000위 안에 머물러 있다. 머크 패밀리 펀드 사가 실시한 여론 조사에 따르면, 미국인의 80퍼센트는 필요한 것보다 훨씬 많이 구매하고 소비한다고 생각하는 것으로 드러났다. 앞에서 최고 부유층 30퍼센트만이 행복감을 느끼고 하루 274달러의 수입을 올리는 27퍼센트의 사람들이 '정말 필요한 것을 모두 사지는 못한다' 고 대답했던 여론 조사의 예를 들었던 것처럼, 일부 미국인은 돈으로 사랑을 살 수는 없으며 물질을 지나치게 소유하는 것이 오히려 꿈을 이루는 데 방해가 된다는 점을 깨닫고 있다. 사람들의 자각이 힘을 받고 있다. 정부와 사업체가 애국을 들먹이며 소비를 강요한다 해도, 현명해진 국민들이 소비를 줄이는 그런 변화의 시기가 오고 있는 것일까?

1993년 초 《YMOYL》은 〈뉴욕 타임스*New York Times*〉 베스트셀러 순위에 네 번이나 오르는 쾌거를 올렸다.

조 도밍게즈는 이런 현상이 일시적 유행이 아니라고 주장했다. "허리띠를 졸라매자는 것은 미국의 근본을 이루는 철학이기도 하지요." 하고 그는 말한다. 그러면 검소한 생활 방식에 관한 한 권위자인 이 저자들이 고안해낸 판매 전략은 어떤 것이었을까? 비키의 스냅 사진 아래 실린 조의 사진 윗부분에는 '전문가에게 배워보는 검소한 삶의 요령’이라는 제목으로 한 목록이 실려 있다.

- 필요한 것을 사되 쇼핑은 하지 말 것.

- 이미 가지고 있는 것을 잘 관리할 것.

- 무엇이든 직접 할 것.

- 필요한 것을 미리 알아둘 것.

- 적게 살 것.

- 중고품을 살 것.

- 신용카드 빚을 갚을 것.

- 가까운 곳에서 볼일을 볼 때는 자전거를 타거나 걸을 것.

‘모든 것을 다 가진 사람에게는 어떤 선물이 좋을까?’ 〈보스턴 글로브 *Boston Globe*〉에 실린 이 설문에 대해 비키 로빈은 아무것도 안 주는 건 어떠냐고 제안하면서 이렇게 말한다. “나는 사람들에게 서로를 위한 시간을 내주라고 권합니다.”

성공 스토리

1995년 4월 24일 〈월스트리트 저널 *Wall Street Journal*〉은 키즈 콜프라는 한 외과 의사와 전직 교사로 《YMOYL》을 통해 지출을 20퍼센트나 줄인 그의 아내 헬렌 콜프에 관한 기사를 실었다. 그들은 《YMOYL》 프로그램을 시작하고 2년 뒤 직장에서 받는 급료를 포기하고 은퇴했다. "이제는 대가를 바라지 않고 우리가 하고 싶은 일들을 할 자유를 얻게 됐습니다." 라고 밝히는 헬렌 콜프는 환경 단체를 후원할 계획을 갖고 있다. 급료를 지불하지는 않지만 해야 할 일은 무궁무진하다고 그녀는 덧붙였다. 콜프 박사는 외과의로서 자신의 직업을 사랑하지 않는 것은 아니지만 지난 몇 년 동안 개인의 건강만큼이나 전체의 건강에 관심을 기울이게 됐다면서 이젠 스스로를 지구의 주치의로 생각하고 싶다고 밝혔다.

1995년 11월 21일자 〈뉴욕 타임스〉는 이스트 할렘에 사는 글로리아 퀴노네스의 이야기를 싣고 있다. 그녀는 열 살 난 디에고와 열네 살 줄리언, 두 아들을 자신의 손으로 양육하기 위해 연봉 7만 4,000달러를 받는 직장을 그만두었다. "반복된 일상을 끊고 나온 지금 자유를 느낍니다. 다시는 돌아가고 싶지 않아요." 이 가족은 공립학교 교사인 남편의 월급만으로 생활하고 있다. 같은 면에 위스콘신 홀먼에 사는 캐서린과 토머스 헨첸 부부의 이야기도 소개됐다. 그들은 14개월 안에 월간 총생활비를 2,500달러에서 900달러로 줄였는데, 그러면서도 5만 달러나 되는 빚을 모두 갚았다. 캐서린은 남는 시간에는 부부끼리나 가족, 친구와 함께 지내고, 정원을 가꾸며 자연을 감상하기도 한다고 말했다.

다음 부분에서는 이 도구를 적용하는 몇 가지 다른 방법에 관해 논의해보자.

《YMOYL》 사용법

《YMOYL》 과정을 마치고 나면 예상 수입 중 극히 일부분만으로도 살아갈 수 있을 것이다. 이 새로운 세상에서는 마치 천적의 공격에서 자유로운 동물이 번식하듯 많은 기회를 찾을 수 있다. 이러한 생활을 실천할 수 있게 해줄 몇 가지 방법들을 소개하면 다음과 같다.

경제적 독립

경제적으로 독립한다는 말은 저축에서 나오는 이자가 생활비 액수와 같아진다는 말이다. 그렇게 되면 돈을 벌기 위한 노동은 선택 사항이 된다. 더 나아가 행동에 책임을 지고 자신의 가치와 조화를 이루며 산다는 의미이기도 하다. 직장인이라면 조기 퇴직을 고려해볼 수도 있다. 이로써 실직자에게는 직업을 구할 수 있는 기회가 열리고, 회사 측에서는 사업비를 아낄 수 있으며 당신은 마음먹었던 일을 할 수 있는 시간이 생긴다.

간헐적인 경제적 독립

녹십자를 일컬어 지구를 치료하는 단체라고 말한 고 데이비드 브라우어David Brower(미국의 원로 환경 운동가. 전세계 환경 운동을 주도해왔고 환경 운동 단체인 시에라 클럽에 몸담아오다 2,000년에 사망했다—옮긴이)는 사람들에게 군대에 복무하는 대신에 지구를 지키는 데 헌신할 것을 촉구했다. 그러기 위해서 당신은 지구를 위한 봉사 활동을 할 1~2년의 기간을 벌기 위해 욕구를 제한하여 저축을 해두면 좋다.

《YMOYL》을 따라 하다보면 자신을 스파르타식으로 훈련시키는 데 도움이 될 만한 아이디어는 넘쳐날 것이다. 가장 이상적인 목표를 이루기에 알맞고, 또 엄한 규율로 무장시킨 자신만의 단련 시스템을 고안해낼 수도 있다. 자신이 공감하는 단체를 찾아내어 그 단체가 진행하는 프로젝트에 대해 배워본다. 그리고 기회를 보아 활동에 지원한다. 한두 가지 프로젝트에 자발적으로 참여해보고 더 의욕이 나거든 일년 정도 헌신한다. 당신이 독립적이며 정직한 태도를 보이면서 헌신적으로 임무를 잘 수행하고 나면, 그것이 바로 당신의 훌륭한 이력이 될 것이고 어쩌면 이를 통해 일자리 제안이 들어올 수도 있다. 그렇다면 잃을 것이 무엇인가? 가슴을 좇아 일을 하면 행운이 따른다. 그들은 당신의 능력을 사기 위해 안달할 것이다.

유연한 노동 시간

일하는 시간을 조정할 수 있다면 많은 사람들이 일상에서 단순한 삶을 실천할 여지가 그만큼 커진다. 일단 쓰는 양이 줄었으므로 단순히 파트타임으로 일할 자리를 구해볼 수도 있다. 또 재택 근무가 늘고 인터넷이 발달함에 따라 소도시에서는 주택과 작업 공간을 함께 겸하면서 온갖 종류의 소규모 사업을 구성하기가 훨씬 쉬워졌다. 작업 공간을 공유하고 또 출퇴근을 하지 않음으로써 돈과 시간을 절약하게 되고 당연히 발자국 크기도 줄어든다. 집에서 일하면서 고립감을 느끼는 이가 있는가 하면 배우자나 아이들과 함께 정원을 돌보고 또 공동체에 참여하느라 바쁘게 지내는 사람들도 있을 것이다.

진정으로 원하는 일을 하고 있다면

당신은 어쩌면 자신의 일을 사랑하고 일을 함으로써 충족감을 느끼는 행운아일 수도 있다. 그렇다면 굳이 직장을 바꿀 필요도 없고 일에 변화를 줄 필요가 없을지 모른다. 하지만 지금 버는 돈의 절반으로 생활한다고 해보자. 줄어든 당신의 월급으로 사람 하나를 더 고용해서 당신이 즐겁게 하고 있는 일을 공유해도 되지 않겠는가? 아니면 월급이 줄어들었으니 당신이 생산해내는 물건 값을 낮추어 다른 이들이 적게 벌어도 살 수 있게끔 할 수 있다.

회복력 있는 일 하기

우리는 스스로 하는 일을 통해서 생태와 사회의 전체 시스템 상태를 회복시켜놓을 수 있다. 오늘날 존재하는 거의 모든 직업은 이 기준의 근사치에도 못 미칠 것이다. 지구를 매일 더 나은 상태로 돌려놓는 것은 기술적으로나 도덕적으로나 인간의 역량에 달린 일이다. 생태 법칙의 범위 내에서 조화를 이루며 살아가는 법을 다시 배움으로써 우리는 건강한 시스템을 발전시켜나갈 수 있다. 유기농을 재배하고 동식물 서식지를 보호하며 황폐화된 대지를 복원시키고 차량 없는 도시를 다시 설계한다면 우리는 지구를 오염되기 전의 상태로 다시 되돌려놓을 수 있다.

이 도구를 삶의 전체 시스템에서 어떻게 가장 효과적으로 활용하느냐는 개인이 선택할 문제일 것이다. 《YMOYL》의 아홉 가지 프로그램을 시작하기 전에 우리는 이 도구를 어떤 식으로 적용하느냐에 상관없이 똑같은 다섯 단계를 거칠 것이다.

다섯 가지 시작 단계

생활 에너지를 어떻게 사용하고 자연을 어떻게 소비할 것인지 의식하는 일은 그 초기 단계부터 상당한 집중력이 필요하다. 그러나 나의 재정 상태와 생태 물리학적인 영향력을 감시하는 연습을 함으로써 생활화할 수 있다. 시작 단계에 필요한 것은 다음과 같다.

- 표 C-1~C-8 복사본.
- 표 B-7~B-9(B-7, B-8: 당월 유동 물품 연습 작업지와 당월 고정 자산 연습용 작업지. B-9: 당월 총계)
- 계산기, 종이와 필기 도구.

1단계 : 과거와 화해하기

지금까지 당신이 벌어들인 금액을 알아본다. 수표, 현금, 자본 수익, 선물, 팁 등 현재까지 수입의 총계를 내면 된다. 총가치를 나타내는 표 C-7의 총수입란에 액수를 적어넣는다.

총 가치를 계산하려면 유동 자산과 고정 자산을 합계 낸 다음 부채량을 뺀다. 유동 자산에는 현금, 예금액, 주식, 채권, 뮤추얼 펀드(오픈 투자신탁—역자), 현금으로 환산한 생명보험 가치 등이 포함된다. 표 C-7 유동 자산란에 액수를 기입한다.

고정 자산의 대부분은 이미 6장의 발자국 측정 과정에서 목록을 작성하고 가치를 매겨놓았을 것이다. 그러므로 표 B-8에 작성해놓은 모든 품목의 가치 합계에다 주택, 차량의 시장 가치를 더한다. 표 C-7

고정 자산란에 액수를 적는다.

부채는 은행이나 학교, 친구에게 빌린 돈, 자동차 할부금, 담보 등 모든 대출금과 신용카드 빚, 미지불 청구서 등이 포함된다. 역시 표 C-7 부채란에 액수를 기입하면 된다.

$$총가치 = 유동\ 자산 + 고정\ 자산 - 부채$$

1단계의 목적은 당신이 살아가면서 돈을 버는 데 얼마나 급급해하는지를 정확히 파악하게 해주고, 자신감을 심어주며 쉽게 목표를 설정할 수 있도록 하기 위한 것이다. 이 단계는 삶에서 불필요한 부분을 알아내고 삶을 단순화시키기 위한 구상 작업을 도울 것이다. 이 단계를 마치고 나서 내가 당장에 직장을 그만두어도 되는구나, 하고 깨닫는 사람도 있는 반면, 빚이 많아 상황을 낙관할 수 없는 사람도 있을 것이다. 후자의 경우엔 심호흡을 한 번 하고 숲을 산책해보는 여유를 갖기 바란다. 그래도 당신이 현재 처한 상황을 더 늦기 전에 깨닫고, 낡은 생활 습관에 일부 과감한 변화를 줄 수 있는 기회가 생겼다는 점에서 희망적이지 않은가. 근심과 죄책감, 두려움은 도움이 되지 않는다.

2단계 : 현실을 살아가기

돈을 버는 것은 소중한 생활 에너지를 돈과 맞바꾼다는 얘기다. 출·퇴근이나 외식, 탁아 등 일과 관련해 나가는 비용이 많기 때문에 실제로 받는 시간당 임금은 월급 액수보다 훨씬 적은 경우가 종종 있다. 또 근무 시간은 주당 40시간으로 정해져 있으나 옷을 차려입고 출·퇴근하고, 또 피곤한 하루 일과 후에 TV 앞에 멍하니 앉아 있는 시간들을 모두 계산하면 40시간을 훨씬 초과하게 마련이다. 시간당 임금과 실제 시간당 임금을 비교하는 표 C-8로 당신이 실제로 받는 시간당 급여의 액수를 계산해볼 수 있다. 이 단계에서는 1달러를 벌기 위해 우리가 삶의 얼마를 맞바꾸고 있는지 앎으로써 깊이 있는 통찰력을 얻게 된다.

삶을 통해 들어오고 소비되는 돈이라면 동전일지라도 모두 추적하여 표 B-7과 B-8에다 그 금액을 적어넣는다. 6개월 이내에 완전히 소비되는 것은 유동 품목에 적고 그 이상 지속되는 것은 고정 자산에 포함시킨다. 이 두 장의 연습용 작업지는 발자국 측정이나 《YMOYL》 프로그램 모두에 필요하다.

2단계 과정에서 당신은 자신의 가장 중요한 자원인 생활 에너지를 실제로 무엇을 위해, 또 얼마의 가격에 팔고 있는지 분명히 알 수 있다.

3단계 : 우리가 쓴 돈은 어디로 갔는가?

월말이 되면 채소 구입비나 연료비, 유흥비 등 표 B-7의 각 품목에 해당하는 돈 액수의 총계를 낸다. 이 품목당 총 액수를 표 C-1~C-6에 걸쳐 기입한다. 예를 들어 채소 구입비는 당월 식품을 나타내는 표 C-1에, 가솔린 총액은 당월 교통을 나타내는 표 C-3에 적는다. 당월 고정 자산에 관한 연습 작업지인 표 B-8의 비용 칸에서 그 달에 새로 구입한 물품이 있는 경우에만 총계를 내어 표 C-5에 품목별 한 달 사용 금액 칸에 달러로 써넣는다.

표 C-1~C-6까지에서 각 범주별로 쓴 돈의 총계를 내어 맨 아래 소계란에다 적는다. 이 소계를 당월 총액을 나타내는 표 B-9에다 다시 한 번 옮겨적는다.

표 C-1~C-6에 있는 각 품목을 구입하기 위해 당신이 맞바꾼 시간당 생활 에너지를 구하려면 한 달에 쓴 금액을 실제 임금으로 나누면 된다. 그 값을 각 품목에 해당하는 시간당 에너지량 칸에 써넣는다. 표 B-7에서 한 달 수입의 총계를 내어 표 B-9에 적는다.

3단계의 목적은 당신이 제공하는 생활 에너지를 시간으로 계산하여 그 대가로 무엇을 얻는지 보여줌으로써 수입과 지출 형태가 얼마만큼 균형을 이루는지 그리고 현실 속에서 당신이 어떻게 살고 있는지 알려주는 것이다.

4단계 : 삶을 바꿀 세 가지 질문

이 단계는 《YMOYL》의 핵심으로서, 한 가지 물건만을 사야지 하는 결심을 하고 상점에 들어가서 그 결심을 실천할 수 있을 때 가치를 발한다. 표 C-1~C-6에서 각 품목에 대해 다음 세 가지 질문을 던져보기 바란다.

1. 내가 제공한 생활 에너지와 비례하는 만족감과 가치를 되돌려 받았는가?

2. 내가 제공하는 생활 에너지가 내 가치와 삶의 목적에 합당한가? 각 품목의 발자국 그리고 그 품목과 맞바꾼 생활 에너지를 참고하라.

3. 생활을 위해 직장에 다닐 필요가 없다고 가정할 때 나의 생활 에너지

소비 형태는 어떻게 바뀔까?

　당신이 제공하는 에너지만큼 만족감을 얻지 못하거나, 당신의 가치나 목적과 조화를 이루지 않는다거나, 또는 만일 일을 그만둘 경우 빼버려도 상관없는 품목이 있다면 해당 품목에다 '−' 표시를 한다. 소비가 늘어감에 따라 만족감이 증가하거나, 앞에서 말한 경제적 독립 선언 이후에도 소비량이 증가한 품목이 있다면 '+' 표시를 하고 중간 단계의 품목이라면 '0' 표시를 한다.

표 6-13 • 당월 식품 표 C-1의 예

품목	한 달 사용 금액	생활에너지 (시간)	만족도	조화도	경제 독립 이후
채소	$54	8.3	+	+	+
빵류	$30	4.6	0	−	−
쌀·밀가루 음식	$73	11.2	−	0	+

　위 4단계의 목적은 수입과 소비를 정확히 계산하고 나의 가치와 목적을 파악하며, 만족을 느끼고 완전한 내가 되는 때는 언제인지 알게 함으로써 과연 내게 '충분한' 양은 얼마인지 발견하는 것이다. 그리하여 광고의 공격에 흔들리지 않는 내성을 키워주고자 함이다. 그렇게 되면 지구와 어떻게 상호 작용을 주고받을지 설계할 수 있고, 정확한 정보와 직관력, 도덕성을 발휘하여 자기 삶의 방식을 이끌어나갈 수 있는 능력이 생긴다.

5단계 : 눈에 보이는 생활 에너지 만들기

이 단계에서는 총 얼마를 벌어들일지, 또 얼마를 쓸지 계획하고 재정적인 독립의 기준이 되어줄 예금 계좌나 투자액에서 나오는 이자 수입은 얼마를 만들지 목표를 정한다. 이 사항을 포스터 크기만한 종이에 적어서 눈에 잘 띄는 곳에 붙여놓고 매일 본다.

5단계의 목적은 당신의 재정 상태와 생태 위치의 변화를 관찰함으로써 그 흐름을 이해하도록 하는 것이다. 또한 당신의 소비 행위가 미치는 영향력에 대해 잘 알게 됨으로써 이전과는 다른 부분에서 만족감을 느끼는 피드백이 만들어지며, 때때로 이 프로그램을 계속할 수 있도록 영감과 자극을 받게 된다.

6단계는 생활 에너지를 평가하는 과정이지만 뒤에 가서 다룰 것이다. 이제 당신은 생활 에너지와 발자국을 추적하는 기념비적인 여정을 거쳐왔다. 당신의 지속성 목표에 다다를 때까지 꾸준히 노력하기 바란다.

8장

세 번째 도구

자연에서
배우기

대지를 둘러싼 환경은 끊임없이 우리에게 말을 건다. 책이나 스승을 통해서도 자연을 배우지만 그것은 단편적인 지식일 뿐 반짝이는 해변이나 고즈넉한 사막을 대신할 수는 없다. 바라건대, 집 근처에 걸어서 가거나 자전거나 버스로라도 갈 수 있는 신비로운 야생의 자연 공간이 있다면 좋을 것이다. 모르고 지나쳐서 잊혀진, 사람의 손길이 닿지 않는 변두리가 있다면 정기적으로 짬을 내어 그곳을 찾아가 자연에서 배우는 시간을 가져라. 당신의 주의를 끄는 것들에는 무엇이 있을까? 아침을 깨우는 새소리나 근처 벌판에서 자라는 식용 식물일 수도 있고, 바닷가 모래톱에 발자국을 찍어보는 일일 수도 있다. 아니면 아직은 자연에 대한 호기심을 느끼지 못해 더 고민할 시간이 필요한지도 모른다. 개인마다 배우는 방법은 천차만별이다. 호기심이 발동하는 순간이 자연으로부터의 배움을 시작하는 출발선이다.

자연과 사귀기

이 개념은 전혀 새로울 것이 없다. 자연과 함께하기를 이야기하는 많은 책과 자료들이 나와 있기 때문이다. 하지만 당신이 자연을 즐기는 사람일지라도 그 빈도를 높일 것을 제안한다. 마치 의사에게 처방받은 비타민을 복용하는 것처럼 매일 한두 시간 정도는 자연 속에서 보내자. 즐겁게 할 수 있는 운동이 될 뿐 아니라 이 복잡한 세상에서 분별력을 잃지 않고 안정을 찾을 수 있는 한 방법이며 모든 생명에 관한 애정을 지속적으로 넓혀나갈 수 있는 길이기도 하다. 야생 작물들을 먹어보고 새에 관해 알아보라. 폭풍이 다가오는 기미를 느껴보라. 이른 아침 맨 먼저 꽃봉오리가 피어나는 모습을 관찰해보라.

사실 지금까지 다뤄온 도구들도 도움이 되지만, 우리에게 영감을 주는 존재 자체는 바로 자연이다. 자연과 유리된 문화 속에서 살아왔기 때문에 자연 속에서 편안함과 친밀감을 느끼기까지는 시간과 연습이 필요하다. 하지만 '자연과 사귀기' 과정에서 체험하는 아름답고 강력한 영향력이 자신의 가치와 꿈을 좇아 살아가도록 일깨워줄 것이다.

사는 곳이 어디든 간에 자연을 이해하는 데 삶을 바치는 열정적인 사람들이 있게 마련이다. 관심 있는 분야의 전문가는 아니더라도 그들에게서 당신이 알고 싶어하는 것보다 훨씬 많은 정보를 얻을 수 있다. 그렇게 되면 당신의 호기심은 더 왕성해질 것이다. 마음 가는 대로 책을 찾아볼 수도 있고, 사람들을 만나거나 행사에 참여함으로써 호기심을 해결할 수도 있다.

실용성을 생각해서 자연을 이용한 행사를 하는 경우도 간혹 있지만, 그런 경우라도 우리는 자연의 아름다움에 이끌리게 된다. 내가 조사차 만나본 사람들 대부분은 혼자 있고 싶거나, 아니면 좋은 친구들과 함께 시간을 보낼 목적으로 자연을 찾았다. 음식을 차려놓고 함께 먹는 즐거움은 그 다음이다. 책임감 있게 이루어지기만 한다면 자연의 혜택을 좀더 가까운 데서 받으며 사는 것이 우리의 전체 환경영향력을 줄일 수 있는 방법이다. 우리를 살리기 위해 제 목숨을 내놓는 생물들의 존재를 목격하게 되기 떠문이다. 그런가 하면 실용적인 면을 생각하지 않고 자연 속에서 거닐고 명상하고, 또 들꽃을 관찰하고 배우면서 시간을 보내는 데 관심이 있는 독자도 있을 것이다. 그저 자신이 원하는 방식을 따르면 된다.

자연에 대한 두려움

스무 살 때 나는 숲속에 들어가는 것을 무서워했다. 야생 동물들이나 나보다 강한 다른 사람들을 두려워했다. 집에는 12구경 권총을 사다 놓고 찬장에다가는 총알 두 개를 늘 준비해두었다. 사냥도 하고 스스로를 방어하는 게 당연하다고 여겼던 당시, 내 집이나 캠프에 누군가가 침입해 들어오면 총으로 쏘아버리겠다는 생각을 늘 품고 살았다. 텐트에서 무기를 소지하지 않고도 불안해하지 않고 잠들 수 있기까지는 시간이 아주 오래 걸렸다. 별다른 위협을 겪지 않고 보낸 밤들이 많아지면서 결국 나는 안심을 하게 됐다. 폭력성이 난무하는 TV를 치워버린 게 도움이 되어 TV를 없앤 지 일 년 만에 권총을 팔았다. 정상인이라면 당연히 느끼는 두려움이었지만 TV나 총 없이 24년을 지내본 결과, 나는 불필요한 두려움을 느껴왔다는 사실을 깨달았다.

집 바깥 세상에 대한 뿌리 깊은 두려움을 극복하고 난 뒤 나는 총이나 텐트 하나 없는 야생에서 무수한 밤을 보내왔다. 회색 곰이나 흑곰, 퓨마, 이리, 코요테, 코끼리, 물소, 호랑이, 오소리, 사슴, 방울뱀 등 야생 동물을 보고 또 쫓아간 것이 부지기수다. 내 목숨을 빼앗을 수도 있는 동물들이지만, 아직까지 심각하게 위협을 느껴본 적은 없다.

자연 속에 있는 것이 두려운가? 사람이나 번개나 추위나 야생 동물이 두려운가? 자연보다 자동차가 더 위험하지만 그걸 알고 있다고 해도 두려움을 극복하는 데는 도움이 되지 않는다. 경험이 필요하다. 그럼 자연에서 배우는 방법 몇 가지를 소개해보겠다.

자연 속으로 들어가기

비밀 장소

워싱턴 듀발에 있는 자연 인식 학교에서는 '비밀 공간'을 정하는 프로그램으로 배움을 시작한다. '비밀 공간'의 개념은 이렇다. 자연 속에서 마음에 드는 공간을 하나 점찍어둔 다음 일년 동안 매일 그곳을 찾는다. 걸어가거나 자전거를 타고갈 만큼 가까운 곳이 제일 좋다. 매일 같은 장소에 가서 할 일이 뭐가 있을지 궁금할 것이다. 그냥 조용히 앉아 주변을 관찰한다. 눈을 감으면 후각과 청각이 민감해진다. 소리라든가 풍경, 냄새, 감촉이나 느낌 같은 내 몸의 감각에 10분만 집중해보라. 당신이 조용히 앉아 있을 때 어떤 새가 보이는지, 어제와는 달리 오늘은 어떤 동물이 지나간 흔적이 보이는지, 새로운 깃털이나 거미집을 발견할 수 있는지. 이 같은 생물들 사이의 상호 반응 중에서 당신은 어떤 부분을 알아보았는가? 이 장소에 와 있으면 어떤 느낌이 드는가? 복잡한 생각이나 계획들, 걱정거리들은 내려놓고 매 순간을 느끼고 싶어질 것이다. 일기를 쓰거나 시나 글을 짓고, 세세한 관찰 일지를 쓸 수도 있다. 사방 6미터 정도의 공간을 정해서 이곳에서 살고 있는 동식물에 대해 배워나간다.

걷기 명상

베트남의 틱낫한Thich Nhat Hanh 스님은 몸과 마음을 가라앉히는 데 걷기와 숨쉬기 명상을 함께 실행할 것을 권한다. "걷기 명상은 정처 없이 걷는 행위 자체를 즐기자는 것입니다. 우리는 평소에 걸을 때 어딘가 목적지를 정하고 걷습니다. 그러나 걷기 명상은 다릅니다. 걷기 위해서 걷는 것이지요. 한 발 한 발을 즐겁게 내딛습니다. 큰스님 링치Ling Chi께서 말씀하시기를 불타는 숯 더미 위나 공중 또는 물 위를 걷는 게 기적이 아니라 그저 땅 위를 걷는 것이 기적이라고 하셨습니다. 숨을 들이쉬어 보십시오. 살아 있다는 걸 느낄 수 있을 것입니다. 살아서 아름다운 지구의 대지 위를 걷고 있는 겁니다. 그 행위가 이미 기적입니다. 발로 땅과 입맞추는 것처럼, 발로 땅을 어루만지는 것처럼 걸어보십시오."

올빼미 걸음

천천히 걷는 이 걸음은 맨발이 가장 좋다. 머리와 눈높이를 정면으로 곧게 유지하고 주변시(상이 뚜렷하게 보이는 중심시와는 다르게 주변에 희미하게 상의 존재만 알 수 있는 것—편집자)를 가능한 한 크게 잡는다. 걸음을 옮기기 전에 무게중심을 옮겨도 되는지 확인하듯 먼저 발을 앞으로 내밀어 땅의 감촉을 느낀다. 자세는 꼿꼿하게 유지하고 무릎은 유연하게 약간 굽히며 걷는다. 그리고 한 걸음 내디딜 때마다 모든 감각을 넓게 열어놓아라. 이 같은 동작을 한꺼번에 할 수 없을 때에는 중간중간 걸음을 멈추고 양 어깨를 한 번씩 본다. 숲이 안 보이는 것처럼 걸으려고 노력하라. 나도 손전등 배터리가 다 닳아버린 밤에 숲을 나와 이렇게 집으로 걸어간 적이 많다.

전망 탐구

전망 탐구에는 많은 종류가 있는데, 주로 인적 없는 장소에서 혼자서 하는 단식 행위가 있다. 24시간에서 40일까지 지속되기도 한다. 금식을 할 필요는 없지만 금식을 한다면 완전히 색다른 경험을 하게 될 것이다. 금식, 밤샘, 꿈꾸기, 의식, 기도, 장거리 달리기나 자전거 타기, 또는 산악 등반과 같은 고된 일정 등 각각의 활동 모두가 다른 차원의 존재들에게 우리 자신을 열어보이게끔 해준다.

출발할 때나 마치고 돌아올 때에는 연장자나 가족, 친한 친구들의 안내를 받는 것이 가장 좋다. 감정이 격해질 수 있는 경험이므로 당신이 하는 일을 이해하고 지지해줄 누군가에게 미리 도움을 청해놓는 것이 좋다.

전망 탐구 기간 동안 당신의 상태를 점검해줄 친구가 있어도 좋다. 매일 메모를 한 장씩 남겨두거나 쌓아놓은 돌무더기에서 돌을 하나씩 옮겨놓는 등 약속으로 정해놓은 표시를 하면서 일정을 진행한다. 문제가 생기면 그들이 알아채고 조치를 취할 것이다. 친구들과 그룹을 지어 할 수도 있는데, 이때 개인은 각각 방향을 따로 정하고 일정 내내 침묵을 지켜야 하며 매일 인원을 점검할 중간 장소를 정한다. 또 일정을 시작하기 전과 후에 모두 함께 모여서 느낌과 정보를 공유하도록 모임을 정할 수도 있다.

자연 속에서 무엇을 할까

낮 동안 걷기

공원이나 숲을 통과하는 단순한 보통 걷기는 자연을 통해 배울 수 있는 좋은 방법이다. 거창한 계획도 필요치 않다. 살을 빼야 한다면 달리거나 걷거나 산을 오르라. 그렇게 움직이다보면 주변 경치의 커다란 윤곽이 보이고 느껴질 것이다. 태양과 수분, 언덕, 식물 군락 그리고 동물들 간의 관계가 모습을 드러낸다. 꿩이나 울새, 사슴에게 말을 걸 수도 있다. 비록 대부분의 동물들이 당신이 모습을 드러내기도 전에 도망쳐버릴지라도 말이다.

추적하기

비밀을 파헤치는 법을 배운다. 길 위에 갈색 침엽수 잎이나 꽃가루가 떨어져 있는지, 마지막으로 바람이 몹시 분 날은 언제였으며 비는 언제 그쳤는지 알아본다. 매일 같은 길을 가다보면 주변 조건이 변할 때마다 그 모습이 달라지는 양상을 관찰할 수 있을 것이다. 길에 난 발자국이 집에서 기르는 개의 것인지 코요테의 것인지, 개의 발자국이라고 생각되면 근처에 사람의 흔적이 있는지 살펴본다. 길 위의 나뭇잎이 흐트러지지 않고 고르게 덮여 있다면 애완용 개가 지나간 자리이겠고, 보폭이 일정하면 코요테의 발자국일 가능성이 크다.

겨울에 이 같은 추적 연습을 해본 사람은 여름에는 훨씬 쉽게 할 수 있다. 해변이나 습지가 더 유리하지만 연습을 거듭하면 단서를 찾기 힘든 곳에서도 추적할 수 있는 능력이 생긴다.

밤샘

야외에서 밤을 보내는 일은 묘한 감흥을 준다. 맑은 공기와 식물들이 뿜어내는 신선한 냄새를 맡을 수 있고 새나 동물들의 움직임을 감지할 수 있기에 아주 값진 체험이랄 수 있다. 꼭 야외가 아니더라도 마당에다 텐트를 치고 밤을 보내보는 것도 좋다. 주변의 인간이 아닌 생명 공동체와 당신을 연결시키는 기회가 될 것이다. 달이 뜨고 지는 걸 보기도 하고, 계절이 지나면서 달라진 철새들의 소리가 들리기도 할 것이다.

인간의 힘으로 하는 활동들

야외에서 자전거를 타고 달리다보면 지나치는 풍경들이 큰 윤곽 안에서 파악되기 시작한다. 그런가 하면 카누를 탈 때에는 가장 생산성이 높은 생태 시스템의 일부분으로 조용히 미끄러져 들어가게 될 것이다. 전미 횡단 스키 코스에 참여해보면 사람들이 거의 찾지 않는 멀고 고요한 지역에도 가볼 수 있다. 자연 속에서 시간을 보낼 때 이용할, 사람의 힘으로 움직이는 다양한 교통 수단들을 찾아보기 바란다. 자연 속에 있기 위해 자연을 찾아가는 과정에서 자연에 해를 입히지 않는 것도 현대인에게는 분명 어려운 일이다.

자연 식품과 약초 거두기

이것은 숲과 가까워지는 아주 좋은 방법이다. 숲이나 공원 심지어는 집 뜰에서도 식용 가능한 자연 식품들을 발견할 수 있다. 이것들을 구분해내려면 야생 식용 식물에 관한 책을 몇 권 구입하거나 이들에 대해 잘 아는 사람들과 함께 가보면 된다. 식물에 대한 지식은 일종의 해방감을 주기도 하는데, 내 경우에는 먹을 수 있는 식물들이 도처에 존재한다는 사실을 아는 것 자체만으로 큰 두려움이 사라졌다. 우리 문화권에서 주로 소비되는 식품들을 제외하면 먹을 것이 없다는 두려움을 안고 있었던 것이다. 어떤 식물은 그 맛에 익숙해지려면 한참 걸리기도 한다. 늘 먹고 싶은 생각이 들 만큼 맛이 있는 건 아니지만 우리의 필요를 충족시키는 데는 모자람이 없을 것이다.

연료와 섬유조직 거두기

땔감 모으는 일은 숲의 생태를 살펴볼 좋은 기회다. 나는 땔감을 얻기 위해 오랫동안 죽은 나무들을 베어왔다. 그 뒤 다른 사람들도 20년 동안 나처럼 해왔고 그 결과 이제는 나무 그멍에다 둥지를 트는 새들이 보금자리를 만들 곳이 사라졌다는 사실을 깨달았다. 그래서 죽은 나무들을 베어내는 대신 뜰과 집 남쪽 방향에서 햇빛을 가로막으며 자라던 나무들을 잘라냈다. 그렇게 함으로써 나무들을 실어나르느라 트럭을 몰지 않아도 되었고, 연료 사용량이 줄었으며, 그 자리에다 식용 작물들을 더 많이 재배할 수도 있었다.

나무의 섬유조직을 대량 거두어들여 바구니와 깔개 심지어는 옷까지 만들었다. 히말라야 삼목 껍질은 원주민들이 수백 가지의 가정용품을 만드는 데 광범위하게 쓰이는 재료다. 쐐기풀에서는 질긴 실을 뽑아내어 옷을 짓고, 부들개지로는 깔개나 밧줄을 만들며, 버드나무와 대나무 껍질로 바구니를 짠다.

남아도는 식물 활용

우리는 자연의 풍성함에 찬탄을 보내는 동시에 그것들을 서서히 거두어들여야 한다. 해조류와 나뭇잎, 잘린 푸성귀들을 모아 퇴비로 쓰거나 지면 덮개로 이용할 수 있다. 초봄에는 숲속 땅에 생명이라고는 드물던 것이 초여름쯤에는 마치 정글처럼 식물들이 빽빽하고 무성하게 자란 광경을 보았을 것이다. 이것들 중 일부는 식용으로 쓰이고 나머지는 아주 좋은 거름이 된다. 이것들을 거두어 거름으로 활용하려면 풀과 짚, 나무껍질, 마른 잎, 부엌에서 나오는 음식 쓰레기들을 흙과 함께 퇴비 더미에 묻어둔다. 내 경우에는 길을 뒤덮지 않도록 베어낸 풀과 나뭇가지 그리고 뜰을 침범해 들어오는 관목들을 베어낸 것으로 종종 충분한 퇴비 재료를 얻는다.

채소 재배

경험이 많을수록 채소 재배 성공률은 높아지지만, 사람들은 그 이상을 알려고 하지는 않는 것 같다. 자연의 힘을 사람이 제어하기는 어렵다. 자연의 힘은 채소 수확량에 영향을 미치기 때문에 사람을 겸손하게 만든다. 채소를 재배하게 되면 사람들은 바깥에서 좀더 많은 시간을 보내고, 날씨라든가 벌레들, 트질에 관심을 보이게 된다. 텃밭을 만들 때 야생 동물들의 침입을 막고 문제가 덜 생기게 하려면 울타리를 치는 게 가장 좋은 방법이라고 생각한다. 울타리를 치면 토끼나 사슴, 멧돼지들이 채소를 갉아먹을 도리가 없을 것이고, 동물을 위해서나 사람을 위해서나 좋다. 야생 동물의 침입을 그냥 두고 보는 사람이 있는가 하면 그것들을 죽여버리는 사람도 있기 때문이다. 채소밭 일부에만 울타리를 두르고 나머지는 자연 상태로 놔두면 야생 동물들의 생활을 관찰할 수도 있다.

자연 학습

분수계分水界

특정 시내나 개울, 강을 이루는 땅과 물줄기는 모두가 분수계의 일부분이다. 넓은 의미에서 본다면 산 정상의 원류에서 시작해 바다에 이르기까지 물방울이 닿는 모든 대지가 포함될 것이다. 돌이 많거나 질척거리거나 좁거나 넓은 지형에 따라 물살이 세어지기도 하고 또 굽이져 흐르기도 하는 강물은 습지대나 범람원, 호수와 같이 넓은 범위의 생물 서식지를 이루며, 이들 생물 서식지는 지속적인 변화를 겪는다. 숲에서부터 물에 섞여 휩쓸려 내려온 양분들이 바다에까지 흘러들어 수중 생물들의 먹이가 된다. 또 수중 생물이 함유한 양분은 다시 강 상류로 돌아가게 된다. 연어 같은 물고기가 물길을 헤엄쳐 올라가 알을 낳고 죽으면서 곰이나 이리 떼, 수달, 독수리 같은 동물들의 먹이가 되는 동시에 숲속 대지에 양분을 공급하기 때문이다. 우리는 모두 분수계의 범위 안에서 생존하고 있다. 하늘에서 내리는 빗방울이 어떻게 땅 위를 흐르고 또 결국 어디에 가닿는지 생각해보자.

생물들의 이름과 행동 양식 배우기

자연을 이해하고 싶다면 조류, 포유동물, 곤충, 식물, 토양에 관한 전문 서적이나 지질학을 공부해보라. 그것은 인간의 생활을 위해 생명을 헌신하는 생물들에 대해 배울 수 있는 좋은 방법이다. 새의 이름을 알아두면 울음소리들을 서로 비교할 수 있을 것이고 행동을 관찰해보면 어떤 나무에다 둥지를 트는지, 어느 계절에 이동하는지, 먹이는 무엇이고 어떻게 짝짓기를 하는지 알 수 있다. 생물들 사이에 일어나는 상호 관계의 큰 밑그림이 그려질 것이다.

생태학

생태학은 유기체와 환경과의 관계를 다루는 학문이다. 당신이 주위 환경과 어떤 상호 연관성을 맺고 있는지 아는 것도 이 학문의 분야에 속한다. 서식지가 담수 또는 해수 주변인지, 붉은날개찌르레기와 부들개지는 어떤 관련이 있는지, 태양 광선이나 위도와 고도, 토양,

기후 변화, 강우량이 식물과 동물 군락에 어떤 영향을 미치는지에 관한 학문이기도 하다. 자연과 함께 있으면 새나 고래, 나비 등이 이동하는 경로를 알 수 있다. 당신 주변에 있는 습지대에서 봄철에 가장 먼저 피는 꽃이 무엇이고, 어느 곤충이 꽃가루를 수분하는지, 어느 새가 당신의 집 주변에서 겨울을 나는지 알아보라.

당신이 보아둔 비밀 공간 36제곱미터를 공부하는 데만도 평생이 걸릴지 모른다. 그러고도 이곳 생물들의 상호 관계를 다 파악하지 못할 수도 있다. 땅과 하늘 사이에는 엄청난 수의 생물이 산다. 단순히 이름을 아는 것 외에, 그것들이 왜 거기에 서식하는지, 어떤 행동 양식을 보이는지 아는 것은 매우 광범위한 학문에 속한다. 또 알려져 있는 사실도 얼마 되지 않는다. 당신의 비밀 공간을 매일 지나치는 생물체는 어떤 것이며 그곳에 무엇을 가져다 놓고 어떤 흔적을 남기고 가는지 알아보라. 이 땅이 지난 2만 년을 통과해오면서 어떤 변화를 거쳤는지, 지난 500년 동안 이 땅의 쓰임새는 어땠는지 알아보라. 오랜 시간에 걸쳐 대지에 관한 정보를 다각적인 차원에서 모두 수집해놓은 학문이 바로 생태학이다.

자연 모방

자연 모방은 자연의 유기체와 생태 환경을 본보기로 삼아 그 메카니즘을 의도적으로 베끼는 것을 말한다. 생태계를 깊이 있게 관찰하고 연구함으로써 자동 조절 능력이 있는 특정 생태 관계를 인류의 거주 환경 내에 재연해낼 수 있다. 살아 있는 지구 0.1제곱미터 공간당 생존하는 수많은 생물들 간의 복잡한 상호 관계를 완전히 알고 이해하는 일은 인류에게는 불가능한 일일지 모른다. 그러나 인간의 거주 환경을 계획하는 데에 자연을 참고 자료로 활용함으로써 인류 생태학은 고유의 기능을 더 잘 수행할 수 있을 것이다.

자연 속에서 편해지기

자연과 더불어 몇 차례 시간을 보내보면 대지는 그대로 우리의 일부가 된다. 가끔씩 자전거에서 내려 숲속으로 걸어 들어가보면 저녁거리로 맞춤한 쐐기풀을 발견한다. 그것들이 거기서 자란다는 것을 어떻게 알았는지 설명할 수는 없지만 냄새라든가 지형, 주변에서 자라는 식물들을 단서로 그냥 발걸음이 그쪽으로 향한다. 도로에서 2킬로미터 이상 떨어진 숲속에 산 지 7년이 지나자 손님들이 오면 그들이 도착하기 5분 전쯤에 낌새를 알아차릴 수 있게 되었다. 연습도 하지 않았고, 손님을 보고 짖을 개가 있는 것도 아니며, 갈대가 흔들리거나 차 소리가 나는 것도 아닌데 말이다. 아마도 숲에서 통하는 무언의 언어가 몸과 마음에 배어든 때문일 것이다.

인류와 대지 사이의 유대는 오랜 역사를 지니고 있다. 현재의 단일 경작 농업 시대가 오기 이전에 인류는 생산성이 풍부한 환경에서 살았고 수많은 생물들과 공존했다. 서로에게 배우며 함께 진화해왔고, 종의 다양성은 균형과 번영을 보장해주었다. 사람의 육체와 영혼은 모든 생명체와 관계 맺기를 기대하며 성장했던 것이다.

콘크리트와 철, 유리에 둘러싸여 살아가는 우리는 여러 면에서 고

통을 겪고 있다. 해충과 더불어 유익한 유기 생물도 죽임으로써 불안
정한 환경 시스템을 양산하고 있는 것이다. 생명 주기가 짧아지면서
변형된 환경에서는 불청객인 돌연변이가 생겨나고 번성한다. 인류는
뚝심 있게도 살아남았지만 인체의 내·외부에서 박멸되지 않는 특정
생명체로 인해 목숨을 잃을 수도 있다. 강력해져만 가는 화학 물질 속
에서도 끄떡없이 살아남을 수 있지만, 치명적인 질병은 계속 종류가
늘어나고 있다.

우리가 이 흐름을 어떻게 바꿔야 다시 다양한 종과 더불어 살 수 있
을까. 각 가정에서부터 잔디나 포장된 보도블록을 걷어내고 자생 식
물을 심으면 된다. 소규모일지라도 자연이 있는 구역에는 새가 날아
들고 포유동물과 곤충들이 찾아오는 법이다. 이런 방법이 자연을 복
구하는 과정의 시작이 될 수 있다.

자연계와 유리된 상태에서 다른 생물들의 요구를 이해하기는 어렵
다. 욕구 제한은 자연에 필요한 것이 무엇인지 자세히 파악하고 있을
때만이 가능하다. 그밖의 다른 대안은 없다.

추마시 족인 초슬로에게 초대를 받아 몇 년 간 명맥이 끊겼던 특수
한 의식을 함께 치른 적이 있다. 겨울 밤샘 의식으로 가운데에 모닥불
을 피워놓고 춤을 추거나 노래를 부르거나 일을 하거나 침묵을 지키
면서 나흘 밤낮을 깨어 있는 것이었다. 불을 돋우는 데 사용한 막대기
는 유카(북아메리카 남부가 원산지인 용설란과의 식물—편집자) 줄기에
참가자들이 화려한 색으로 추마시 족을 상징하는 무늬를 그려넣어 미
리 만들어놓은 것이었다. 우리가 돌아가며 불을 돋우는 나흘 동안 유
카 줄기는 조금씩 타들어갔다. 불은 우리의 내면이었고, 유카 줄기는

우리의 집착과 자랑, 오만이었다. 마음의 불을 가다듬으면서 우리는 다음 한 해의 삶을 준비했다. 망상에서 벗어나 자신의 진정한 본성, 자연과 좀더 완전한 조화를 이루며 살기를 기대하며 말이다.

나는 야외에서 보낸 나흘 밤낮 동안 최선을 다해 깨어 있었다. 내 나이 서른셋이었지만 북두칠성 주변에 어떤 별들이 있는지도 몰랐다. 생전 처음으로 그때까지 북두칠성과 카시오페이아, 오리온자리의 움직임을 관찰할 수 있었다. 이 밤샘 의식을 치른 뒤로는 밤에 숲을 걸을 때 북두칠성에 의지해 내가 서 있는 길이 어디서부터 시작되는지 알아차릴 수 있었다. 낮이나 구름 낀 밤에도 길의 특정한 위치를 가늠해서 북극성의 위치를 알아낼 수 있었다. 이렇듯 내 마음속에서는 서서히 보이지 않는 나침반이 완성돼가고 있었다.

요컨대 자연에서 보내는 시간이 많을수록 자연은 내게 더 가까이 다가온다. 다른 이들과 함께 자연을 경험하는 것도 좋지만, 혼자만의 시간을 갖는 것은 특별한 체험을 하게 해준다. 애완동물이나 친구들과 함께라면 부분적이기는 하나 그들의 체취나 모습에 내 시각과 후각이 분산된다. 반면에 혼자서는 집중력이 생기면서 대지의 소리를 더 잘 들을 수 있고 나만의 미묘하고도 세밀한 감각과 본능이 직접적으로 발휘될 수 있다. 혼자만의 시간 그리고 사람들과 보내는 시간을 적절히 조화시키는 일은 당신의 환경영향력을 줄이는 과정의 기초가 되어줄 것이다.

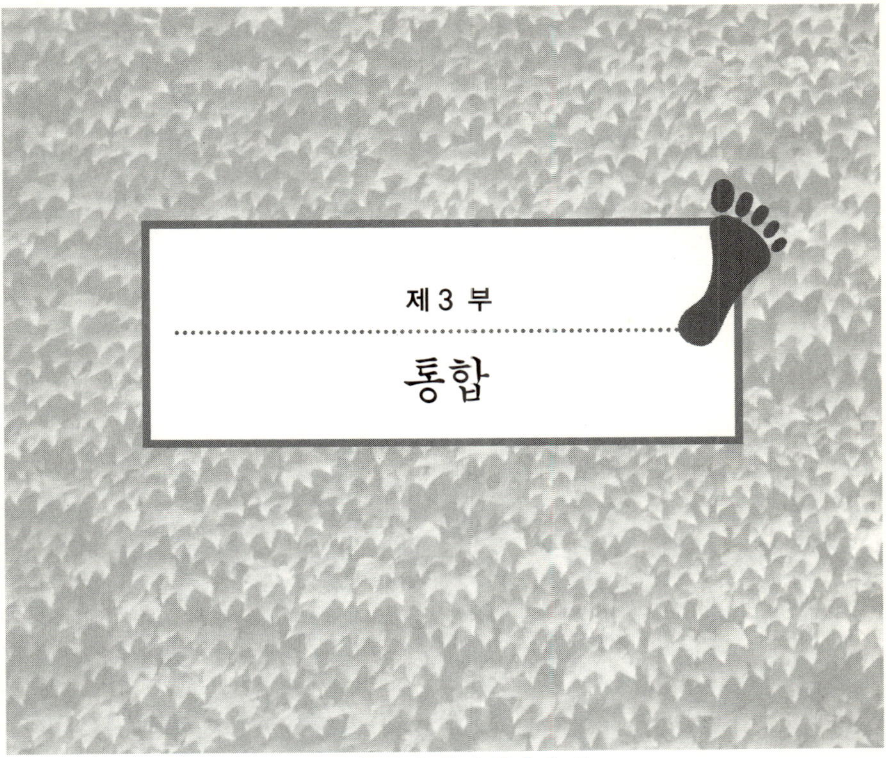

제 3 부

통합

INTEGRATION

9장
도구 적용하기

우리가 지금까지 해온 일은 생활 에너지는 좀더 여유 있게, 발자국과 돈 씀씀이는 좀더 줄이는 축소 작업의 시작이었다. 이 장에서는 삶의 방식을 설계하는 건축가가 되어 지속성 있는 노동 단계에서 정한 지속성 목표를 향해 일해야 한다. 앞에서 재어본 발자국 크기와 목표 사이에 차이가 있다면, 이 장에서 제공하는 전략과 원칙이 당신이 추구하는 만큼 그 격차를 줄이도록 도와줄 것이다.

EF, 《YMOYL》 그리고 자연에서 배우기. 이 세 가지 도구를 이용해 당신의 삶에 관해 놀랄 만큼 자세한 정보를 많이 알아낼 수 있었다. 이 정보들은 당신의 몸집 줄이기 과정에서 길잡이 역할을 할 것이다. 다음은 이 시점에서 당신이 알아야 할 사항들이다.

- 당신이 정의하는 지속성이란 무엇이고, 언제까지 성취하고자 하는가.
- 앞으로 당신은 지구의 인구가 몇 명이 되기를 원하며, 자녀 계획은

어떻게 세우고 있는가.

- 당신이 선택할 발자국 크기는 얼마인가.

- 당신이 구입한 물건들과 서비스에 대한 대가로 제공한 생활 에너지
의 양. 그 선택은 옳았는가 또는 자신의 가치에 부합했는가.

- 주위 환경과 생태에 대한 좀더 깊이 있는 지식. 이 지식을 얻으면서
좀더 편한 느낌을 가졌기를 바란다. 그 과정에서 당신은 뜰을 자연
생물의 서식지로 복구하는 기발한 방법을 생각해냈을 수도 있고, 환
경영향력이 작은 소비를 선택하기 시작했을 수도 있다.

이만하면 많은 정보가 쌓인 셈이다. 몇 달간 계획을 세우는 데 별다
른 노력을 기울이지 않고 이 도구를 이용하는 것으로도 당신의 발자
국은 줄어들 것이다. 만족감이나 가치를 어디에 둘 것인가, 틀에 박힌
생활에서 벗어나면 삶이 어떻게 바뀔 것인가와 같은 《YMOYL》에서
했던 질문들은 내면적인 가치 기준을 발달시키는 데 도움을 주었을
것이다. 지금은 자신이 광고나 사회적 압력에 어떤 식으로 반응하는
지 알아보는 데 알맞은 시기다. 이 두 가지 도전을 극복해내려면 우리
중 대부분은 다음 4단계를 공통적으로 거쳐야 한다.

1. 모르고 하는 비지속적 행위.

2. 알고도 하는 비지속적 행위.

3. 모르고 하는 지속성 있는 행위.

4. 알고 하는 지속성 있는 행위.

위의 4단계를 거치기까지 몇 년이 걸릴 수도 있고 도중에 후퇴하는 시기도 있겠지만 그건 중요하지 않다. 물질적으로 풍부한 세계에서 검소하게 살기는 쉽지 않기 때문이다. 때로는 모든 것을 포기해버리고 싶은 유혹도 느낄 것이다. 하지만 이 장에서 소개하는 몇 가지 전략들은 그 과정을 생생히 느끼며 지속하도록 해줄 것이다.

전략적 실천

개인마다 시작 동기가 다르고 각자 살아가는 방법에도 차이가 있다. 따라서 자신의 상황에 맞는 계획을 짜야 한다. 내게 성공적인 방법이 당신에게도 꼭 들어맞으리란 법은 없으니까 말이다. 먼저 자신의 삶에 대해 알아낸 정보들을 좀더 자세히 점검하여 어느 부분에서 가장 많은 양을 줄일 수 있는지, 또 자신이 변화를 열렬히 바라는 삶의 영역은 어디인지 찾아낸다.

거대 티켓 품목

발자국 크기를 측정해보면 어디에서 생활 에너지가 가장 많이 낭비되는지 보인다. 당월 분석표들을 꼼꼼히 연구해보면 지구를 최대한 이롭게 하기 위해 어디에다 나의 생활 에너지를 투자해야 하는지 알수 있다. 그런데 생활 에너지가 가장 많이 새어 나가는 품목들이 바로 거대 티켓 품목이다. 매달 표 B-11을 써서 현재 발자국 중에서 거대 티켓 품목의 목록을 만든다. '거대 티켓 품목'과 '다 익은 과일' 품목을 나타내는 표 B-11을 꼭 복사해놓고, 원본은 다음을 위해 깨끗하게 보관한다. 이 품목들에 변화를 주려면 계획을 짜야 하고, 그러려면 시간이 걸린다. 기술을 배워야 할 수도 있고, 가족들의 협조가 필요할 경우도 있다. 자신을 믿고, 적절한 시기가 왔을 때 실천 강도를 높여라. 그러나 배우자가 정도가 지나치다고 느끼거나 자녀들이 저항하는 낌새가 느껴지면 한 걸음 물러나 강도를 조절한다.

다 익은 과일 품목

표 B-11에는 '다 익은 과일' 목록도 들어 있다. 이것은 당장에 변화를 시도할 수 있거나 멀지 않은 미래에 실행할 품목들을 말한다. 여기에 해당하는 것들은 별생각없이 행하는 습관들로 생활에 전혀 도움이 되지 않는 경우가 종종 있다. 수돗물을 틀어놓은 채로 이를 닦는다거나 이런저런 이유로 전깃불을 그냥 켜두는 일 등에 대해 사람들은 특별한 이유가 있어서 그렇게 하는 것은 아니고 단지 그 점에 대해서 깊이 생각해본 적이 없을 뿐이라고들 말한다. 필요한 건 커다란 변화가 아니다. 상점에 갈 때 전에 쓰던 시장 가방을 가져가거나 헬스 클럽 회원권을 끊는 대신 조금 먼 듯하지만 조용하고 편안한 길을 따라 자전거를 타보자. 연료비나 주차비, 헬스 클럽 등록비가 모두 절약된다. 집 안에서도 창의력을 발휘해서 다 익은 과일에 해당하는 사항들을 알아내보자. 모든 가족 구성원의 요구가 고려된 해결책이라면 참신한 아이디어가 더 효과 있을 것이다.

당신의 생태 발자국이 평균적인 중산층의 것과 비슷하다고 하자.

거대 티켓 품목과 다 익은 과일 품목 목록을 6개월 동안 작성해오면서 많은 변화를 만들어냈다고 해도, 집이 필요 이상으로 크거나 직장에 출·퇴근하는 데 드는 발자국이 크다면 어떻게 하겠는가. 막다른 골목에 이른 듯한 느낌이 들 것이다. 그럴 때는 숨을 고르고 해변을 산책해보라. 그리고 당신에게 떠오른 직관력에 따르기 바란다. 현대인들은 이사를 자주 하고 또 직업을 바꾸는 빈도가 높다. 발자국 축소 작업을 계속해서 진행하라. 더 의미 있는 가치와 열정을 발견해내면 이전에는 꿈도 못 꿨지만 지금은 감당할 수 있는 새로운 기회가 보일 것이다. 지금보다 작고 덜 비싸며 난방이 용이하고 걸어갈 수 있는 거리 내에 직장이 있는 집을 구할 때까지 카풀을 하거나 대중교통을 이용하되 나머지 가족들에게도 모두 유익한 쪽으로 결정을 내려라. 가족이 함께 캠핑 여행을 떠나 긍정적인 경험을 차츰차츰 쌓아가면 가족 공동체의 삶을 즐겁게 영위하는 법을 배울 수 있다. 거대 티켓 품목들을 줄이는 방법에 관해 가족 전체가 함께 고민해보라. 열린 대화를 하고 친절과 이해심 있는 태도로 가족 간에 신뢰를 쌓고 그 과정을 딱딱하지 않게, 재미있게 느끼게 될 것이다.

한 예로, 매달 세 가지 품목에만 집중하기로 했을 때, 내가 가장 필요하다고 느끼고 또 시기가 적절하다고 판단되는 것들을 선택하도록 한다. 만일 식구들과 한 집에 살고 있다면 가족의 각 구성원이 품목을 한 가지씩 골라 책임을 지도록 할 수 있다. 에너지 사용량이나 쓰레기량, 또는 잔디밭에 뿌려야 하는 화학 비료의 양을 어떻게 줄일 수 있는지 묘안을 떠올려보거나 토론을 통해 가족들의 아이디어를 모을 수도 있다. 아이디어들은 신속하게 메모해둔다. 아무리 엉뚱하고 실천하기 어려워보이는 것일지라도 서로의 의견을 무시하지 않는다는 기본 원칙을 세워두는 것이 좋다. 그러면 묻혀 있는 창의적인 아이디어들이 흘러나오게 할 수 있다. 일단, 이 단계에서는 여러 의견들을 모으는 일 자체에만 중점을 둔다.

결국 최종적으로 한 가지 품목에 대해 책임을 지게 된 사람에게 모든 정보를 주고 발자국 축소 계획을 짤 자유를 부여해준다면, 그 사람은 이 과정을 더 즐거운 마음으로 수행할 수 있을 것이다. 그러면 당신은 지속성 목표를 실천할 좀더 세부적인 계획을 발전시킬 수 있고 그 목표를 성취할 시기를 정할 수 있다. 이 리스트를 매달 작성하여 냉장고나 가족 모두에게 잘 보이는 곳에 붙여놓는다. 중간 시기를 정해 매달 진행 과정을 점검해도 좋다.

좀더 편한 방법을 원한다면, 표 B-11을 이용해 매달 거대 티켓 품목과 다 익은 과일 품목을 적은 목록을 만들고 당월 발자국과 금액이 적힌 표 B-1~B-6, C-1~C-6을 다시 검토하여 확인한다.

그리고 나서 《YMOYL》에 나왔던 질문들을 해본 뒤 C-1~C-6에서 '+' '-'로 표시된 곳을 본다. 매달 거대 티켓과 다 익은 과일 목록을 작성한다면 축소 작업을 위해 일부러 노력하지 않아도 된다. 그 항목들을 확인하는 작업만으로도 당신이 매일 하는 선택은 달라질 것이다.

3중 바닥선 테스트

철저하게 단순한 삶에 익숙해지면서 내가 발자국 축소 과정을 시작함과 동시에 결과적으로는 돈과 시간이 절약됐다는 사실을 알 수 있을 것이다. 기술자로 일하는 동안 나는 우리 문화가 낳은 일련의 어떤 신화에 사로잡혀 있었다. 첫째, 세탁기와 컴퓨터, 잔디 깎는 기계, 자동차 같은 도구들은 시간을 절약하게 해준다. 둘째, 경제 규모가 커질수록 물건 값이 내려간다. 셋째, 환경 보호에는 돈이 많이 들어가므로 환경 친화적인 상품이나 유기농 식품은 값이 더 비싸다. 첫 번째와 두 번째에는 어느 정도 동의하지만 세 번째는 도저히 이해가 되지 않는다. 환경영향력을 줄이기 위한 제품들인데도 더 비싼 돈을 주고 사야 한다는 것이 말이 되는가. 자연을 파괴하거나 농약을 만드는 데 드는 돈이 더 많지 않은가. 그러니 농약을 치지 않은 제품은 더 싸야 하는 게 이치에 맞다. 하지만 건강에 좋은 식품을 파는 상점까지의 거리가 먼 경우에는 세 번째 이야기도 일리가 있다. 유기농 감자로 만든 과자나 당근 한 봉지가 슈퍼에서 파는 다양한 물건들보다 비쌌다. 난 세 번째 신화의 이유에 대해서는 여전히 혼란스럽고 회의적이었다.

나는 이 문제에 관한 시스템을 분석해보았고, 이 수수께끼가 회계 문제 때문이라고 해석했다. 대규모 제조 과정을 통해 생산된 물건의 가격은 경쟁이 없어질 때까지 종종 인위적으로 낮게 유지된다. 이 물품들은 거대한 자본을 통제하므로, 공공정책에까지 영향을 미쳐 생산자는 에너지나 토지, 유독물 처리장과 원료를 싼 비용으로 이용할 수 있게 된다. 이렇게 환경 규제가 없다시피 하고 임금이 싼 제조 환경에서는 종종 쓰레기와 오염 물질이 배출되고, 비효율적인 처리 과정을 거쳐 물건이 생산된다. 이러한 제조 환경을 변화시키려면 생산돼 나오는 물건 값이 올라 생태 지역적인 생산품보다 비싸져야 한다. 계산대에서 물건 값을 아낄 수 있을지는 몰라도 그 대신에 세금이 증가하고 대지는 오염된다. 동물들은 사체로 변하고 물은 썩어가며 숲은 깎여나간다. 기업들은 노동을 착취하고 광산은 파헤쳐지는 것이다. 생태 상품을 생산하는 소규모의 지역 생산자들은 정치적 영향력이 없기 때문에 에너지와 원료를 덜 쓰고 쓰레기를 적게 배출해도 세금 혜택이나 책임 면제도 받지 못할 뿐더러 원료를 싸게 구입할 수 있는 노선이 없다. 작은 사업체들은 종종 지나친 규제를 받지만 최악의 오염 물질을 배출해도 소규모로 진행된다는 점 때문에 무책임한 태도를 보인다. 그러므로 지역 토산물의 가격에 반영되는 총비용이 더 정직하다고 볼 수 있다. 세 번째 신화는 의문점으로 남겨두고 편리성과 경제 규모와 관련한 첫 번째, 두 번째 신화로 되돌아 가보자.

나는 내 삶에서 많은 종류의 '편의'를 제거했고, '규모의 경제학'을 대표하는 상점에서 물건을 적게 사려고 애써왔다. 그 결과 내가 쓰는 생활비는 줄어들었고 전보다 더 많은 자유 시간을 얻게 되었다. 내가 믿었던 세 가지 신화가 사실이라면 나는 왜 더 열심히 일하지 않았을까?

골수 기술자다운 시스템 분석력으로 최근에 일어난 내 삶의 변화를 평가해보니 단순한 방식의 삶에서 행하는 활동들이 종종 시간과 돈을 절약해주고 더 나아가 발자국 크기도 줄여준다는 사실을 알았다. 절약되고, 줄어드는 폭이 크기 때문에 나는 시간, 돈, 발자국 크기가 줄어드는 세 가지 요건을 1단계 여과 작용을 하는 테스트로 정하고, 이것을 3중 바닥선 테스트라고 부르기로 했다. 만약 어떤 특정 행위가 테스트를 통과하면 이 행위를 계속해서 실천할 가능성이 높아진다.

한 예로 교통 수단을 이 테스트에 적용시켜보자.

하루 최고 이동 거리가 왕복 32킬로미터라고 할 때, 자전거 타기는 이 테스트를 통과한다. 자전거 타기가 돈이나 발자국 크기를 줄인다는 건 알겠는데 시간을 절약할 수 있다니? 도시에서 4킬로미터 이하의 거리를 이동할 때 차나 자전거나 걸리는 시간이 같을 경우가 종종 있다. 주차하는 시간과 마지막 목적지까지 걷는 시간을 포함하면 자전거를 이용하는 편이 훨씬 시간이 절약된다. 여기에다 더 큰 인자, 즉 차를 운영하는 데 들어가는 비용을 충당하기 위해서 일터에서 보내는 시간을 계산하면 엄청난 시간을 절약하는 셈이다. 보통 사람들이 자신의 차량에 드는 돈을 벌기 위해 일하는 시간은 일주일에 하루 꼴이다. 따라서 편도 16킬로미터까지는 자전거로 통근하고 일주일에 나흘만 일한다고 해도 여전히 시간이 절약된다. 문명 비평가 이반 일리치Ivan Illich의 말에 따르면, 보통 미국인 남자 운전자는 차와 관련된 활동으로 일년에 1,600시간, 일주일로 따지면 30시간을 보낸다. 여기에는 차 관련 비용을 벌기 위해 일하는 시간, 관리하는 시간, 운전하는 시간, 차에 관한 대화를 나누는 시간 등이 포함된다. 물론 자동차 관련 광고를 보거나 차를 바꿀 때 정보를 알아보는 시간은 말할 것도 없고 사고가 났을 때 병원에서 보내야 하는 시간, 법정에 서는 시간, 차고에서 보내는 시간 등은 빠져 있다. 일리치가 이 같은 조사를 시행한 것과 같은 해에, 평균 미국 남성 운전자들은 일년에 1만 2,000킬로미터를 차를 타고 이동했다. 이 거리는 한 시간에 8킬로미터를 이동했다는 말이다. 자전거로는 한 시간당 16~32킬로미터를 이동할 수 있다. 중고 자전거를 구입하면 100달러 정도단 있으면 되고, 일년 동안 유지하는 비용은 25달러밖에 들지 않는다.

차에 드는 돈과 발자국의 크기는 어떤지 살펴보자. 《당신의 차와 이혼하세요*In Divorce Your Car*》의 저자 캐티 앨보드Katie Alvord의 말에 따르면, 차는 차량 구입비와 경찰에서 받는 서비스나 차량 등록, 비상 대책, 고속도로, 주차, 유지, 연료, 보험 등에 들어가는 세금을 포함해 평균 미국 가정의 생활비의 6분의 1 이상을 삼켜버리는 존재라고 한다. 여기에다 자동차를 사용하는 데 드는 비용을 제외하고 환경과 사회에 지불하는 공공 비용이 더해진다. 공공 비용이 쓰이는 곳은 도로 건설과 유지, 법 집행, 비상시 대책 가동, 주차 공간과 구조물 설비, 연료 생산비와 정화 시설비, 생산성 저하에 따른 연료비 폭등, 의료 시설을 비롯한 기타 사고 관련 비용, 오염, 야생 생물 희생, 스프롤 현상(급격한 도시화로 토지가 무분별하고 무계획적으로 이용되어 불규칙하고 보기 흉하게 퍼지는 현상—역자) 등이 포함된다. 이 같은 외부 비용이 차 한 대당 일년에 9,927~1만 5,053달러가 드는 것으로 집계되었다.

하루 10킬로미터를 왕복 통근하는 발자국 크기를 교통 수단별로 비교하면 아래와 같다.

- 자전거: 137m²

- 버스: 2,448m²

- 자가용(1인 승차, 대당 8km 연료 효율): 3,600m²

자전거 타기는 아직 확정적으로 밝혀진 것은 아니지만 스트레스 감소라든가 의료비 감소, 자세 교정, 건강, 높은 생산성 등의 중요한 잠재적 이점이 있다. 흥미로운 사람들을 많이 만날 수 있고 자연 경관을 구경하거나 새소리를 들으며 즐거움을 만끽할 수도 있다. 거대 티켓 품목을 제거하는 일에 착수하면서 아마도 3중 바닥선 테스트를 통과하는 대안들을 발견할 수 있을 것이다.

에너지 효율 높이기

현재 개발된, 최고 효율성을 지닌 일부 전기 제품이나 생산품, 주택은 이 테스트를 통과하겠지만 좀더 세밀히 분석해보아야 한다. 그 이유는 어떤 것은 에너지 절약은 할 수 있으나 전체적인 삶의 발자국 크기를 줄여주지는 않기 때문이다. 일부 환경 친화 상품은 지나치게 가격이 높아 그 물건을 사려면 상당한 시간 에너지를 들여야 한다. 우리의 행동도 이와 같아서 에너지 효율이 좋다는 것만 믿고 부주의하게 운전 시간을 늘리면 그 효율성의 효과는 금세 사라진다. 잘 만들어진 일부 효율적인 제품을 드물게 사용하는 편이 시간과 돈, 발자국 크기를 동시에 줄일 수 있는 방법이다.

예를 들어 에너지 효율 등급이 높은 냉장고와 전형적인 구형 냉장고를 비교해보자. 냉장고는 가정 살림살이 중 단독으로 가장 많은 에너지를 소비하는 제품이다. 냉장고의 제조 과정과 수명이 다할 때까지 배출하는 쓰레기의 발자국을 알아보고 당월 에너지 사용량을 더해 월별로 비교해보자. 10년 된 냉장고가 수명이 10년 정도 더 남았다고 치자. 무게는 90킬로그램이고 제조 과정에서 발자국 인자 ff를 표 A-5 주요 전기 제품 카테고리에서 찾으면 1,830이므로, 20년 간 쓸 수 있는 냉장고의 발자국은 아래와 같다.

$$90\text{kg} / 20\text{yr.} / 12\text{months} \times 1{,}830 = 686\text{m}^2$$

에너지 사용량에 대한 당월 발자국을 구하려면 표 A-2에서 찾은 전기 ff 27과 한 달간 사용한 전기량을 곱한다. 1개월분의 전기 사용량을 알아내기는 쉽지 않으므로, 밤이나 외출할 때 냉장고와 관련된 것 외의 모든 회로를 차단하고 전기 코드를 뽑아버린다. 그러고 나서 전기 미터기를 보아 늘어난 양과 그 변화가 일어난 기간을 시간으로 기록해둔다. 냉장고 문을 전혀 열지 않았다면 실제보다 약간 낮은 수치가 나올 것이다. 다음은 인터넷 상에서 찾은 에너지 사용 정보를 가지고 계산해본 발자국 크기이다.

- 1990년형 모델: 75kWh/month × 27 = 2,025m²

- 외짝 문. 수동 해동고: 54kWh/month × 27 = 1,458m²

- 두짝 문. 자동 서리 제거 장치: 165kWh/month × 27 = 4,455m²

- 외짝 문. 소형: 36kWh/month × 27 = 972m²

- 1973년 연료 효율 낮은 모델: 150 kWh/month × 27 = 4,050m²

- 초절전 모델: 27kWh/month × 27 = 729m²

위의 정보를 기본으로 했지만 구형 냉장고가 에너지 효율이 낮다는 것은 정해진 것이 아니다. 또 구형 수동 해동고나 소형 냉장고는 잘 관리하기만 하면 에너지 효율이 좋아질 수 있다.

냉장고의 쓰레기 발자국은 냉장고 무게를 개월수로 나타낸 수명으로 나누고 표 A-6에서 찾은 쓰레기 ff 897을 곱한다.

$$EF = 90kg / 20yr. / 12months \times 897 = 336m^2$$

따라서 20년 수명의 1990년형 냉장고의 당월 총발자국은 아래와 같다.

$$EF = 686(제조 과정) + 2,025(에너지) + 336(쓰레기) = 3,047m^2$$

다음은 외짝 문 수동 냉장고의 발자국이다.

$$EF = 686(제조 과정) + 1,458(에너지) + 336(쓰레기) = 2,480m^2$$

초절전 모델의 발자국은 아래와 같다.

$$EF = 686(제조 과정) + 729(에너지) + 336(쓰레기) = 1,751m^2$$

여기서 초절전 모델이 1990년형보다 발자국이 약 42퍼센트 정도 작다. 그러나 구형이라도 외짝 문 수동 해동고이면 발자국은 19퍼센트까지 줄일 수 있다. 냉장고 문을 열고 닫는 빈도수를 줄이고 전선을 청소해주고, 틈새를 수리하고 서늘한 곳에 놓으면 발자국 크기와 비용을 많이 줄일 수 있다.

효율성에 속지 말 것

에너지 효율이 높다고 하면 사람들은 재미있는 심리 상태를 보인다. 메인 주로 이사하자 내 부모님은 친절하게도 우리가 정착하는 걸 도우시려고 1리터당 21킬로미터의 에너지 효율이 있는 GEO를 빌려주셨다. 연비가 뛰어난 데다 언제나 사용 가능했기 때문에 나도 모르는 사이에 평소의 세 배나 되는 연료를 쓰고 말았다. 나중에 발자국 크기를 점검해보니 부모님이 쓰신 양을 제하고도 39리터를 써서 2,024제곱미터의 발자국이 나왔다. 뛰어난 에너지 효율성이 전체 이익으로 연결되기 위해서는 절약하는 태도가 필요하다. 예전에는 내 밴을 그냥 세워두는 법이 없이 줄곧 사용하곤 했는데, 그것은 차가 늘 눈에 뜨이는 곳에 있었던 이유도 있다.

길잡이가 되는 원칙들

몇 가지 길잡이 원칙이 발자국 줄이기와 지속성 목표를 달성하는 데 도움이 된다. 이 원칙들은 세부적이지 않지만 선택의 범위가 넓은데, 특히 너무나 다양한 세계에서 살아가는 우리들은 유용한 방법들을 택할 수 있다. 아래에는 실용적이고 과학적이며 유용함과 흥미를 모두 갖추었을 만한 정신 분야에서의 원칙들을 소개해 놓았다.

쓸모 있는 구식 원칙

건국 초기에 미국인들은 검소함과 책임감 그리고 미국의 근본 이념과 같은 기본적인 가치들을 존중했다. 내용이 겹치는 부분도 있지만 다시 한 번 그 기본 가치들을 살펴보자.

공유하기 : 한 사람과 공유하면 환경 영향력이 반으로 줄고, 네 사람과 공유하면 4분의 1로 준다. 점심을 나눠먹더라도 친절한 행동이나 나누어준 몫 대신 다른 걸로 보충한다면 발자국은 줄어들지 않는다. 연장이나 차량, 자전거, 주택, 난방 등을 함께 공유하면 발자국 크기를 줄일 수 있다.

관리하기 : 소유한 물건의 수명을 두 배로 늘리면 그 품목의 발자국은 절반이 되고 네 배로 늘리면 4분의 1이 된다. 당신이 소유한 물건은 자연 자원이 변형된 것이다. 자전거는 열쇠를 채워 보관하고 또 비를 맞게 하지 않는 등 정기적으로 유지 보수를 해주면 평생 사용할 수 있다.

절약하기 : 절약을 실천하는 데는 종종 자각이 필요하다. 예를 들어, 미국에서는 음식의 평균 26퍼센트가 쓰레기로 버려진다. 쓰지 않거나 취침시에는 전기, 난방 기구의 스위치를 꺼두고 자전거를 즐겨 타라. 이런 종류의 활동들을 목록으로 만들어 실천하고 물건을 적게 구입하는 빈도수를 늘린다.

협동심 : 나 자신뿐 아니라 지구나 타인에게도 유익한 것이 무엇인지 생각하라.

태도 : 긍정적이고 적극적인 태도로 임하면 상대방의 마음을 열 수 있다. 모든 생명에 마음에서 우러나는 사랑으로 발자국을 줄여나간다면 기분도 좋을 뿐 아니라 타인에게도 귀감이 된다. 내가 손해 보는 느낌이 들기 시작한다면 나의 태도를 재점검한다. 후회가 밀려들 때는 한 걸음 물러나 산책을 하면서 나의 내부에서 어떤 생각들이 떠오르는지 알아본다. 두려움이나 의심을 갖는 것은 건강한 반응이다. 하지만 그 두려움이나 후회, 의심 따위의 감정에 얽매이기 시작하면 스스로도 지치고 또 친구들도 멀어질 것이다.

퍼머컬처permaculture 원칙(영어의 permanent와 culture의 합성어. 지속 가능한 주거 환경을 만들기 위한 계획과 설계를 말한다—역자)

퍼머컬처란 빌 몰리슨Bill Mollison이 만들어낸 말로 영속적인 농업과 문화를 동시에 의미한다. 모리슨은 《퍼머컬처를 위한 안내서 *Introduction to Permaculture*》에서 '실질적으로 퍼머컬처는 동식물과 건축물, 수자원이나 에너지, 통신과 같은 경제 기반 구조에 관한 내용을 다룬다. 하지만 이러한 요소들 자체가 아니라 인간이 이런 요소들을 환경 안에 설치하는 과정에서 발생하는 상호 관계를 밝힌다'고 말하고 있다. 다음은 돈의 씀씀이와 발자국을 줄이는 데 도움이 될 만한 몇 가지 퍼머컬처 원칙이다.

집의 위치 선택 : 식품을 구하거나 직장에 출·퇴근하거나 친구나 가족을 방문하고 유흥을 즐길 때 걷기나 자전거를 활용할 수 있는 곳에다 집을 구한다. 그러면 일상생활에서 엄청난 자연의 혜택을 누릴

수 있다. 집의 위치와 관련하여 '제1의 결함 카테고리'는 이를테면 범람지나 유독 오염 물질 소각지 근처에 집을 마련하는 것과 같이 최악의 결함을 지닌 장소를 선택하는 것을 말한다. 나와 아내는 가족과 4.8킬로미터 떨어진 곳에 살기 때문에 제1의 결함 카테고리에 해당한다. 해를 거듭할수록 비행기를 타느라고 공기를 오염시키지 않기 위해선 부모님을 찾아뵈는 일을 건너뛰어야 하니, 이 경우는 현명한 선택이 아니었다. 대부분의 사람들은 다른 품목보다 주택 마련을 위해 생활 에너지를 더 소비한다. 따라서 무언가 다른 대안을 찾아보는 것이 가치 있을 것이다. 이런저런 이유 때문에 이사하기로 결정했다면, 위치 선정에서 다음과 같은 기준을 세워볼 수 있다.

- 형편에 맞는 가격인가?
- 식량 재배가 가능한가?
- 아이들에게 안전한 곳인가?
- 친구나 가족, 뜻이 통하는 이웃의 도움으로 지속적인 자극을 받을 수 있는 사회적 연락망을 형성할 수 있는 곳인가?
- 자전거를 타거나 걸어다니기에 알맞은 도로가 있는가?
- 자연을 접할 수 있는 곳인가?
- 평생 직업을 가꿔나가기에 알맞은 곳인가?
- 공기가 맑고 토질과 수질이 깨끗한가?
- 앞으로 50년 간 살고 싶은 곳인가?

마음에 드는 장소에 정착함으로써 우리는 과일이나 견과류가 열리는 나무를 재배할 수 있다. 냇가에서는 차나 쇼핑 카트를 치워버려도 될 것이며, 이웃 노인들을 위해 식료품을 대신 가져다주기도 하고, 아이들과 고리 던지기 놀이도 하며, 살다가 또 언젠가는 교육위원회 위원에라도 출마해볼 수 있지 않을까.

한 가지 요소나 행동이 다양한 역할을 한다 : 밭에다 우물 하나 파는 것을 예로 들어보자. 물을 가두는 것일 뿐이지만 야생 생물의 서식지가 되기도 하고 또 미관상으로도 보기 좋다. 민달팽이를 잡아먹는 개구리가 모여들기도 한다. 이웃을 친구로 사귀는 건 또 어떤가. 밭에서 호박이나 토마토를 넘치게 수확했을 경우 먼 데 사는 친구를 찾아가느라고 운전을 하는 대신에 담장 너머에 사는 이웃에게 건네준다면 '우리' 라는 의식을 굳건히 할 수 있을 것이다. 그들은 당신이 집을 비우거나 아플 때, 텃밭에 물을 대신 주기도 하고 닭고기 스프를 끓여갖다 줄 사람들이다. 밀가루가 딱 한 컵 모자랄 때 차를 몰고 나가 사오는 대신 이웃을 찾아가 빌릴 수도 있다. 이렇게 당신은 이웃과 도구나 차량을 공유하고 저녁을 함께 하며 이야기를 나눌 수 있다.

자연에 대항하는 대신 자연과 함께 일한다 : 식용이나 약초용 자생 식물을 심어두면 뜰이 가진 본래의 생태계를 되살릴 수 있다. 생태계가 완성되고 나면 유지에 노력을 덜 기울여도 되고 물을 줄 필요도 없다. 자생 곤충이나 동물, 새들이 찾아오기 때문이다.

위기는 곧 기회다 : 텃밭에 식물을 재배하는 일에 싫증이 났다고 치

자. 텃밭에 있는 식물들은 보통 식용이고 영양가가 풍부하다. 잡풀로 간주되는 오리나무, 토끼풀과 층층이부채꽃, 콩류는 질소가 응고되면서 열매가 뿌리에서 자라므로 뿌리에 단백질의 필수 구성 요소이자 휘발성 가스인 질소가 다량 함유되어 있는 식물들이다.

어느 해인가 민달팽이가 번성해 애를 먹은 적이 있었다. 하룻밤에 100마리 이상을 잡아 물이 담긴 양동이에 넣어 익사시킨 다음 햇볕에 놔두었다. 민달팽이가 썩어 냄새나는 그 물을 토마토 나무에 주었더니 2미터나 자라서 열매를 많이 맺었다. 처음에는 벌레들 때문에 속을 썩였지만, 그것 때문에 별이 빛나는 아름다운 밤에 밖에 나와 있을 수 있었다. 또 고맙게도 그것들은 완벽한 비료 역할을 해주었다. 차갑고 사나운 바람도 풍차가 도는 데는 그만인 법이다.

다양성이 생태계를 강하게 만든다 : 자생적인 생태나 언어, 문화의 놀라운 다양성은 이러한 요소들이 왕성하게 발전하는 데 중요한 역할을 한다. 애리조나 주 원주민 디네 족 사람들과 한증막에 함께 들어갔을 때 그들은 땀을 내는 여러 가지 방식이 다 효과가 있다고 말했다. 거기서 문화의 다양성을 존중하는 그들의 태도가 엿보였다. 공평하게 사는 방법에도 다양한 방식이 있음은 물론이다. 밭 하나를 예로 들어 보자. 한 가지 작물이나 생산품에 생계 전체를 의존한다고 할 때, 가뭄이 들거나 병충해가 퍼지거나 잡초가 작물을 망쳐놓는다면 어떻게 손을 쓰겠는가. 다양성은 장기간 동안의 안정성을 보장해준다. 인간의 손길이 닿지 않은 숲속 생태계에서는 해충과 질병이 자연스레 생겼다가 사라지고는 한다. 병충해가 퍼진다고 해도 특정 생물 집단이나 종에만 영향을 끼칠 뿐 전체 숲을 망쳐버리지는 않는다. 그냥 내버려두면 결국에는 좀더 활발한 개체가 강해질 것이다.

다중 재배 : 숲속에서는 숲의 생태계를 모방한 영구 경작 시스템이 작동한다. 다년생으로 땅 밑에 알뿌리가 있고 땅 위에 먹을 수 있는 식물이 자라는 식용 뿌리식물들이 여기에 포함된다. 땅 가까이에는 작은 열매들, 더 위쪽으로는 과일과 견과류가 열린다. 이 같은 형태의 숲에서는 세 가지 차원의 공간 활용으로 단일 경작 작물에 비해 여러 가지 식품을 더 많이 수확할 수 있다. 뿐만 아니라 다른 생물을 위한 더 많은 서식지와 식량도 제공한다.

정신 분야의 원칙

위에 소개된 원칙들과 함께 정신적 측면의 원칙들을 지킨다면, 우리는 지속 가능성 목표를 향해 더 나아갈 수 있다. 다양한 전통 속에서 발견되는 보편적인 기본 원칙들을 말하자면 다음과 같다.

친절 : 모든 생물에게 친절하기란, 우리가 일상의 매순간에 실천할 수 있는 일이다. 이 말은 주어진 상황에서 해를 적게 끼치고 가능한 한 좋은 일을 많이 하자는 것이다.

동정심 : 다른 생명체의 입장이 되어보면 살아남기 위한 그들의 노력을 이해할 수 있다. '동정심'이란 단어의 어원은 '함께 아파하다'이다. 자발적으로 철저하게 단순한 삶을 실천함으로써 우리는 세계

각지에서 저임금으로 살아가는 사람들의 처지를 더 잘 이해할 수 있다. 좀더 나아가 모든 생명과 지구 전체 그리고 바로 자신에게까지 동정심을 확장시킨다.

사랑 : 어머니가 자식에게 갖는 깊은 관심과 자식의 어머니에 대한 애정은 무조건적인 사랑의 한 예이다. 우리 모두는 사랑으로 세상에 태어나지만, 어머니의 젖과 따뜻하고 안전한 품을 벗어나게 되면 대지가 어머니 대신 그 역할을 떠맡아 우리 대부분의 필요를 충족시켜 준다. 이 같은 깊은 애정은 모든 생명체에게 확장될 수 있다.

책임감 : 타인을 사랑하고 지구를 사랑한다면, 자연적으로 그들의 안녕에 미치는 우리의 영향력에 책임지기를 원할 것이다. 세계경제 내에서 우리의 아주 사소한 행위가 가져오는 결과에 대해 진정한 책임 의식을 발휘하라는 것은 힘든 요구이다. 하지만 우리가 선택한 결과가 그대로 드러나는 생태 지역적인 삶의 방식으로 전환한다면, 모든 생명에 대한 애정이 더 커질 것이고 기꺼이 책임지려는 태도로 임하게 될 것이다.

한계 : 스스로 부과한 한계와 제약은 정신을 따라가는 삶의 일부분이다. 결코 해를 끼치지 않는 긍정적이고 우익한 행위들에 우리 힘을 집중시킴으로써 점차 이 한계를 사랑할 수 있다.

경이로움 : 평범하게 보이는 것들에서조차 놀랍고, 감탄할 만한 점

을 찾을 수 있게 되면 지구에서 살아가는 우리의 짧은 인생에 감사하는 마음을 갖게 된다. 숨을 쉬는 것 자체가 기적인 것이다.

사랑이나 친절, 공평함, 경이로움에 자연스레 끌리는 것은 어쩌면 인간의 본성일 것이다. 그렇게 느끼고 또 실현하려고 노력한다면 삶을 단순하게 만드는 일은 더 간단해질 것이다.

9장에서 소개한 전략과 원칙들은 우리가 삶에서 맞닥뜨리는 잠재적인 변화들을 견뎌나갈 수 있게 도움을 준다. 전체를 위한 삶을 충분히 오랜 기간 실천할 수 있는 사람이라면, 굳이 의식적으로 노력하지 않아도 자연과의 조화를 경험하는 단계에 도달할 수 있을 것이다. 자신만의 가치와 원칙을 좇아 살아가는 것은 그 자체로 흐뭇한 경험이다. 그 과정 전체에 걸쳐 피드백을 제공해줄 도구들도 존재한다. 어떤 사람은 돈을 절약하고, 또 어떤 사람은 자연을 절약하며 시간적 여유를 얻기도 한다. 또 누구는 세계 평화를 이루기 위한 환경을 창조한다. 자신의 내면을 자극하는 것들에 시선을 돌리고, 실험하고 계산하며, 자신의 직관을 좇아 행동하는 것을 두려워하지 말기 바란다. 그러면 얼마 안 가 놀라운 경험을 하게 될 것이다.

10장 와이즈에이커 도전

가고 싶지 않은 길을 가는 건 결코 즐겁지 않은 일이다. 그런 길은 선택도 쉽지 않다. 이와는 반대로 자신이 원하는 일은 하기도 쉽고 좋아하려 애쓰지 않아도 된다.

— 돈 후안*Don Juan*

이 책을 통해 전달하고자 하는 요점 중 하나는 극히 작은 발자국만으로도 살 수 있다는 것이다. 하지만 이 사실 자체는 그다지 매력이 없다. 소파에 편히 앉아 마카로니나 치즈를 실컷 먹으며 살다가 죽는 것이 왜 나쁜가. 그러나 극히 작은 발자국으로도 양질의 삶을 누릴 수 있다는 것은 귀가 솔깃해질 얘기다. 그렇게 살기 위하여 최소에서 최고를 얻어내는 데 전문가가 될 수 있는 방법이 와이즈에이커 도전이다.

와이즈에이커란 많은 사람들이 자기를 어리석은 이상주의자라고 비난하고, 자신의 행동이 무익하다고 혹평하여도 자신만의 기준대로 살고자 하는 사람을 말한다. 와이즈에이커는 자신이 옳다고 증명하거나 다른 사람들을 무시하기 위해서 철저하게 단순한 삶의 방식을 선택한 것이 아니다. 미국에서 그런 식으로 산다는 것이 얼마나 어려운지 알기 때문이다. 그는 자기 삶의 방식에 만족해하며 자신을 위해 일한다. '와이즈에이커'의 '와이즈wise'는 옳다고 생각되는 내적 판단에 주의를 기울이는 것이고, '에이커acre'는 자신이 차지할 한정된 공간을 알고 있다는 의미다. 그러면 유한한 지구 공간에서 얼마만큼이 그의 몫으로 적당할까?

와이즈에이커는 매일 딜레마에 빠진다. 보통 미국인들처럼 소비하면 자신이 속한 문화의 혜택을 더 누릴 수 있을 것이고, 자신만의 원칙에 따라 소비한다면 별종이라는 소리를 들을 것이기 때문이다. 하지만 이제는 지구 전체를 위해 희생을 감수할 마음의 준비가 됐으니 이상한 사람 취급을 당해도 신경 쓰지 않는다.

와이즈에이커 도전을 받아들일 경우 한 사람은 어느 만큼을 소비해야 하는 것일까? 이 질문에는 도덕성이 발휘되어야 하는 선택이라는 뉘앙스가 풍긴다. 그리고 그 선택은 나의 몫이다. 지속성 있는 노동 단계에서는 자신만의 지속성 목표를 정하게끔 몇 가지 질문이 제시됐고, 잘 알려진 두 가지 데이터를 고려해보았다. 하나는 지구에서 생산 가능한 지역 면적이 114조 1,254억 제곱미터(282억 에이커)라는 것이고, 나머지 하나는 인구가 60억을 약간 초과한다는 점이다. 그러므로 땅 면적을 인구로 나누면 개인 소행성, 즉 한 사람에게 동등하게 허용되는 생태 가능 지역은 1만 9,021제곱미터(4.7에이커)이다. 그러나 인류가 지구 전체의 생산 가능 공간을 모두 소비하고 있는 현실에서 과연 얼마나 사용할 것인가에 대해서는 의견이 분분하다. 생태근본주의 자들은 10퍼센트를 초과하면 안 된다고 주장하고, 경제 성장과 과학 기술의 구원 능력을 신봉하는 사람들은 모두 사용해야 한다고 할 것 이다. 이렇게 서로 다른 의견들이 존재한다는 것은 세계를 보는 시각 의 차이를 반영한다.

그러면 당신의 생각은 어떠한가. 1만 9,021제곱미터 중에서 자신 을 위해서는 얼마를, 또 다른 생물을 위해서는 얼마를 쓰겠는가. 지속 가능한 노동 단계에서 당신은 환경 파괴를 어느 정도 감당할 것인지 생각하는 대신 진정으로 이루고 싶은 지속 가능한 미래를 그리라는 주문을 받았고, 그 밑그림이 바로 당신의 지속성 목표가 되었다. 거기 에 도달하는 과정이 바로 이 와이즈에이커 도전이다.

이 책에서는 지구의 한계성을 자각하고 자신의 가치에 따라 사는 것이 가능함을 입증하고 있다. 다른 사람들이 그렇게 할 수 있다면 우 리도 할 수 있다.

인식과 태도 그리고 행동 면에서 대담한 변화가 요구되긴 하지만 이 같은 삶을 실천하기 위한 기술과 실용적인 정보는 오래전부터 알 려져왔다. 그러니 정작 어려운 점은 왜 굳이 그런 방식으로 살아야 하 는가 하는 이유를 아는 것과 자신에게 동기를 부여하는 일일 것이다. 그 이유와 방법에 대해서는 사례와 도구들을 제공하면서 지금까지 포 괄적으로 다루어왔다. 이 장에서는 도전을 좀더 알기 쉽게 풀이하겠 지만, 이 같은 삶의 방식에 의욕적으로 임하는 것은 전적으로 개인에 게 달린 일이다.

4,047제곱미터(1에이커) 와이즈에이커에 사는 사람들

'리디파이닝 프로그래스'에서는 인도의 평균 1인당 생태 발자국을 8,094제곱미터(2에이커)로 계산했다. 개발 전문가들은 거리상으로 멀리 떨어진 시골이나 부락에서는 발자국 크기가 평균보다 작다고 말하면서 이들을 소외 계층으로 분류한다. 세계 은행에서 내놓은 2000년 CD 자료를 보면, 인도의 연간 일인당 GNP가 평균 440달러이고 상위 20퍼센트는 1,005달러, 하위 20퍼센트는 176달러였다. 8장에서 보았듯이 수입과 발자국은 밀접한 관계에 있다. 연간 440달러의 수입을 올리는 보통 시민의 발자국이 8,094제곱미터라면 176달러를 버는 하위 20퍼센트는 약 3,238제곱미터(176 / 440 × 8,094)일 것이고, 이것은 인도의 10억 인구 중 대략 2억 명이 4,047제곱미터도 채 못 되는 공간에서 살고 있다는 말이다.

나는 열대 기후인 인도 남부와 냉대 기후인 북부 히말라야 지역의 시골 마을과 부족 마을에 초대받아 밤을 보내고, 식사를 함께 하고, 차도 마셔보았다. 이들은 몸에 좋은 음식과 보금자리를 갖고 있고 품위 있는 자신감을 보였다. 단순히 발자국을 재는 것 외에 문화와 공동체를 고려하여 그들이 영위하는 삶의 질을 재기는 더 어려운 일이다. 이곳은 여전히 대부분 대가족을 이루었고, 젊은이들은 가정 살림을 꾸리는 데는 직접 참여하지 않았지만 마을 생활이나 연장자 집단과 유리되어 있지 않았다. 경찰도 없고 위험을 느낄 만한 요소도 없었다. 사람들은 스트레스에 찌든 얼굴을 하고 있지 않았으며, 방문자가 있으면 설사 예정에 없던 사람이라도 시간을 내어 함께했다. 재미있는 일도 많았고, 주변에서 웃음 소리도 자주 들려왔다. 사람들이 하는 노동은 건전해 보였고, 모두 가족의 필요를 채워주기 위한 노동이었다. 바깥 세계에서 가해지는 압력의 징후는 뚜렷했으나 그들의 생활 기반은 여전히 견고했다.

부족 공동체 지역과 잔스카 북쪽 고지대의 생태 환경은 상대적으로 잘 보존돼 있었다. 비만으로 보이는 사람은 극히 드물었고, 대부분은 노동을 통해 충분한 양의 운동을 하고 있었다. 부족 마을에는 자동차가 없었기 때문에 자동차로 인한 각종 위험이나 오염 문제가 없었다. 비행기 소리 같은 방해가 될 만한 기계 소음도 거의 들리지 않는 그곳은 대체로 평화롭고 조화롭게 여겨졌다.

가난 체험

내가 본 것들을 지나치게 낭만적으로 표현한다고 말할지도 모르겠다. 그러나 자전거나 버스를 타거나 걸어서 인도를 돌아다니면서 나는 가난을 보았고, 몸으로 경험한 그것을 이야기하고자 한다. 내가 본 상황들은 슬프고도 비참했다. 뭄바이 거리에는 판잣집이 즐비하고, 거리의 상인들은 음식 냄비를 하수구 물로 씻었다. 냇가는 사람들의 화장실로 쓰이고, 나병에 걸린 거지들은 손가락이 다 떨어져나간 손을 벌리며 구걸을 했다. 카스트 상류 계급으로 흰 사리를 두른 뚱뚱한 두 여인이 팔에 아기를 안고 음식을 구걸하는 여자들을 지나쳐 그대로 버스에 오르려다 그 살집 오른 몸이 입구에 껴버리는 모습도 보았다.

히말라야 기슭과 히마찰프라데시Himachal Pradesh(인도 최북단에 있는 주로 인도에서 가장 도시화가 덜 된 곳이다—편집자) 지역 아이들은 눈 위에서 뛰어놀았는데, 신발은 구멍투성이에 양말도 안 신은 발에서는 피부가 헐어 진물이 흘러나왔다. 그런데도 쾌활하고 행복한 얼굴이었으며 호기심도 많은 귀여운 아이들이었다. 부부당 4~6명의 자녀가 있었으므로, 내가 보기엔 분명히 가난한 마을이었다. 하지만 내가 눈 덮인 길을 혼자 4킬로미터나 걸어서 식량도 거의 떨어진 채로 마을에 도착했을 때는, 젖어서 추위에 떠는 나 같은 손님을 위해 헛간 짚을 모조리 가져다가 불을 지펴주기도 했다. 마을 사람 30여 명이 내가 있는 방 안에 들어와 더 이상 먹을 수 없을 때까지 음식을 주었다. 함께 웃기도 하고 뭔가 의사소통을 하려 애쓰며 자정까지 함께 머물러주었다. 내가 돈을 주려 하자 사양했다. 영어를 조금 할 줄 아는 마을 지도자에게 이 마을에 관한 일을 물어보았는데, 그가 가장 심각하게 생각하는 두 가지는 인구 과잉과 차 플랜테이션 문제였다.

인도에서 경험한 가슴 아픈 빈곤과 성공적인 단순한 삶의 방식은 여행을 마친 뒤에도 계속 나를 따라다녔다. 세계 부유층만을 겨냥해서 해결책을 찾으려던 생각은 깡그리 사라졌다. 이런 해결책으로는 미래 인구의 절반이 가난을 겪을 것이기 때문이었다. 또 인류가 앞으로도 계속해서 자연을 지배할 것이라는 가정하에 해결책을 찾으려는 생각도 없어졌다.

가난의 원인을 한 가지에서만 찾을 수 없다는 것을 알기에, 여기서 내가 제시하려는 가난 해결책은 지나치게 단순한 것인지도 모르겠다. 하지만 케랄라와 잔스카에서 본 성공적인 와이즈에이커는 지금보다 훨씬 적게 가지고도 잘 살 수 있다는 점을 증명해준다. 그들과 똑같은 모습으로 살자는 것이 아니다. 다만 우리가 하려는 실험처럼 현대 문명 속에서 가능한 와이즈에이커 라이프스타일에 대해 심도 있는 연구를 촉진시키자는 것이다.

와이즈에이커 시나리오

1만 2,141제곱미터(3에이커)에서 살아본 나의 경험을 비롯해 4,047(1에이커)제곱미터와 2만 4,282(6에이커)제곱미터의 삶은 그 내용이 어떻게 차이가 나는지 살펴보자. 먼저 품목별 식품부터 시작해 소비를 대폭적으로 줄일 수 있는 아이디어를 논해보자. 나와 내 아내는 이 아이디어의 대부분을 실험해보았거나 활용하고 있다. 언제나 쉬웠다고는 말할 수 없으나 이런저런 도전을 해보면서 삶의 활력을 더욱 느낄 수 있었다. 아이디어 한 가지를 소개할 때마다 가능한 실천 방법이 무엇일까를 생각했다. 또 자신만의 계획을 세울 수 있도록 예를 하나씩 들어두었다.

4,047제곱미터, 1만 2,141제곱미터, 2만 4,282제곱미터 이 세 가지 발자국 목표에 맞춰 여섯 가지 카테고리에 가상적인 발자국 크기를 할당해보자.

1만 2,141제곱미터를 기준으로 한 삶의 방식은 GLP 여름학교에 참가한 다섯 팀과 GLP 도전 팀이 실행해보았다. 연구원들의 보고에 따르면 평균적으로 가정에서보다 GLP에서 높은 삶의 질을 경험했다고 한다. 1만 2,141제곱미터의 발자국을 유지하는 것은 나나 아내에게는 일년 내내 당연한 일이 되었다. 새로운 장소로 옮겨갈 때는 1만 2,141 제곱미터보다 높아졌다가 정착하고 나면 이보다 더 낮아졌다.

앞에서 추적해보았던 음식, 고정 자산, 교통 등 각 카테고리에 해당하는 표가 나와 있을 것이다. 표 A-1~A-6까지의 발자국 계산기에 나왔던 대다수의 품목별 한 달 사용량이 산출되는데 이 양은 위 세 가지 발자국 시나리오별로 당신이 소비할 수 있는 양을 나타낸다. 물질을 구입하려면 얼마만큼의 노동을 해야 하는지 이 표들을 보면서 삶의 방식을 계획할 수 있다. 이제부터는 세부적인 계산에 들어가보자.

세부 정보를 알아내려고 고생한 데에는 보답이 따른다. 이 세 가지 예를 다루면서 EF 계산은 능숙해질 것이다. 그러나 더 중요한 것은 이 과정에 맛을 들일 수 있게 되면서부터는 자신만의 지속성 목표의 고지가 눈앞에 보이기 시작한다는 점이다. 당신의 와이즈에이커를 어떻게 분배할 것인지 몇 가지 시나리오를 짜볼 것을 권한다. 먼저 가장 핵심적인 사항들만 간추려놓은, 즉 내가 아주 급박한 상황에 처해 있을 때도 실천할 수 있을 만한 시나리오, 그 다음에는 현실적으로 내가 실천할 수 있는 시나리오, 마지막으로 내게 발생할 최악의 상황을 고려한 시나리오를 짜본다. 두 번째 시나리오는 내게 도전이 될 만하며 실천하는 데 어느 정도 시간이 걸릴 것이고, 세 번째 경우는 이를테면 내가 중병에 걸린다면 어떻게 될까, 하는 식으로 살아가는 동안 일어날 수도 있는 사건들을 미리 생각해보는 시나리오가 될 것이다. 표 D-1~D-6을 참고하여 아래에 나와 있는 여섯 가지 주요 카테고리들을 살펴보자.

식품 와이즈에이커

표 D-1은 1,619제곱미터(0.4에이커), 4,856제곱미터(1.2에이커), 6,475제곱미터(1.6에이커)의 식품 발자국을 기준으로 한 매월 식품 소비량의 세 가지 보기이다. 각각의 식품 발자국을 포함하는 전체 발자국은 4,047제곱미터, 1만 2,141제곱미터, 2만 4,282제곱미터이다. 보통 사람은 하루 0.9에서 1.3킬로그램의 음식이면 적당한데, 한 달 양으로 따지면 27~39킬로그램이다.

먼저 식품 발자국 1,619제곱미터를 만들기 위해 화석 연료 사용은 배제했고 4,856제곱미터, 6,475제곱미터 시나리오에서는 내재 에너지(원료나 생산품을 만드는 데 쓰이는 에너지—역자)가 표준치의 4분의 1이라고 가정한다. 이 말은 그 품목이 제철에 유기농 재배한 지방 토산물이란 뜻이다.

1,619제곱미터 시나리오를 활용하는 임의의 사람은 평균 토질의 205제곱미터의 땅에서 한 달에 27킬로그램의 채소와 감자, 과일을 수확한다. 이 정도 양이면 하루 1킬로그램 정도를 소비할 수 있다. 여기에 곁들여 먹을 기호 식품이 약간 첨가된다. 이만큼의 채소와 약간의 곡물, 콩류, 달걀이 있다면 이 사람에게 필요한 에너지와 영양소가 충족될 것이다. 다른 카테고리에서 식품 발자국을 좀 덜어내고 닭고기를 조금 먹을 수도 있다. 패스트푸드나 슈퍼마켓에서 파는 포장 냉동 식품이나 학교나 요양원에서 제공하는 급식보다 이 사람의 식단이 영양학적으로 균형 잡혀 있다는 건 분명한 사실이다.

4,856제곱미터의 발자국에는 위보다는 좀더 복잡한 가공 과정을 거친 식품과 빵류, 충분한 양의 마가린 등의 음식이 포함된다. 밀가루

와 시리얼, 곡류, 콩류 등의 소비량이 대단한 증가를 보이고 채소의 절반은 자가 재배한 것, 반은 토산물이다. 하루 평균 식품 소비량은 여전히 1킬로그램 정도지만 단백질을 보충할 식품의 양이 증가했다. 마가린이나 주스 등 식품 비용으로 매달 14달러 정도가 더 든다.

6,475제곱미터의 경우에는 위의 식품군 외에 유제품이나 와인, 맥주같이 좀더 구색을 맞춘 기호 식품이 소량 첨가된다. 자가 재배 식품 비율이 조금 줄긴 하지만 구입 식품은 소량으로 엄격히 제한한다.

이 세 가지 보기를 다시 한 번 검토해보면서 자신의 지속 가능성 목표 내에서 어떻게 식품 메뉴를 구성할 것인지 생각한다.

식품 발자국을 줄이려는 목표 아래 우리는 식품을 모두 자가 재배로 해결하려고 하는 대신에 때때로 달걀이나 버터, 육류 섭취를 제외하고 유기농 재배한 것이면서 지역 토산물이고 가공 과정을 거치지 않은 제철 채소만을 소비하도록 했다. 전체 발자국을 1만 2,141제곱미터로 유지하기 위해서 식품의 양이나 질을 무시했다는 것이 아니라 단지 발자국이 작은 식품군을 선택한 것이다. 이제 전체 발자국 4,047제곱미터를 목표로 정하면서부터는 좀더 많은 야채를 재배하고 있다.

운 좋게도 우리 부부는 최근에 버몬트의 이스트 코린트에 있는 한 농가의 평생 관리인 자리를 제의받았고, 이를 수락했다. 이곳은 가이 워터맨과 로라 워터맨이라는 농장주가 27년 동안 식량 걱정 없이 살아온 곳으로 아주 생산성이 높았다. 가이가 죽은 후 단풍나무 숲과 밭, 과수원, 야생 과실수 덤불을 포함한 그의 집과 재산은 '굿 라이프 센터Good Life Center'에 기증됐다. 굿 라이프 센터는 메인 주 하버사이드에 있는 헬렌, 스콧 니어링 부부의 농가를 보존하자는 취지에서 만

들어진 단체이다. 로라와 가이는 말 그대로 물지게를 지고 장작을 패는 육체 노동을 하면서도 등산을 하고 글을 쓰며 음악을 만드는 데 헌신했다. 전화도 없고 전기도 들어오지 않는 이 농장은 손으로 지은 것이며 차량을 몰고 들어가는 게 금지돼 있다. 우리는 우리 목표가 전에 없이 흥미로워지고 또 가능해진 것처럼 느꼈다. 특히 2.4킬로미터 떨어진 곳에 사는 로라의 도움을 받을 수 있기 때문에 더 그러했다. 로라는 이미 우리가 밭을 만들 계획을 세우는 걸 도와주었는데 지하 창고를 꽉 채울 수 있을 만큼 채소를 수확할 수 있는 크기의 밭이었다. 이 계획이 실행되면 버몬트에 있는 우리의 밭에서 첫 번째로 수확을 하게 되는 셈이다.

이곳에 정착을 하게 됐으니 우리는 일주일에 한 번씩 자전거를 타고 나가 스프나 샐러드, 프렌치 프라이드, 머핀 등으로 외식을 하고 또 가끔씩 아침으로 특별식을 들거나 맥주를 마시고 라이브 음악을 듣는 것을 지속적으로 하려고 노력할 것이다. 외식을 즐기는 가장 큰 이유는 이웃들을 만날 수 있어서이지만, 세 끼를 다 외식을 하는 경우는 드물 것이다.

식품 생산에 들어가는 화석 연료 줄이기

식품 재배나 생산 과정에서 화석 연료를 아예 배제시켜버리는 것은 그리 어려운 일이 아니다. 물론 채소밭에서 손수 재배하는 방법이 있다. 모종을 사지 않고 씨를 통해 직접 싹을 틔울 수도 있다. 직접 재배한 채소는 맛이 있을 뿐 아니라 영양소도 풍부하며 재배법도 쉽다. 채소의 씨앗이 차지하는 부피보다 모종의 부피가 훨씬 크기 때문에 수

송 발자국을 따질 때는 모종의 발자국이 훨씬 크다. 화석 연료 사용을 완전히 없애려면 씨를 직접 발아시킨다. 렌즈콩과 녹두, 병아리콩, 해바라기, 알팔파(토끼풀처럼 생긴 콩과 식물—편집자), 호로파(콩과에 속하는 가느다란 1년생 풀—편집자), 무, 껍질콩 등은 싹 자체로도 먹을 수 있다. 주둥이가 넓은 항아리에 사각형의 그물체를 덮어 키울 수도 있다. 밤에는 축축하게 젖어 있어야 하며 하루에 두 번 물을 준다. 이렇게 하면 아주 적은 돈으로 일년 내내 싱싱한 채소를 공급받을 수 있고, 적당한 길이로 자랐을 때 요리하면 냉장고에 보관할 필요도 없다. 이 밖에 거주 지역에 있는 유기농 재배지를 찾아보거나 CSA(공동체 유기농업—역자)나, 생산자와 구매자가 기민하게 연결되어 제철 채소를 구입하는 단체에 참여하는 방법도 있다.

지하 창고 / 건조 창고

지하 창고는 나의 일곱 가지 지속 가능한 행동을 아주 효과적으로 수행하게 해준다. 쥐나 토끼 같은 동물이 못 들어오게끔 단순히 땅에 구멍을 파놓았을 뿐인 이곳은 겨울에 먹을 채소를 저장하는 데 알맞은 온도여서 엄청난 시간과 발자국, 돈을 절약할 수 있다. 7년 전에 지하 창고를 하나 만들고 나서는 냉장고가 필요 없었다. 지하 창고는 습도가 높고 시원한 온도를 계속 유지하고 있어 온갖 종류의 채소와 과일을 저장해놓기 안성맞춤이다.

지하 창고는 내가 아는 유일하게 돈이 적게 드는 저장 방법으로, 과일과 채소를 대량으로 구매해 저장할 수 있을 뿐더러 튼튼하기도 하다. 대량 구매를 할 수 있다는 점이 많은 부분에서 큰 절약 효과를 가져올 수 있는 핵심이다. 추수기 때는 7개월분의 채소를 겨울 채소 판매 가격의 절반에서 3분의 1 정도로 살 수 있다. 제철이 지난 유기농 제품은 비싸고 거리가 먼 지역에서 운송돼오는 경우가 종종 있기 때문이다. 지하 창고가 제 역할을 한다면 식료품 가게의 물건과 비교할 때 양질의 채소를 먹을 수 있다. 지하 창고는 조용하고 프레온 가스를 사용하지 않으며, 집 안의 공간을 차지하지 않고 또 청소를 자주 하지 않아도 될 뿐더러 정전이 되어도 걱정이 없다.

자신의 식단에 따라 냉장고가 필요하다면 에너지 효율이 좋은 소형 냉장고면 충분할 것이다. 소형 냉장고는 철마다 시원한 곳을 찾아 옮겨놓기가 편하고 에너지가 절약된다. 유제품의 경우는 여름에 지하 창고가 충분히 시원하지 않기 때문에 이틀 이상은 보관할 수 없을 것이다. 여름 내내 밭에서 채소를 거둬먹고, 대체로 채식만을 즐긴다면 지하 창고만으로도 어려움없이 여름을 날 수 있다.

호박이나 양파, 마늘 같은 다른 식품군은 시원하고 물기가 없으며 얼 걱정이 없는 건조 창고에 저장한다. 우리는 시간적 여유가 있을 때 재배 수확을 하고 나머지는 지역 산물을 구매한다.

건조 보관

지하 창고 보완용으로 쐐기풀이나 케일, 차나무, 해초, 사과, 과일 말린 것 그리고 사슴 고기 육포 등을 통풍이 잘 되는 곳에 보관해둘 수 있다. 우리는 오두막 안의 따뜻하고 바람이 잘 드는 장소에다 천장 가까이에 커다란 사각 틀이 있는 체를 고정시켜놓고 거기에다 말렸다. 살구라든가 자두, 육포같이 물기가 좀 많이 함유된 식품들은 꼬챙

이에 꿰어 화덕 위쪽에다 걸어두었다. 습기가 많은 지방에 살고 있다면 좀더 좋은 장치가 있어야 할 것이다. 시간이 날 때마다 사과나 배, 나무 열매, 토마토 등의 과일도 이렇게 해둘 수 있다. 우리가 필독서로 읽은 책은 《식품 저장법*Stocking Up*》이었다.

대량 구입

유기농 곡물, 채소 싹, 콩류 들은 11~22킬로그램들이 포대로 구입할 수 있다. 이 식품들을 살 수 있는 지역 판매처를 찾으려면 얼마간 노력이 필요할지 모른다. 하지만 토산물을 사지 못한다고 해도 포장 비용과 식품비, 시간을 아낄 수 있으므로 운송 과정이 필요하다고 해도 벌충될 수 있다.

야생 채소나 자연 식품 수확하기

당신의 집 주변에는 쓸모 있는 풀들이 많이 자라고 있을 가능성이 높다. 야생 채소는 물을 주거나 김을 맬 필요도 없고 공간도 덜 차지하며 비료를 주거나 씨를 뿌릴 필요도 없으므로 시간과 돈과 발자국을 절약할 수 있다. 그러나 양심적으로 채소들을 거두는 게 중요하다. 다른 동물들이나 이웃들을 위해서 보통 눈에 띄게 많을 때에만 수확하되 극히 일부분만을 거두도록 한다. 각 채소들이 다시 자라는 데 얼마나 걸리는지 알아보고 희귀종이거나 수가 줄어들지는 않는지 살펴서 만일 그렇다면 그대로 놔둔다. 일부 식물들은 수확기가 되면 재빨리 없어지고 마는 반면, 또 어떤 것들은 수확기 이후에도 왕성하게 자란다. 야생 채소를 거둬먹기 전에 참고 서적 몇 권을 준비해서 앞뒤를 참조해가며 식물에 관한 정보를 아는 것도 좋은 방법이다.

내가 거두는 야생 채소로는 쐐기풀, 바이올렛, 쑥부쟁이, 애기부들, 양갓냉이, 민들레, 토끼풀, 데이지, 부들, 들장미 꽃잎과 이파리와 열매, 우엉 뿌리, 참소리쟁이, 미나리, 별꽃, 애기수영, 괭이밥, 서양톱풀, 미역취, 분홍바늘꽃, 박하, 갈퀴덩굴, 질경이, 쇠뜨기, 달래, 나리, 쇠비름, 치커리, 서양우엉, 밀크위드(박주가리과의 식물들을 이름—편집자), 야생 열매류, 해초류, 버섯류 등이다.

점심 도시락 싸가기

외식은 돈이 많이 드는 습관이다. 점심식사 때 일주일에 네 번 외식을 한다면 한 달에 120달러는 들 것이다. 표 A-1에서 보면 채식주의자가 외식할 때 1달러당 ff가 48이므로, 발자국은 120 × 48 = 5,760제곱미터이다. 외식에 드는 돈의 액수나 발자국의 극히 일부분을 들여 영양이 풍부한 유기농 식품으로 점심식사를 할 수 있다. 식품을 다량으로 구입해 저장해놓았으니 저녁식사시 여분의 음식을 남겨 밤에 도시락을 싸두면 돈뿐 아니라 시간도 절약할 수 있다. 사람들과 함께 식사를 하려면 공원을 이용하고 카페에 가고 싶다면 도시락을 먹은 뒤 걷거나 자전거를 타고 적당한 장소를 찾아 커피나 차를 즐기면 된다. 음식점은 비용이 곱으로 드는 데다가 지역 유기농 재료를 쓰는 일이 거의 없고 또 엄청난 양의 쓰레기를 배출하는 곳이다.

주택 와이즈에이커

2001년 미국 통계청 보고에 따르면, 1999년 국가 평균 주택과 난방

비용에 드는 현금이 1만 2,057달러로 집계되었다고 한다. 이것은 교통비 7,011달러보다 훨씬 웃도는 수치다. 실질적인 시간당 임금이 10달러이므로 한 달에 100시간, 주당 25시간을 일해야 하며 하루 다섯 시간씩 30년 동안 일해야 한다는 말이다. 과연 그럴 만한 가치가 있을까? 그러므로 주택 와이즈에이커 시나리오를 짜보는 것은 매우 가치 있는 도전이다.

표 D-2는 주택 발자국이 1,214제곱미터(0.3에이커), 4,047제곱미터(1에이커), 6,475제곱미터(1.6에이커)일 경우를 각각 보여준다. 1,214제곱미터와 4,047제곱미터 시나리오의 경우에는 평균적인 주택 건축물 발자국의 4분의 1에 해당한다. 이 경우 내가 브리티시 컬럼비아에 밀짚으로 지었던 36제곱미터(약 10.9평) 넓이의 오두막과 비슷한 유형의 건축 구조물로 단열재를 잘 썼고, 석유나 장작을 이용하거나 그밖의 연료로 난방을 한다고 가정했다. 적은 연료로 적절한 난방 효과를 얻기 위해 집 구조를 남향으로 하고 실내에서 주로 활동하며, 두꺼운 단열재를 쓰고 벽이나 창틀에 나 있는 틈을 없애는 등 수동적이긴 하지만 태양열을 효과적으로 이용할 수 있는 방법을 예상했다.

1,214제곱미터 시나리오에서는 한 사람당 거주 공간을 9제곱미터(약 2.7평)로 할당했다. 한 달에 8리터의 석유나 장작 13킬로그램으로 집을 따뜻이 유지하기는 어려워 보인다. 하지만 뉴욕 북부에 사는 친구 하나는 흙으로 벽을 발라 단열을 하는 등 앞에서 말한 것처럼 태양열을 효과적으로 사용하는 방법을 썼다. 그의 집은 추운 겨울에도 집 온도가 난방 연료 없이 18도 이하로 내려가본 적이 없다.

1,214제곱미터 시나리오에서는 요리에 드는 연료가 한 달에 액화

프로판 가스 4리터뿐이다. 연료를 절약하기 위해 태양열을 이용해 요리를 하거나 채소와 과일을 생으로 먹는 것도 한 방법이다. 3kWh의 전기면 한 달 동안 다음과 같은 활동을 하는 데 충분하다.

- 소형 형광등 전깃불 하루 5시간 사용 = 10W×5hr.×30 = 1500kWh
- 휴대용 오디오 하루 1.5시간 사용 = 18W×1.5hr.×30 = 810kWh
- 랩톱형 컴퓨터 하루 40분 사용 = 35W×0.66hr.×30 = 693kWh

4,047제곱미터 시나리오에서는 14제곱미터의 공간을 난방할 경우 태양열에 의지하는 부분이 조금 줄어든다. 겨울 중에서 가장 추운 여섯 달 동안만 난방을 사용한다면 한 달에 석유 62리터나 장작 117킬로그램을 쓸 수 있다. 이 기간 동안을 친구와 함께 살기로 했다면 매월 쓰는 석유나 장작 사용량이 절반으로 줄어들 것이다. 관리가 잘된 재래식 주택을 여러 사람이 같이 쓰고, 당신이 에너지 절약에 적극적이라면 이 시나리오 범위 내에서 생활이 가능하다. 요리에는 8리터의 액화 가스만 쓴다는 한계를 정한 뒤 가능한 한 화덕에 장작을 때어 요리하고 많은 부분은 생식을 하여 에너지를 절약한다. 한 달 전기의 제한 사용량은 10kWh. 냉장고나 온수 보일러는 사용할 수 없지만 요리용 전기 철판, 믹서기를 비롯한 전력 기구들은 가끔씩 쓸 수 있다.

6,475제곱미터의 시나리오에서는 14제곱미터의 평균적인 건축 구조로 된 집을 소유할 수 있다. 집 수명이 최소한의 페인트 칠과 지붕 손질 그리고 여타 다른 경비만으로 80년까지 갈 경우이므로 집 관리

에 세심한 주의가 요구된다. 대부분의 사람들처럼 난방을 하기는 어렵지만 소형 냉장고를 일년에 일정 기간 돌릴 수 있을 만한 전력의 여유를 가질 수 있다. 차가운 맥주를 무척 좋아하는 당신이라면 다른 품목의 발자국을 줄일 여지가 있다. 요리에 할당되는 연료량은 4,047제곱미터의 경우보다 두 배 많아지므로 가스레인지도 쓸 수 있다. 하지만 아무리 좁고 단열이 잘 되었더라도 이 재래식 주택에 난방을 제대로 하려면 앞에서보다 난방비를 늘려야 할 것이다.

위의 세 가지 주택 와이즈에이커에는 모두 간단한 태양열 온수 시스템을 만들어놓을 수 있다. 이것에 대해서는 표 B-5 당월 고정 자산 발자국에서 해당 사항을 찾으면 된다. 겨울철에 외열 난방식 탱크를 데워 쓰려면 태양열을 이용하는 대신에 난방 코일을 까는 방법도 있다. 우리는 집을 공유하고 관리하고 또 에너지를 절약함으로써 새 집을 얻거나 기술을 쓰지 않고도 목표에 가까이 다가갈 수 있을 것이다.

공유하기와 공동체

집을 2분의 1, 4분의 1 크기로 줄이거나 세를 놓거나 융자를 받아 사면, 주택 발자국은 절반에서 4분의 1 정도까지 줄어들 수 있다. 그러면 집 청소, 관리, 보수와 관련된 비용과 시간, 발자국도 덩달아서 줄어든다. 냉장고나 연장, 세탁기, 공공 서비스, 부엌 등은 다른 사람과 공유해서 써도 된다. 더 적은 비용으로 일도 적게 하고 절약한 돈으로 융자를 갚으면 좋다. 이에 더하여 친구들과 힘들고 기쁜 일상을 함께 즐길 수 있다는 장점이 있다.

산 루이스 오비스포에서 나는 집에 있는 방 네 개 중에 세 개를 세

놓음으로써 주택에 드는 당월 비용을 1,100달러에서 200달러로 줄여 900달러를 절약할 수 있었다. 일단 별도로 문 하나와 부엌을 만들어 침실 네 개짜리 개인 주택을 공동 주택식으로 바꾸어놓았다. 이렇게 하지 않았다면 14년 동안 꼼짝없이 직장엘 다녀야 했을 것이다. 14년 동안 한 달에 900달러가 절약되니 총15만 1,120달러를 아낀 것이다. 실제 시간당 임금이 10달러이므로 1만 5,120시간의 생활 에너지를 맞바꿔야 하는 금액이다.

집 관리

집 관리만 잘 해도 집의 수명을 두세 배까지 늘릴 수 있다. 아래와 같이 주택 수명을 늘리는 간단한 방법이 많이 있다.

- 지붕과 누수되는 배관 때문에 집이 손상되기 전에 즉각 수리할 것.
- 건물 내부의 목재가 땅에 노출되면 개미가 집 안으로 들어올 수 있으므로 이런 부분을 완전히 제거하고 초기에 발견하는 법을 배울 것. 일찍 발견하면 개미를 쉽게 제거할 수 있다.
- 곰팡이가 피거나 페인트를 벗겨지게 하는 습기를 제거할 것. 환기구나 수챗구멍, 욕조, 창가에 환기를 시켜주면 된다.
- 페인트 칠 상태를 양호하게 유지할 것. 건축 자재를 보호하고 벌레나 해충이 접근하는 것을 막는다.
- 집을 증축하고 싶은 생각이 들거든, 태양열을 더 효율적으로 사용하기 위해 개선할 점이 있는지 고려해보는 것으로 대신하고 해변을 좀 더 거닐면서 욕구를 가라앉힌다.

에너지 절약

에너지 절약에는 돈이나 힘도 별로 들지 않을 뿐 아니라 장기적으로 보면 시간도 절약된다. 일단 절약이 몸에 배면 자연스러워진다. 다음은 에너지를 절약할 수 있는 몇 가지 방법이다.

- 쓰지 않는 방문은 닫아둔다.
- 쓰지 않는 전자 · 전기 제품 스위치는 모두 꺼둔다.
- 모든 틈새를 막는다.
- 날씨가 따뜻할 때는 방문과 창문을 열어둔다.
- 히터나 난로를 점검해둔다.
- 온도 조절 장치를 낮게 맞추어놓고 스웨터를 걸치거나 가끔씩 운동을 한다.
- 외출하거나 취침할 때는 온도를 낮춘다.
- 밤에는 큰 창문을 커튼이나 덮개로 가려 단열을 한다.
- 단열 장치를 강화한다. 특히 천장 단열이 중요하다.
- 온수 시스템은 샤워 전 30분에서 한 시간 정도는 켜놓되 그 외에는 수동으로 작동시키거나 타이머로 조정해놓는다.

교통 와이즈에이커

표 D-3에 있는 시나리오를 가정한다면 차량 사용 제한도 가능하다. 게다가 신비한 인체의 힘으로 자전거나 카누를 타도 되고, 표 D-2에 나와 있는 음식 섭취량이면 한 달에 몇 백 킬로미터는 걸어다닐 수 있다. 교통 발자국에 405제곱미터(0.1에이커)만 할당된 시나리오에

서는 한 달에 시내·외 버스로 83킬로미터를 다닐 수 있고 시내 버스
만 탄다면 195킬로미터를 갈 수 있다. 이렇게 하는 대신에 1리터당 27
킬로미터의 연료 효율이 있는 차를 한 명의 친구와 동승하면 한 달에
쓸 수 있는 연료의 양은 3리터이고 두 명이 동승하면 162킬로미터를
갈 수 있다. 비행기는 한 달에 5.6분만이 허용된다. 따라서 10년 동안
교통 발자국을 모으면 11시간 왕복 비행을 1회 할 수 있다.

1,214제곱미터(0.3에이커) 시나리오에서는 교통 발자국에 83킬로
미터 버스 이용과 8리터의 연료 사용이 허락된다. 두 명이 동승하고
1리터당 27킬로미터의 연료 효율이 있는 차로는 432킬로미터를 갈
수 있다.

4,856제곱미터(1.2에이커) 시나리오에서는 한 달에 30분 비행기 여
행이 허락되고, 일년이면 여섯 시간이 가능하다. 이에 더하여 한 달에
버스 139킬로미터, 기차 80킬로미터, 연료 15리터를 사용할 수 있다.
이 정도면 이동을 꽤 많이 하는 편에 속한다.

차 없는 생활

국립건강자원센터National Women's Health Resource Center에 따르면 기
초 활동 권장량에 못 미치는 활동을 하는 미국인이 60퍼센트이고, 25
퍼센트는 아예 앉아서 생활하는 사람들이라고 한다. 자전거 타기같이
사람이 힘을 들여 움직이는 교통 수단을 이용하면 신체에 필요한 운
동량을 충족시키기에 좋다. 자전거 경주자들을 지도하면서 안 사실
은, 일주일에 일곱 시간 정도 격렬한 운동을 해주는 것이 장기적으로
볼 때 체력 증진에 도움이 된다는 것이다. 하루에 자전거 한 시간이면

자동차로 이동하는 대부분의 거리를 갈 수 있다.

자가용 없이 생활하는 데 완전히 익숙해지기까지 4년이 걸렸지만, 이제는 그 편을 더 선호한다. 어딜 가나 버스나 기차가 있는 데다 카풀도 쉽게 할 수 있기 때문이다. 차를 공동으로 소유하는 새로운 방법도 있는데, 그렇게 하는 사람들이 도시 내에서 점점 늘고 있다. 자전거 전용 도로망을 조성하는 도시들도 일부 있으니 주변에서 조용한 곳을 골라 다닐 수 있는 노선을 계획해볼 수 있을 것이다. 이런 방법들로도 이동이 불가능하다면 아는 사람에게 차를 빌리거나 임대해도 되고 택시를 부르거나 친구에게 도움을 청하기, 히치하이킹, 걷기 등 방법은 널려 있다. 그것도 아니면 아예 이동을 포기하고 좋아하는 찻집에 가서 쉬는 건 어떤가.

자가용 없이 지내기 시작하던 때 나는 꼼짝없이 갇혀버린 듯한 기분이 들었다. 그러나 차를 사용하지 않고 14년을 보낸 뒤로는 대부분의 경우 훨씬 자유로움을 느꼈다. 보험 회사나 차와 관련된 기관들을 상대하지 않아도 되고, 관리나 수리 문제로 인한 다툼도 피할 수 있으며, 엑슨이나 셸, 유노컬UNOCAL(유명 석유 화학 기업들—편집자) 같은 기업들이 행하는 사회적 착취 사업을 후원하지 않아도 되었다.

재화와 서비스 와이즈에이커

표 D-4를 보면 와이즈에이커가 맞부딪치게 되는 몇 가지 힘든 선택 상황이 나와 있다. 각각 405제곱미터(0.1에이커), 12,14제곱미터(0.3에이커), 3,238제곱미터(0.8에이커)의 발자국이 할당된 보기에서 당신은 교육이나 발생 가능한 질병을 예방하는 데 더 투자할 것인지, 아니면 질병에 걸릴 때를 대비해서 좀더 저축을 해둘 것인지 결정해야 한다. 이 표에서 보다시피, 각각의 시나리오는 북미인의 평균적인 기준에 비해 아주 작은 크기로 계획되었다. 와이즈에이커가 되기로 한 상태에서 치료비가 적정 수준을 초과한다고 해서 거부할 것인지, 또 회복하는 데 치료비가 100만 달러가 든다고 할 때, 이만한 액수로 극빈 아동들을 구제할 수 있다고 하면 그 치료를 받을 것인지 결정해야 한다. 이러한 선택들은 머리로 생각하기는 쉽지만, 실제로 사랑하는 사람들이 암과 같은 병에 걸렸거나 차 사고를 당했다면 우리는 물불을 가리지 않을 것이다. 그렇더라도 질병 예방, 건강 유지와 관련된 발자국을 줄이기 위해 할 수 있는 일은 많다.

405제곱미터 시나리오를 목표로 한다면, 당신은 자극을 받아 몸이 병약해지기 전에 잘 관리해야겠다고 다짐할 수도 있다. 40세가 될 때까지 병원 치료를 한 번도 받지 않고 한 달에 4.4달러를 저축하면 축적된 치료 가능 비용은 2,112달러가 된다. 아직 많지는 않지만 전세계에 퍼진 와이즈에이커들도 당신과 비슷한 고민을 안고 있다. 멕시코나 인도에 가보면, 당신이 저축하는 소액의 의료비가 분명 지나치게 많은 액수가 될 수도 있을 것이다. 이 시나리오로는 한 달에 전화비로 2달러를 쓸 수 있고, 1분당 6센트의 요금이 부과되는 전화 카드로 35분 간 통화할 수 있다. 비누를 비롯한 세척, 세제 품목은 0.1킬로그램만 허용되므로 설거지 세제는 양잿물로 대용할 수 있다. 인도에 있을 때, 간디의 아슈람(사랑과 진리, 봉사에 헌신하고 자연과 조화를 이룬 이상적 공동체를 건설하기 위해 비폭력 운동의 일환으로 간디가 세운 공동체—역자)에서 나도 그렇게 했다.

1,214제곱미터(0.3에이커) 시나리오의 경우, 경륜 있는 절약가라면 불편 없이 사용할 수 있을 만큼 충분한 기본 재화와 서비스를 제공받을 수 있다. 한 달에 할당되는 교육비 10달러로는 기본적인 공교육비를 충당할 수 없으므로 70년 동안 한 달에 10달러를 저축하면 총 8,400달러의 교육비 예산을 마련할 수 있다. 이 액수를 12년으로 나누면 1년에 700달러를 쓸 수 있는 셈이다. 도서관을 이용하거나 자원 실습생으로 활동하면서도 충분한 교육 수준을 갖출 수 있다. 한 달에 10달러씩 일년이면 충치 한 개를 치료받을 수 있는 돈이 된다.

3,238제곱미터(0.8에이커) 시나리오도 미국의 전형적인 공교육을 받을 만큼 충분한 발자국 크기는 못 된다. 수명이 75세까지라고 할 경우, 일년에 1,930달러씩 14년 간을 교육비로 쓸 수 있다. 교육을 통해 작은 발자국으로도 양질의 삶을 살 수 있는 법을 배운 사람이라면, 6년 간 전체 4만 8,564제곱미터(12에이커)의 발자국, 곧 6년 간 일년에 8,094제곱미터씩을 추가로 쓸 수 있고, 그 이후 24년 간 발자국을 1만 2,141제곱미터(3에이커) 정도 줄여 생활하면 한 달 전체 발자국 2만 4,282제곱미터(6에이커)를 유지할 수 있을 것이다. 일년 간 1만 7,424달러의 교육비를 더 쓸 수 있는 형편이 되는 것이다. 한 달 의료비는 30달러, 10년에 한 번씩 병이 나면 3,600달러의 치료비를 쓸 수 있다. 전화비는 20달러로 전화기를 설치해놓고 간간이 쓸 수 있는 액수이다.

공짜로 즐길 수 있는 오락이 얼마든지 존재한다는 전제하에 위의 세 가지 시나리오에서 돈을 들이는 유흥과 오락은 제외시켰다.

고정 자산 와이즈에이커

표 D-5는 고정 자산에다 각각 405제곱미터(0.1에이커), 607제곱미터(0.15에이커), 2,428제곱미터(6에이커)의 발자국을 할당했을 때의 시나리오이다. 오래 지속되는 재화에 할당되는 예산은 이 고정 자산의 수명이 적절한 관리를 거쳐 배로 늘어나면 따라서 늘어난다. 그러므로 질 좋은 제품을 구입하는 것도 한 방법이다.

405제곱미터 시나리오에서는 162.4킬로그램의 품목을 가질 수 있다. 일년 중 6개월 동안 어떤 조건의 야외에서도 쓸 수 있는 장비인 내 텐트는 18킬로그램짜리이다. 한 달에 18킬로그램짜리 물건을 아홉 개 가질 수 있다고 칠 때, 친구와 나의 물건을 함께 절반씩 공유한다면 한 사람당 18킬로그램짜리 물건 열세 개를 쓸 수 있는 셈이다. 인위적으로 당신에게 9.3제곱미터(약 2.8평)의 발자국 공간이 주어졌다고 할 때, 중요한 전기 기구들은 무리지만 기본적인 품목은 간단히 해결할 수 있다. 도서관에 가면 책은 100권 이상 꽂혀 있을 것이고 45킬로그램의 금속 발자국만 들이면 자전거, 정원 연장, 냄비, 프라이팬, 싱크대, 간단한 배관 장치, 몇 개 안 되지만 콘센트와 전등 장치도 설치할 수 있다.

607제곱미터 시나리오에서는 추가적으로 랩톱형 컴퓨터, 프린터, 휴대용 오디오를 사용할 수 있다.

2,428제곱미터 시나리오에서는 대부분의 품목을 좀더 많이 사용할 수 있다. 90킬로그램의 전기 용품 할당량에는 작은 가스레인지, 소형 냉장고, 전자제품이 포함된다. 총 고정 자산의 무게는 545.8킬로그램으로 18킬로그램짜리 배낭 30개를 채울 만한 양이다. 이 정도의 고정

자산을 갖고 있다면 쓸모없이 버려지는 공간 때문에 아마도 골치가
아플 것이다.

쓰레기 와이즈에이커

표 D-6은 쓰레기 발자국에 각각 0제곱미터, 202제곱미터(0.05에이
커), 809제곱미터(0.2에이커)를 할당한 시나리오이다. 이렇게 작은 발
자국을 할당한 까닭은, 처음에 작은 발자국으로 시작하는 사람은 무
엇보다 쓰레기 줄이는 일을 최우선으로 여길 것이기 때문이다.

총발자국 4,047제곱미터 시나리오에는 쓰레기 배출량이 전혀 없다.
이 사람은 질긴 봉지를 사용하며 식품을 운반하고 저장하는 데 내구성
있는 자루와 용기를 쓰고 신문은 도서관에서 보며, 배설물이나 음식
쓰레기는 퇴비로 쓰일 것이다. 인도 케랄라에 있을 때 상점 주인에게
쓰레기는 다 어디다 버리는지 물었다. 그는 놀라서 쳐다보더니 무슨
말인지 이해 못하겠다는 듯 이렇게 말했다. "쓰레기는 없는데요."

202제곱미터 쓰레기 발자국 시나리오에서는 한 달에 0.74킬로그램
의 쓰레기가 할당되며, 그것도 모두 재활용이 가능하다. 총 발자국 1
만 2,141제곱미터에서 살고 있는 경우인데, 버리고 말 사치품을 사려
고 다른 다섯 가지 품목을 줄이지는 않을 것이다.

809제곱미터 쓰레기 발자국 시나리오에서는 한 달에 재활용이 가
능한 품목 2.12킬로그램과 쓰레기 90그램이 배출된다. 포장 용기를
재활용하고 물건 구입은 대량 구매 방법을 써야 한다. 한 달에 두 종
류 이상의 신문은 볼 수 없다.

내가 방문했던 와이즈에이커들의 생활 방식을 관찰하고 또 4,047

제곱미터(1에이커)에서 1만 2,141제곱미터(3에이커), 2만 4,282제곱미터(6에이커) 시나리오를 계산해나가는 과정을 거듭하면서 상대적으로 정확한 발자국을 측정할 수 있었다. 각 시나리오의 물질적 풍요의 수준은 내가 관찰한 사항들을 반영한 것이다. 4,047제곱미터의 발자국으로도 살 수는 있지만, 그렇게 살려면 물질에 집중하는 삶의 태도에 큰 폭의 변화가 있어야 한다. 4,047제곱미터 발자국에서는 소유한 물건이 배낭 하나를 채울 정도라면 그것도 많다. 차로 이동할 수는 있지만, 그 빈도가 훨씬 낮아진다. 그러나 자전거와 같이 사람의 힘을 쓰는 이동 수단에는 사용 제한이 별도 없다. 제도 교육을 받으려면 교육 기간을 마친 뒤 수십 년 동안 4,047제곱미터보다 작은 발자국으로 살아야 한다. 무료 교육을 받고 싶다면 도서관을 이용하고, 자원 실습생이 되어 배울 수 있다. 또 호기심을 가지고 자연에서 시간을 보내면, 그저 주의를 기울이는 것만으로도 많은 걸 배울 수 있다.

　병원 치료가 큰 관건일 수 있다. 자신이 정한 와이즈에이커에 완벽하게 전념하고 자신의 생태 발자국에서 벗어나는 정부나 제도적 원조를 받지 않으려면, 당신이 의지할 것은 아마도 가족이나 공동체의 자비뿐일 것이다. 와이즈에이커의 가장 효과적인 보험은 자신을 기꺼이 돌봐줄 수 있을 사람들을 관대하고 친절하게 대하는 것이다. 두 번째로 효과적인 방법은 영양이 풍부한 유기농 식품을 섭취하고, 적절한 운동을 하며, 스트레스를 줄이고, 자연 속에서 시간을 보내면서 정신 수양을 하고, 자기 몸을 잘 관리하는 것이다. 흔한 질병을 치료할 수 있는 약초에 관한 지식을 가지고 있으면 도움이 된다. 또 심각한 질병에 걸릴 최악의 경우를 대비해 세금 공제가 많이 되는 치료 방법을 연구해놓을 수도 있다.

　내 경험에 비추어볼 때, 1만 2,141제곱미터의 발자국으로 사는 것은 비교적 희생할 것이 적었다. 하지만 어떠한 물질이 아닌 지구의 평화를 그리워하며 목표치인 4,047제곱미터 발자국으로 나아가는 과정은 정말 힘겨웠다. 비록 한 달 간이었지만 GLP에 참가한 사람들은 소비량을 대폭 줄이는 삶의 방식에 빨리 적응하고 고통도 덜 느끼는 듯했다. 해외에 나가거나 다른 도시로 이사를 한 것처럼, 문화 충격에서 벗어나자 새로운 삶의 방식을 새롭게 받아들였던 것이다. 빠르고 대담한 변화보다 느릿느릿 변화하는 것이 더 어려운지도 모른다. 당신에게 맞는 변화는 어느 쪽인지 알아보라. 자기 삶의 방식을 설계할 때는 융통성이 발휘될 여지가 꽤 많고, 또 문화적 충격을 완화시켜줄 보조적인 방법도 많다. 지금보다 조금 더 작은 발자국으로도 따뜻하고 쾌적한 곳에서 영양분을 충분히 섭취하고 거기다가 약간의 안락함도 맛보면서 생활할 수 있다.

　2만 4,282제곱미터 시나리오는 낭비되는 공간이나 쓰레기가 적긴 하지만 전형적인 북미인 생활 방식의 축소판처럼 보이기도 한다. 이동 수단이나 집 크기를 신중하게 선택하기만 하면 이 모델은 당신의 최종 지속성 목표에 도달하기 위한 좋은 과도기 역할을 해줄 것이다.

　내면의 욕구를 충족시키는 방법에는 여러 가지가 있을 수 있다. 발자국이 커다란 사람도 있고 작은 사람도 있게 마련이지만, 우리 일상에서 어떤 선택을 하느냐에 따라 환경영향력이 달라진다는 사실만 잊지 않는다면 우리는 자연스레 와이즈에이커 도전을 택하게 될 것이다. 누군가 당신에게 미시간 주에 있는 칼라마주에 가려면 비행기로 몇 시간이 걸리느냐고 묻는다면 '세 시간'이라고 대답하는 대신에 5,666제곱미터(1.4에이커)라고 대답해주는 것은 어떨까.

11장
100년 계획

10장에서 생태 발자국이 4,047제곱미터(1에이커)에서 1만 2,141제곱미터(3에이커), 2만 4,282제곱미터(6에이커)르 달라짐에 따라 삶의 내용이 어떻게 달라지는지 살펴보았다. 4,047제곱미터의 삶의 방식은 우리가 몸담은 문화권 내에서 살아가는 데 필요한 기초적인 필요 욕구들을 거의 포기하는 삶이었다. 이와는 대조적으로 2만 2,141제곱미터의 삶의 방식은 오늘날 우리가 누릴 수 있는 물질의 많은 부분을 포기하지 않고 남아도는 물질과 쓰레기를 배제시킨 삶의 형태였다. 그러나 2만 4,282제곱미터식은 현재 평균 발자국인 2만 3,068제곱미터(5.4에이커)보다 약 1,214제곱미터가 더 크다. 인류가 이 수준으로 살아간다면, 지구의 생태적 생산 능력이 회복되는 속도보다 20퍼센트 빠른 소비율을 보이게 된다.

2000년 겨울에 나와 내 친구 로원, 이반 우사크Ivan Ussach는 6개월간 4,047제곱미터 발자국으로 살기 위한 시도로써 전체를 위한 삶의 도전(GLC: Global Living Challenge)에 착수했다. 우리는 10장에서 소개했던 많은 난점에 직면했다. 로윈과 나는 지속성 목표를 확실히 4,047제곱미터로 정했으나 우리의 식품 발자국은 여전히 7,285제곱미터(1.8에이커)였다. 콩과 곡류, 야채를 유기농으로 재배하여 운반하는 데 사용되는 연료 때문이었다. 주택 발자국은 난방 발자국 3,238제곱미터(0.8에이커)을 포함해 5,059제곱미터(1.25에이커)였다. 그러므로 식량을 집에서 더 가까운 곳에서 재배해야 하고 집은 태양열을 좀더 사용하고 단열재를 더 넣는 게 필요했다. 이렇게 하는 과정에서 우리는 4,047제곱미터의 생태 발자국에 도달하고 또 유지하려면 어느 선에서 변화가 이루어져야 하는지를 좀더 자세히 알 수 있게 되었다. 6개월의 짧은 기간 동안 다양한 체험을 해보기 위해서 나는 4,047제곱미터의 삶의 범위에 관해 많은 조사를 했다. 하지만 내 자신이 계속해서 이런 방식으로 살고 싶어할 것인가는 의문이었다. 지속성 목표 달성에 있어서 가장 어려운 점은 쉽게 가질 수 있는 것을 거부해야 한다는 점이다. 나는 계속해서 1만 2,141제곱미터 발자국으로 살 수 있고, 현재 우리 생활 방식 중 일부를 최대로 활용하면 8,094제곱미터(2에이커)로 사는 것도 가능하며 또 불가피한 일이라면 4,047제곱미터에도 도달할 수 있다고 믿었지만 내가 속한 문화권에 살면서 나 자신이 자발적으로 4,047제곱미터를 고집할 의지가 있다고는 생각지 않는다. 매일의 삶 속에서 너무나 많은 물질의 유혹과 마주하기 때문이다. 점점 후회하기 시작하는 내 모습이 상상이 갔다. '자신이 할 수 없는 일을 남에게서 기대하지 말라'는 오랜 경구가 가슴을 쳐온다. 발자국 크기를 줄여가는 동안 나는 인구의 형평성 측면을 보다 깊이 들여다

보아야겠다는 생각이 들었다.

사람이 너무 많은 게 문제라고 다른 이들이 말할 때 나는 화를 내면서 이렇게 대답하곤 했다. 맞는 말이긴 하지만 케랄라처럼 작은 땅에서 양질의 삶을 누릴 수 있는 기술이 있다면 지구의 생산 가능 지역 중 60퍼센트는 야생 상태로 남겨질 수 있을 것이고 그렇게 되면 많은 인구는 그리 큰 문제가 아닐 것이며 부유한 나라 쪽에서 덜 소비해야 한다고. 미국이란 나라가 누리는 풍요와 사치 그리고 배출하는 쓰레기를 감안한다면 부자들이 가난한 사람들에게 책임을 전가시키는 것이 부당해 보였던 것이다.

그러나 GLC를 체험한 이후에는 이러한 극단적인 논쟁이 무익하다는 점을 분명히 깨달았다. 인구와 소비, 모두 줄여야 하는 것이다.

나는 세계 인구를 10억으로 줄이려면 몇 년이 걸리는지를 계산해보았다. 세계 인류가 평균 한 명의 자녀를 갖는다는 가정하에 100년이 걸린다는 사실은 충격적이었다. 한 가구당 한 명의 자녀라면 전문가들의 예측대로 100억이 아니라 10억으로 인구가 감소될 수 있다. 그러면 인류가 일인당 2만 4,282제곱미터의 발자국으로 생활을 해도 지구의 생산 가능 지역의 80퍼센트가 야생 상태로 보호될 수 있다. 인간이 자연을 지배하지 않는, 승자도 패자도 없는 해결책이 실현된다면 얼마나 좋겠는가.

일인당 사용 가능한 평균 생태 발자국이 현재의 2만 3,068제곱미터에서 약간 초과될 수는 있지만 발자국 크기의 불평등을 획기적으로 평준화시키는 일이 필요하다. 만약 미국의 2억 8,450만 인구가 평균보다 네 배나 많은 9만 7,128제곱미터(24에이커)를 그대로 유지한다면 미국 인구수의 네 배가 되는 인류 11억 3,800만 명이 평균보다 네 배가 적은 6,071제곱미터(1.5에이커)의 발자국으로 살아가야 한다. 선진국들이 과잉 인구와 과소비가 야기하는 이 같은 많은 부작용들을 외면할 수 있을 만큼의 부와 권력을 휘두르고 있다는 현실은 매우 불공평하다. 미국인들이 변화를 위해 줄여야 하는 현재 발자국 크기의 4분의 1이란 양은 엄청난 크기이지만 가능한 일이다. 10장에서 따져본 시나리오로 판단해보면 2만 4,282제곱미터 발자국으로 적당한 안락과 사치를 누릴 수 있기 때문이다. 미국인들에게 주어진 현재 가구당 평균 2.1명의 자녀수에서 또 다른 과제는 한 명의 단계로 가는 것이다. 캐나다는 생태 발자국 8만 9,034제곱미터(22에이커)에 한 가구 평균 1.4명의 자녀로 한 가구 한 명 자녀 목표에 미국보다 조금 더 가까이 가 있다. 지금부터는 고무적이게도 작은 규모의 가족을 지향하는 세계적인 추세를 부분적으로 탐구해봄으로써 이 계획이 실현 가능한 것인지를 살펴보도록 하자.

적게 낳을 수 있는 자유

작은 규모의 가족을 지향하는 추세는 이미 유럽과 일본을 중심으로 나타났다. 국교가 가톨릭이고 교회가 피임을 금지하고 있는 스페인이나 이탈리아에서조차 가구당 평균 자녀수가 1.2명이다. 낮은 출산율은 유럽인들의 높은 공교육 수준과 관계가 있는데 이 사람들은 개인의 선택에 따라 삶의 질이 향상될 수 있다는 점을 인식하고 있으므로 결혼은 늦게 하고 규모가 작은 가족을 원한다.

인도의 케랄라에서는 한 가구 여섯 명이던 것이 40년에 걸쳐 1.8명으로 줄었는데 정부와 민간 차원에서 여성의 가족계획을 돕기 때문이다. 케랄라의 인구 제한 프로그램은 여러 측면에서 운영되는데 일차적으로는 토지 개혁을 통해서 빈곤층을 구제하고 불평등 격차를 좁혀 놓았다. 빈곤층의 비율이 높은 나라일수록 출산율도 높게 나타나는 현상을 보인다. 그런 나라에서는 자녀 한 명이 더 태어남으로 인해 부양가족이 늘지만 가난에 찌든 환경 속에서는 먼저 태어난 아이를 잃을 것을 염려하는 부모에게 안도감을 주는 것이다. 2차적으로는 부모들이 피임에 관한 교육을 받고 각종 피임 도구가 모든 커플들에게 개방돼 있다.

환경이 개선되면서 아이가 죽지 않고 성장할 가능성이 높아졌음을 여성이 알게 되면 더 이상의 자녀를 가져야 할 필요를 느끼지 못한다. 케랄라의 인구 제한 프로그램이 시행된 초기에는 남자들이 정관 절제 수술을 받았지만 지금은 여성들이 둘째 아이 출산 직후에 불임 수술을 받는 게 보편화돼 있다. 자녀 수를 선택하여 형편에 맞는 가족을 계획하는 것은 인구를 적절한 상태로 유지할 수 있는 비결이다.

케랄라의 성공적인 인구 제한 계획이 남긴 긍정적인 면은 남녀 성비가 100 : 104가 되었다는 것이다. 대부분 저임금 국가에서는 그와 정반대이다. 파키스탄은 100 : 92, 중국은 100 : 94, 인도 전체는 100 : 93명이다. 여아 수가 적다는 것은 가부장 문화가 지배적인 빈곤 국가에서 여아에 대한 제도적인 차별이 일어나고 있다는 의미인데 케랄라는 모계 중심 사회로 여성을 존중한다.

100년 계획

이 장에서는 지속 가능한 지구를 만들기 위한 현실적인 방법을 제시한다. 이 계획이 실현되기 위해서는 부유층이나 빈곤층 모두의 참여가 필요하며 정부와 사회, 개인 차원에서 실천되어야 한다. 개인의 선택에 따라 지구 전체의 삶의 질이 영향을 받으므로 나는 개인의 능력에 초점을 맞추려 한다. 즉 여기서 내가 제안하는 100년 계획은 전 세계 개인의 자발적인 선택에 맡겨진다.

> - 약 100년 동안 한 가구 평균 한 자녀 갖기.
> - 개인의 생태 발자국은 2만 4,282제곱미터(6에이커)를 넘지 않기.

인구가 10억이 되는 시점이 오면 한 가구 두 자녀 시스템을 다시 작동시키는 게 가능해진다. 내 부모님은 아홉 자녀를 두었으므로 그 중 한 명인 나는 자녀 수와 가족 규모를 미리 계획하는 것이 인구 문제를 해결하는 출발점임을 인식하고 있다. 적당한 계획 시기를 놓쳐버린 사람들은 그들대로 존중해주면서 작은 가족을 왜 지향해야 하는지에 대한 대화를 시작할 필요가 있다. 부부들에게는 자신이 이룰 가족 수를 선택할 자유를 준다. 100년 계획이 성공하기 위해서는 다음과 같은 요소를 갖추어야 한다.

- 완전히 자발적으로 이루어질 것 : 강요나 수치심, 죄책감은 개입되지 않아야 한다. 여성은 출산에 대해 완전한 통제력을 지녀야 하며 배우

자와의 협의가 진행되면 더 바람직하다.

- **빈곤층 감소를 목표로 할 것** : 모든 인류가 삶의 필요조건을 충족하려면 대대적인 발자국 즉 부의 재분배가 이루어져야 한다. 이러한 형태의 재분배가 비현실적으로 보이긴 하지만 그렇게 따지면 35억 인구가 연간 52달러 이하의 임금으로 사는 현실에서 세계 평화를 이루는 것도 비현실적이기는 마찬가지다.

- **정부의 전폭적인 지지** : 정부의 원조로 임금 수준에 상관없이 모든 부부들이 피임 도구를 사용할 수 있어야 한다.

- **지역 단위로 추진될 것** : 새로운 변화의 원동력은 외부 인사가 아닌 각 지역에 거주하는 일반 개인들이다.

- **생태 지역성에 집중할 것** : 지역 공동체는 세계 시장과 무관하게 독립적인 기초식품 공급 능력과 토지의 안전성을 보유해야 한다. 세계화로 인해 지역의 독립성이 점차 잠식당하고 있고 노동자와 환경이 착취당하고 있으며 지역 자치는 지나친 간섭을 받는다. 각 지역은 독립적인 능력을 갖춤으로써 더욱 안정을 찾게 되고 경제적인 불평등을 감소시킬 수 있다.

- **교육을 통해 이룰 것** : 가족의 규모와 지구의 수용 능력 간의 연결 고리를 명확하게 알려야 한다.

- **활성화될 것** : 이 프로그램이 활성화될 때, 평균 수명 증가와 젊은층의 봉급생활자들이 줄어드는 가운데 지속적인 인구 노령화가 진행되는 현실의 문제점을 보다 효과적으로 전달할 수 있다.

자기 것으로 소화하기 — 선택

가구당 자녀 한 명 목표는 여전히 개인에게 폭넓은 선택을 준다. 우리 가족은 자녀가 아홉 명이었고 부모님은 열여덟 명의 손자 손녀들을 두셨으니 아들, 딸들이 평균 두 명의 자녀를 낳은 셈이다. 불과 한 세대만에 이렇게 자녀 수가 급감했다. 자녀 수가 급격히 준 가장 큰 요인은 효과적인 피임 방법을 사용할 수 있었고 아홉 명의 자녀 중 나를 포함한 세 명의 자녀가 아이를 낳지 않았기 때문이었다. 가족의 규모를 계획할 때 어떤 쪽을 선택하든지 그 안에 내포돼 있는 많은 기회를 보는 것이 중요하다.

- 자신이 선택한 삶의 목표에 헌신하기 위하여 자녀를 갖지 않기로 한다.
- 자녀를 입양한다.
- 직장이나 사회봉사에 헌신하면서 스스로 자녀를 기를 수 있기 위해 한 명만 낳는다.
- 다른 형제가 자녀가 없으므로 두 명을 낳는다. 자신의 선택일 수도 있고 환경에 의한 선택일 수도 있다.

북미인들은 독자獨子들이 이기적이고 제멋대로이며 사회에 잘 적응하지 못한다는 인식을 갖고 있다. 이런 인식 때문에 작은 가족을 지향하는 데 있어 문화적 편견에 부딪히게 된다. 빌 매키븐Bill McKibben의 저서 《독자, 그러나Maybe One》에서는 외동아들 또는 딸만을 둔 가정의 환경을 자세히 서술하고 자신의 의견을 피력함으로써 독자들이 버릇없다는 오래된 속설을 깨뜨리고 있다. 사실 독자들에 관한 연구 결과들을 보면 이러한 성향은 형제 자매의 수와는 상관이 없고 또는 독자라고 해서 꼭 그런 성향을 보이는 것이 아님이 확인된다.

인구 간이화 모델

다음에서는 여러 유형의 가족 크기에 따른 결과가 어떤지 간이화된 인구통계 모델을 보여주려 한다. 각각의 모델 안에서 인구의 연령 분포는 오늘날의 현황을 따랐고 평균 수명이 75세라고 가정했다. 기본 단위는 100만이다.

한 가구 한 자녀 가족

전세계 가족 모두가 평균 한 명의 자녀를 갖는다면 현재 29억 명의 아이들이 성인이 되는 시점에는 전체 자녀 수가 15억 명이 될 것이다. 아래의 표 12-1은 인류가 2100년에 한 가구 두 자녀 시스템으로 다시 돌아가면 2050년에는 세계 인구가 안정적인 6억 명이 된다는 것을 보여준다.

한 가구 두 자녀 가족

한 가구당 자녀를 두 명씩 낳는다면 29억 명의 아이들이 성인이 되어 낳는 자녀수가 29억 명이다. 2050년까지 연령대별로 조부, 부모,

표 12-1 · 한 가구 한 자녀 인구 모델						(단위 : 10억)	
	2000	2025	2050	2075	2100	2125	2150
조부모(51세 이상)	1.1	2.1	2.9	1.5	0.8	0.4	0.2
부모(26~50세)	2.1	2.9	1.5	0.8	0.4	0.2	0.2
자녀(0~25세)	2.9	1.5	0.8	0.4	0.2	0.2	0.2
총계	**6.1**	**6.5**	**5.2**	**2.7**	**1.4**	**0.8**	**0.6**

자녀 그룹은 각각 29억 명이 되는 셈이므로 전체 인구는 87억이 될 것이다.

표 12-2 · 한 가구 두 자녀 인구 모델						(단위 : 10억)	
	2000	2025	2050	2075	2100	2125	2150
조부모(51세 이상)	1.1	2.1	2.9	2.9	2.9	2.9	2.9
부모(26~50세)	2.1	2.9	2.9	2.9	0.4	2.9	2.9
자녀(0~25세)	2.9	2.9	2.9	2.9	0.2	2.9	2.9
총계	**6.1**	**7.9**	**8.7**	**8.7**	**8.7**	**8.7**	**8.7**

한 가구 세 자녀 가족

한 가구당 자녀 셋을 낳는다면 인구는 기하급수적으로 증가한다. 29억 명의 자녀들이 어른이 되면 44억 명의 자녀를 낳고 2100년까지 인구는 309억 명에 이른다.

우리의 자녀들에 관한 얘기를 이런 식의 숫자 계산으로 한다는 것이 인정머리 없고 추상적이라는 생각이 든다. 하지만 간단한 산수가

표 12-3 • 한 가구 세 자녀 인구 모델						(단위 : 10억)
	2000	2025	2050	2075	2100	2125	2150
조부모(51세 이상)	1.1	2.1	2.9	4.4	6.5	9.8	14.6
부모(26~50세)	2.1	2.9	4.4	6.5	9.8	14.6	21.9
자녀(0~25세)	2.9	4.4	6.5	9.8	14.6	21.9	32.9
총계	6.1	9.4	13.8	20.7	30.9	46.3	69.4

인구의 크기가 오랜 기간이 흐르면 어떻게 변천, 발달하는지 아는 데
는 도움이 된다.

가족 크기 VS 야생 공간

평균적인 가족 크기와 다른 생물들이 사용 가능한 대지 면적은 직
접적인 거래가 이루어지는 관계에 있다. 부모 입장에서는 이 말에 의
문을 품을지 모른다. 부모들은 자기 아이가 한 명 태어나면 아이를 위
해서라면 자연을 희생시켜가면서까지 필요를 채워줄 것이기 때문이
다. 미국에서는 임신의 80퍼센트가 특별한 가족계획 없이 발생한다고
하는데 부부 관계에서 몇 명의 자녀를 낳을 것인지에 관한 대화를 나
누는 문화로 바뀌어야 한다. 더 나아가 15~20세 사이 여성 1,000명당
임신율이 네덜란드는 4.2명인데 비해 미국은 59.2명으로 나타나 선진
국 중에서 10대 임신율이 가장 높다. 유럽에서 마이너스 인구 성장률
을 보인다는 것은 피임이 잘 이루어지고 있다는 증거이다. 그러나 미

국에서는 실제로 피임에 관해서 드러내놓고 이야기하는 것이 터부시
되고 있는 듯하다. 정부가 정책과 자금을 원조하여 산아제한에 관한
심도 있는 교육이 이루어지도록 해야 하고, 이와 더불어 가족계획을
하는 데에서 다양한 선택 범위가 보장되어야 한다. 미국뿐 아니라 전
세계적으로 산아제한에 적극적으로 나설 때 다른 생물들에게 방대한
서식지와 자유를 제공해줄 수 있을 것이다.

지속 가능성과 가족 크기의 상관 관계

지속 가능한 노동 단계에서 당신이 계산한 지속성 목표는 자녀 수
가 얼마나 되느냐에 따라 폭넓은 차이를 보인다.

자녀가 없거나 한 명이라면 2100년까지 세계 인구가 10억 명이 되
게 하는 데 공헌을 하게 될 것인다. 이 말은 모든 가정이 향후 100년
간 당신의 가족과 같은 출산율을 유지할 때 인구가 10억으로 줄어든
다는 말과 같다. 10억 인구에 가까워지면 한 가구당 두 명 출산 시스
템으로 환원이 가능하고 이 시스템을 무기한 유지할 수 있게 된다.
이 100년 계획에 동참한다면 지속 가능한 발자국 목표는 2만 4,282
제곱미터(6에이커)로 정하면 된다. 이렇게 함으로써 앞으로 100년 동
안에 생태 생산 가능 지역의 80퍼센트를 자연 상태로 복원시키기 위
해 당신이 직접적으로 통제할 수 있는 두 가지 선택, 즉 생태 발자국
크기와 가족 크기에 대하여 당신이 할 수 있는 바를 행한다는 의미를
지닌다.

자녀가 둘이라면 당신은 100년 후에는 90억 명의 인구를 달성하는
데 공헌하게 되며 개인적인 지속성 목표도 4,047제곱미터(1에이커)에

서 2,671제곱미터(0.66에이커)로 바짝 좁다지게 된다. 야생으로 남아 있는 자연 공간을 변함없이 유지하려면 인류가 소비하는 생산 가능 지역 비율을 늘리지 못할 것이므로 인구가 60억 명에서 90억 명으로 증가한다면 비슷한 자연 환경을 유지한다는 가정하에 생태 발자국은 4,047제곱미터에서 2,671제곱미터로 떨어진다는 말이다. 한 가구 두 명 자녀 시스템이나 대체 출산율(인구가 늘어나거나 줄어들지 않도록 함으로써 인구 현상을 유지하려면 가임 여성 1인이 낳아야 하는 자녀 수는 2.1명이다) 수준이 꾸준히 지속되면 결국 인구 성장률은 제로에 이르게 된다. 하지만 이것은 현재 시점에서 불균형하게 많은 가족 부양 연령 집단인 25세 이하의 30억 인구가 계속 이대로 유지된 다음의 이야기이다.

세 자녀를 가질 경우 2100년에는 309억 인구 달성에 공헌하는 셈이며 지속성 목표는 769제곱미터(0.19에이커)가 될 것이다. 하지만 이 시나리오는 대략 어림짐작한 것으로 나날이 가능성이 희박해지고 있다.

우리가 지속성 목표를 성취하려고 한다면 부유층이 덜 가지는 것이 자녀를 한 명 가지는 것만큼이나 중요하다. 여러 가지 다른 가능한 해결책들을 실천함으로써 겪게 되는 불편을 감수하지 않는다면 자녀를 두 명만 낳아도 심각한 문제를 초래한다.

위에 소개한 세 명 자녀의 시나리오를 자세히 살펴볼 때, 우리가 다른 생물들을 위한 충분한 야생 공간을 확보하려면 한 가구 한 자녀의 모델을 따르는 것이 가장 적절하다는 결론이 나온다. 100년 계획에 따라 당신이 가족 규모와 발자국을 줄임으로써 다른 종들에게 풍족한 혜택을 돌려주는 일이 실현되려면 100년이 소요된다. 그러나 좀더 빠른 시일 내에 눈에 보이는 결과를 얻고자 한다면 인구가 줄어들기 시작할 때까지 지속성 목표를 계속해서 높게 조정하면 된다. 이런 방법으로 당신은 장기적이면서 동시에 단기적인 지속성 목표를 세우게 되는 셈이다.

100년 계획은 패자가 존재하지 않는, 모두에게 이득이 되는 시나리오이다. 인류가 100년 동안 자녀를 한 명씩만 낳는다면 2만 4,282제곱미터의 발자국 목표는 특별히 영웅적인 희생을 치르지 않아도 달성 가능하다. 현재 최고의 특권을 누리고 있는 선진국들이 나서서 발자국을 줄임으로써 선의를 가지고 있다는 표시를 먼저 할 필요가 있다. 이곳에서 지속적이고 괄목할 만한 발자국 축소가 이루어진 후에야 빈곤 국가에게 인구를 줄이라고 요구할 자격이 생긴다.

일년에 520달러로 연명하는 저소득 국가의 35억 명의 인구는 선진국의 소비가 낮아지고, 또 소비 패턴이 좀더 생태 지역적으로 변화될 때 혜택을 받을 수 있을 것이다. 수출품을 만들기 위해 소비되는 이들 나라의 대지는 지역의 독립을 위한 공간에 할당될 것이다. 또한 그들은 가족의 규모를 좀더 줄임으로써 현재 대부분 수출 작물을 재배하는 데 쓰이는 광활한 대지를 각 지역의 필요를 충족시키는 데 더 잘 활용할 수 있게 된다. 전세계적으로 인구가 줄어들면 위급한 사안들도 그 압박의 강도가 덜해진다. 지속 가능한 공동체를 위한 환경은 지나치게 확장된 지금의 환경보다 더 살기 좋은 공간이 될 것이다.

12장
지속 가능한 미래를 향하여

그렇다면 적게 소비해야 하는 부유층들에게는 어떤 혜택이 돌아가는 걸까? 답은 간단하다. 철저하게 단순한 삶은 이 부유층들이 가장 중요하게 생각하는 노후의 삶을 위한 자연을 풍족하게 남겨둘 것이다. 영화 제작자인 존 드그라프John DeGraff는 애플루엔자(부유한affluent과 유행성 열병influenza의 합성어—역자), 즉 '부자병'이라는 단어를 만들어냈다. 사람들이 만족감을 느끼지 못하는 것은 지나치게 많이 소유한 반면에 정작 만족감을 주는 요소는 결핍된 데서 오는 마음의 질병임을 뜻하는 단어이다. 발자국을 1만 2,141제곱미터(3에이커) 이하로 줄임으로써 돈을 더 벌어야 할 필요가 없어지면서 남은 일생 동안 엄청난 시간을 벌 수 있다. 조 도밍게즈가 언젠가 내게 "의식은 인플레이션보다 더 빠르게 자란다."고 말한 적이 있다. 처음 그 말을 들었을 때도 그 말에 전적으로 동감을 했지만, 10년이 지나고 철저하게 단순한 삶을 통해 나 자신이 개인적으로 받는 혜택이 점차 증가하자 그의 말은 한층 더 내 가슴에 와닿았다.

모든 생명체가 동등한 대접을 받아야 한다는 인식이 깊어질수록 혜택을 받는 이는 많아진다. 우리는 서로 긴밀하게 연결된 세계에 살고 있다. 그러므로 협동하는 마음, 전체의 복지를 걱정하는 마음이 우리가 꿈꾸는 세계의 모습, 곧 지속 가능하고 평화로운 지구의 삶을 이룰 수 있도록 이끌어줄 것이다.

로원과 나는 크웨이 강 입구로 노를 저었다. 우리가 탄 카누 밑으로 연어 떼가 지나갔다. 어두운 에메랄드 빛 물속에서 수많은 연어들이 강 상류로 올라가 알을 낳을 차례를 기다리고 있었다. 우리는 살집이 넉넉한 곰 한 마리가 강가 풀밭 속에서 뒤뚱거리며 연어들을 배불리 잡아먹는 광경을 지켜보면서 조용히 노를 저어갔다. 로원이 손으로 가리키는 데를 보자 기우뚱한 히말라야 삼목 꼭대기에 독수리 한 마리가 앉아 있었다. 고개를 쳐들고 보니 다섯 마리가 더 보였는데, 그 중에 두 마리는 어린 새끼였다. 큰 놈 하나가 앉아 있던 자리에서 아래로 휙 날았다. 그러고는 몇 번인가 푸드덕거리며 날갯짓을 하더니 태고의 천연림이 하늘을 찌를 듯한 숲을 통과해 강 상류를 향해 미끄러지듯 날아가는 게 보였다.

자욱한 안개 속에서 연어 살 썩는 냄새가 풍겨왔다. 알을 낳고 죽은 연어는 그렇게 빨리 자연의 일부로 돌아가고 있었다. 강기슭에서 멀리 떨어져 담수와 해수가 섞여 흐르는 곳으로 가니 수염이 난 수달들이 호기심을 보이며 우리를 쳐다보다가 다시 물속으로 쏙 들어가버렸다. 모래사장에는 수십 마리의 갈매기들이 물고기의 살점을 뜯으며 울어대고 있었다. 마치 자연의 풍성한 혜택에 감사하듯 말이다. 몸집이 큰 연어 한 마리가 수면 위로 더올랐는데, 거의 죽은 상태나 마찬가지였다. 꼬리 부분의 살점이 한 움큼 떨어져나간 그놈은 몸이 썩어가면서도 헤엄을 치고 있었다.

아까 본 곰이 기슭을 향해 노를 젓는 우리를 발견하고는 나무들 속으로 천천히 들어가버렸다. 한참 후에 우리는 카누를 기슭에다 대놓고 나무들이 빽빽하게 늘어선 상쾌하고 컴컴한 숲으로 들어갔다. 이끼들 위로 난 발자국을 따라가 보니 강 하구 여기저기 곰의 낚시 구멍이 흩어져 있었다. 우리가 본 곰은 한 마리뿐이었지만, 발자국이 꽤 많이 나 있는 것으로 보아 아마 여섯 마리 정도가 동면에 들어가려고 몸을 살찌우느라 이곳에서 푸짐하게 배를 채웠을 것으로 생각되었다. 모래사장 가까운 물가 근처에서는 수십 다리의 연어 떼가 알을 낳으려고 들끓으며 이동하는 중이었는데, 우리는 그곳에서 강 상류로 쭉 이어지는 이리의 흔적을 발견했다. 숲에는 썩어가는 연어 찌꺼기들이 널려 있었다. 학자 톰 레임첸Tom Reimchen은 연어의 산란기 45일 동안에 곰 한 마리가 연어를 700마리까지 잡을 수 있는데 곰들은 먹다 남은 연어 토막을 숲에다 버려둔다고 했다. 쓰레기 배출량이 많은 식사 습관을 갖고 있는 듯 보이지만, 사실 곰은 브리티시 컬럼비아 해안가에 있는 우림 숲에다 4,047제곱미터(1에이커)당 48킬로그램의 질소 퇴비를 주는 셈이다. 썩어가는 나뭇잎 찌꺼기에 들어 있는 소량의 양분이 수중 생물의 먹이가 되어 숲속에 있는 수천 개의 작은 냇물들을 계속해서 흐르게 한다. 대지를 기름지게 만드는 영양분을 함유한 연어는 알을 낳고 바로 죽는 습성을 가지고 있는데, 곰이나 이리, 독수리, 갈매기 떼들이 이 물고기를 이곳저곳으로 퍼뜨리고 또 먹고 배설을 함으로써 숲의 영양 순환이 완성되는 것이다.

태고의 천연림으로 뒤덮인 외딴 브리티시 컬럼비아의 물줄기를 따라 로원과 나는 자연의 풍요로움을 한껏 즐기면서 몇 주 동안이나 노를 젓고 다녔다. 자유로움이 넘치는 야생의 공간, 로원이나 나나 여태껏 구경해보지 못한 풍요로움이었다.

2주 전 한밤중에 나룻배에 자전거를 싣고 이곳에 도착한 우리가 덤불 속에서 야영 준비를 하던 중 원주민 부부에게 초대를 받았다. 우리보다 손위인 헬렌과 사이먼 부부는 브리티시 컬럼비아의 중부 해안 지역에 자리잡았던 원주민의 후손이었는데, 그들이 사는 지역은 물길로만 접근할 수 있는 곳이었다. 어느 날 아침 헬렌은 주전자에 찻물을 끓이면서 우리더러 원하는 동안 묵어도 좋다고 말했다. 그녀는 우리에게 아무 물건도 살 필요가 없다고 덧붙였다. 그리고는 말린 넙치와 연어, 덜스(북대서양의 양쪽 해안을 따라 자라는 홍조류—편집자), 생선 기름 등을 내놓았다. 또 헬렌은 우리에게 화려한 축제이자 선물을 나누는 행사인 포틀래치(북서 태평양 연안 아메리카 인디언의 축제. 축하할 일이나 기념할 일이 있을 때 초대한 손님들에게 선물을 주어 주최자의 지위나 지도력을 과시한다—역자)에 관한 이야기를 해주기도 했다. 이들은 곰들처럼 풍성한 자연의 한계를 이해하는 원주민 종족으로, 자연을 즐겨 이용하되 연간 생산량에 훨씬 밑도는 수준을 유지했다. 1만 년의 세월이 지나도 그들의 영토는 여전히 넉넉한 수확을 내놓을 것이고 기름진 자연은 분명 그대로 보존될 것이다.

철저하게 단순한 삶을 살아가면서 이와 같은 종류의 넉넉함을 누리지 못할 이유가 없다. 우리가 와이즈에이커 도전을 받아들인다고 해도 그것은 마찬가지다. 다음 100년 동안 발자국을 줄여가는 우리의 노력에 대한 보답으로 우리 가까이에 존재하는 야생 생태계는 넘치는 생산력을 회복하여 우리를 자극하고 놀라게 할 것이기 때문이다. 그렇게 되면 우리는 원시 상태로 보존된 야생지를 찾기 위해 지구 땅 끝까지 여행해야 하는 수고를 하지 않아도 될 것이다.

이 책을 마무리하면서 이 평범치 않은 여행에 동참해주신 독자 여러분께 감사드린다. 우리는 부분적이긴 하지만 전에는 접하지 못했던 어려운 영역들을 함께 살펴보았다. 어렵고 불가능해 보이는 일인 자연 안에서 공평하고 조화롭게 사는 삶의 방식, 즉 전체를 위한 삶을 이루기 위한 출발을 했고, 앞으로 나아가는 과정에서 우리 삶에서 소중하다고 여겼던 몇 가지 '성스러운 소'의 자리를 다른 많은 긍정적인 대안들로 대체했을 것이다. 우리는 지속성 목표에 다가갈 수 있도록 우리를 도울 수 있는 효과적이고 실용적인 몇 가지 도구들을 함께 살펴보았다. 그 도구들은 허황된 장담이 아닌 구체적이고 실질적인 결과를 낼 수 있는 것들이었다. 그리고 사랑스러운 자연의 한계를 넘지 않는 삶을 위해 내일이라도 당장 시작할 수 있는 대담하고 실현 가능한 사회 차원의 계획까지도 고려해보았다. 도구를 사용한다면 불가능을 가능하게 만들 수 있다. 지속성 목표 달성이 바로 눈앞에 있다.

- 인구가 10억 명이 될 때까지 한 가구당 한 자녀 갖기.
- 개인의 생태 발자국은 1만 2,141제곱미터(3에이커)를 넘지 않기.

이 두 가지 해결 방법에 익숙해질수록 우리는 스스로가 환경을 변화시키고 있음을 실감할 수 있을 것이다. 친구나 가족과 함께 당신의 지속성 목표에 대해 이야기를 나눌 때 이 새로운 아이디어들을 우리가 사는 문화권 속으로 끌어들일 수 있을 것이며, 그제야 우리는 진정한 의미에서 지속 가능한 삶을 향해 노력하게 되는 것이다. 지구의 지속 가능성에 관한 정보를 주변 사람들에게 알리는 일은 아직 시작 단계이지만 점점 그 영역이 넓어지고 있다.

지구의 미래를 걱정하는 당신은 혼자가 아니다. 패배감을 느끼거나 쓸데없는 일을 하고 있다는 생각이 들면 숨을 깊이 들이쉬고 당신이 사랑하는 자연 속 공간을 거닐어보라. 이처럼 아름다운 자연 공간이 축구 경기장 열여덟 개만큼 더 생긴다고 상상해보라. 그런 후라면 더 이상 자신의 욕구를 채우는 데만 집착하려 들지는 않을 것이다. 당신은 해낼 수 있다. 미국인의 평균 발자국 9만 7,128제곱미터(24에이커)를 1만 2,141제곱미터(3에이커)로 줄이는 일은 진정으로 가치 있고 보람 있는 일이다.

부록 A

발자국 인자

FOOTPRINT FACTORS

표 A-1 • 당월 식품 발자국 인자

품목	단위	미국 1인당 평균 사용량	발자국 인자	에너지 발자국 인자	대지/바다 공간 발자국 인자	단위	발자국 인자	에너지 발자국 인자	대지/바다 공간 발자국 인자
			미국 표준				미터법		
			ff = eff + lff				ff = eff + lff		
채소, 감자&과일류	1b	48.7	33	18	15	kg	63	35	28
빵류, 제과점 제품	1b	7.8	128	47	81	kg	235	86	149
밀가루, 쌀, 국수, 씨리얼	1b	7.8	118	37	81	kg	218	69	149
옥수수	1b	1.1	85	37	48	kg	158	69	89
콩류&건조콩류	1b	0.7	252	19	233	kg	464	35	429
우유, 요구르트, 크림류	qt	9.1	118	39	79	ℓ	105	35	70
아이스크림, 냉동유제품	qt	1.2	475	78	397	kg	420	69	351
치즈, 버터	1b	2.7	503	122	381	kg	926	225	701
계란(개수)	#	20	28	5	23	#	23	4	19
돼지고기	1b	3.8	458	187	271	kg	844	345	499
닭고기, 칠면조고기	1b	5.4	335	150	185	kg	616	276	340
쇠고기	1b	1.2	1180	242	935	kg	2171	449	1722
생선	1b	5.4	2798	281	2517	kg	5154	518	4635
설탕	1b	5.5	61	28	33	kg	113	52	61
식물성 기름	qt	1.2	1093	94	999	ℓ	966	83	883
마가린	1b	2.5	655	56	599	ℓ	1208	104	1104
커피 & 차	1b	0.8	512	122	390	kg	943	225	718
쥬스 & 와인	qt	3	175	98	77	ℓ	153	86	67
맥주	qt	7.3	138	98	40	ℓ	121	86	35
밭크기(식품 재배에 사용되는)	yd²		1(poor) 2(avg) 3(good)			m²	1(poor) 2(avg) 3(good)		
외식(육식)	$		83	33	50	$	73	28	45
외식(채식)	$		55	33	22	$	48	28	20

품목	미국 표준					미터법			
	단위	미국 1인당 평균 사용량	발자국 인자	에너지 발자국 인자	대지/ 바다 공간 발자국 인자	단위	발자국 인자	에너지 발자국 인자	대지/ 바다 공간 발자국 인자
			ff = eff + lff				ff = eff + lff		
주택&아파트									
주택 나이 : 40	ft²	582	12.2	2.2	10	m²	109	19	90
: 60	ft²		8	1.4	6.6	m²	73	13	60
: 80	ft²		6.1	1.1	5	m²	54	10	44
: 100	ft²		4.8	0.8	4	m²	43	8	35
: 120	ft²		4	0.7	3.3	m²	36	6	30
건물을 포함한 전체	yd²	647	2		2	m²	2		2
호텔, 모텔	$	15	136	90	46	$	115	76	39
전기									
그리드	kWh	323	31	31		kWh	27	27	
화석, 원자력 연료	kWh		35	35		kWh	30	30	
수력전기 大	kWh		2		2	kWh	2		2
수력전기 小	kWh		0.02		0.02	kWh	0.01		0.01
태양광 발전력	kWh		0.3		0.3	kWh	0.3		0.3
도시 천연가스	therms	17.6	232	232		m³	76	76	
프로판가스	gal	1.2	208	208		ℓ	46	46	
중유 · 등유	gal	2.4	389	389		ℓ	87	87	
석탄	lb		35	35		ℓ	64	64	
상 · 하수도, 쓰레기 처리 서비스	$	9	157	152	5	$	133	129	4
짚	lb	240	46	7	39	kg	85	13	72
장작	lb		37		37	kg	69		69

표 A-3 · 당월 교통 발자국 인자

품목	단위	미국 1인당 평균 사용량	발자국 인자	에너지 발자국 인자	대지/ 바다 공간 발자국 인자	단위	발자국 인자	에너지 발자국 인자	대지/ 바다 공간 발자국 인자
			미국 표준				**미터법**		
			ff = eff + lff				ff = eff + lff		
버스, 시내	mi	7	17	17		km	9	9	
버스, 도시 간	mi	38	4	4		km	2	2	
열차, 시내	mi	7	11	11		km	6	6	
열차, 도시 간	mi	2	17	11	6	km	9	6	3
택시/렌트카/타인의 차 (어린이와 운전자를 제외한 동승자의 수를 나눈 거리)	mi		40	37	3	km	21	19	2
가솔린(어린이를 제외한 동승자의 수로 나눈 양)	gal	37	500	440	60	ℓ	113	97	16
수리 부품	lb		663	653	10	kg	1220	1202	18
비행기	hrs					hrs			
이코노미석		0.4	5216	5216			4361	4361	
비즈니스석		0.4	6040	6040			5050	5050	
1등석		0.4	6864	6864			5739	5739	

표 A-4 • 당월 재화와 서비스 발자국 인자

품목	단위	미국 1인당 평균 사용량	발자국 인자	에너지 발자국 인자	다지/바다 공간 발자국 인자	단위	발자국 인자	에너지 발자국 인자	대지/바다 공간 발자국 인자
		미국 표준				미터법			
			ff = eff + lff				ff = eff + lff		
우편 서비스									
국제 우편	lb	0.2	300	291	9	kg	552	535	17
국내 우편	lb	4	60	58	2	kg	110	107	3
드라이클리닝, 세탁 서비스	$		79	77	2	$	66	64	2
전화비	$	27	13	13		$	11	11	
의료보험, 서비스	$	47	53	51	2	$	44	43	1
주택소유 보험	$	27	110	22	38	$	92	18	74
오락	$	24	79	77	2	$	66	64	2
교육	$	20	40	38	2	$	33	32	1
의약품	lb	2	1325	1305	20	kg	2440	2404	36
위생, 클리닝 제품	lb	2	266	261	5	kg	488	481	7
담배류	lb	0.4	1246	816	430	kg	2295	1503	792

표 A-5 • 당월 고정 자산 발자국 인자

품목	단위	미국 1인당 평균 사용량	발자국 인자	에너지 발자국 인자	대지/ 바다 공간 발자국 인자	단위	발자국 인자	에너지 발자국 인자	대지/ 바다 공간 발자국 인자
			ff = eff + lff				ff = eff + lff		
구조물, 목재	lb		254	7	247	kg	467	12	455
목재 가구	lb		483	32	451	kg	890	60	830
플라스틱&철제가구류	lb		397	391	6	kg	732	721	11
주요 가전제품	lb		994	980	14	kg	1830	1803	27
소형 가전제품	lb		663	653	10	kg	1220	1202	18
옷&직물(중고일 경우 무게의 1/3로 칠 것)									
면	lb	1.3	1342	131	1211	kg	2474	240	2234
모직	lb	0.1	1886	130	1756	kg	3472	240	3234
합성 섬유	lb	0.5	133	130	3	kg	244	240	4
내구지(서적, 잡지, 파일, 재생 불능지, 화장지, 페이퍼 타올 등)	lb	3	569	228	341	kg	1049	421	628
금속 제품&연장	lb	8	397	391	6	kg	732	721	11
가죽	lb	0.5	2119	130	1989	kg	3904	240	3664
플라스틱 제품&사진	lb	10	331	327	4	kg	610	601	9
컴퓨터&전자 장비	lb		1325	1305	20	kg	2440	2404	36
유리&도자기 제품	lb	3	99	98	1	kg	183	180	3

위 표에서 상단 헤더는 "미국 표준"(단위, 미국 1인당 평균 사용량, 발자국 인자, 에너지 발자국 인자, 대지/바다 공간 발자국 인자)과 "미터법"(단위, 발자국 인자, 에너지 발자국 인자, 대지/바다 공간 발자국 인자)으로 구분된다.

품목	미국 표준					미터법			
	단위	미국 1인당 평균 사용량	발자국 인자	에너지 발자국 인자	대지/바다 공간 발자국 인자	단위	발자국 인자	에너지 발자국 인자	대지/바다 공간 발자국 인자
			ff = eff + lff				ff = eff + lff		
썩는 모든 쓰레기가 퇴비로 쓰인다는 전제로									
재생 가능한 집쓰레기									
종이, 판지류	lb	21	194	124	70	kg	359	231	128
알루미늄	lb	1	83	81	2	kg	153	150	3
기타 금속 제품	lb	2	335	330	5	kg	622	613	9
유리	lb	5	69	68	1	kg	128	126	2
플라스틱	lb	5	98	97	1	kg	183	180	3
버린 쓰레기	lb		481	271	210	kg	897	505	392

변환표	
1헥타르(ha)	10,000제곱미터(m^2)
	107,639제곱피트(ft^2)
1에이커(ac)	0.4헥타르(ha)
	4,840제곱야드(yd^2)
	4,047제곱미터(m^2)
	1,224평
1마일(mi)	1.6킬로미터(km)
	1,609미터(m)
	1,760야드(yd)
1야드(yd)	3피트(ft)
	0.9미터(m)
1제곱야드(yd^2)	9제곱피트(ft^2)
	0.8제곱미터(m^2)
1제곱미터(m^2)	0.7제곱피트(ft^2)
1세제곱미터(m^3)	35.3세제곱피트(ft^3)
1파운드(1b)	0.45킬로그램(kg)
1갤런(gal)	3.785리터(ℓ)
1리터(ℓ)	1쿼트(qt)
1톤(t)	2,000파운드(lb)
	0.9미터톤(M/T)

발자국 측정 연습용 작업지

FOOTPRINTING WORKSHEETS

표 B-1 • 당월 식품 발자국

품목	당월 사용량	단위		(미국 표준) 발자국 인자	(미터법) 발자국 인자	발자국
		미국 표준	미터법			
품목	양 × ff = 발자국					
채소, 감자&과일류		lb	kg	33	63	
빵류, 제과점 제품		lb	kg	128	235	
밀가루, 쌀, 국수, 씨리얼		lb	kg	118	218	
옥수수		lb	kg	85	158	
콩류&건조콩류		lb	kg	252	464	
우유, 요구르트, 크림류		qt	ℓ	118	105	
아이스크림, 냉동유제품		qt	ℓ	475	420	
치즈, 버터		lb	kg	503	926	
계란(개수)		#	#	28	23	
돼지고기		lb	kg	458	844	
닭고기, 칠면조고기		lb	kg	335	616	
쇠고기		lb	kg	1180	2171	
생선		lb	kg	2798	5154	
설탕		lb	kg	61	113	
식물성 기름		qt	ℓ	1093	966	
마가린		lb	kg	655	1208	
커피 & 차		lb	kg	512	943	
쥬스 & 와인		qt	ℓ	175	153	
맥주		qt	ℓ	138	121	
밭크기(식품 재배에 사용되는)		yd²	m²	1(poor) 2(avg) 3(good)	1(poor) 2(avg) 3(good)	
외식(육식)		$	$	83	73	
외식(채식)		$	$	55	48	
소계						

품목	당월 사용량	단위 미국 표준	단위 미터법	(미국 표준) 발자국 인자	(미터법) 발자국 인자	발자국
		양 × ff = 발자국				
주택&아파트						
주택 나이 : 40		ft²	m²	12.2	109	
: 60		ft²	m²	8	73	
: 80		ft²	m²	6.1	54	
: 100		ft²	m²	4.8	43	
: 120		ft²	m²	4	36	
건물을 포함한 전체		yd²	m²	2	2	
호텔, 모텔		$	$	136	115	
전기						
그리드		kWh	kWh	31	27	
화석, 원자력 연료		kWh	kWh	35	30	
수력전기 大		kWh	kWh	2	2	
수력전기 小		kWh	kWh	0.02	0.01	
태양광 발전력		kWh	kWh	0.3	0.3	
도시 천연가스		therms	m³	232	76	
프로판가스		gal	ℓ	208	46	
중유 · 등유		gal	ℓ	389	87	
석탄		lb	ℓ	35	64	
상 · 하수도, 쓰레기 처리 서비스		$	$	157	133	
짚		lb	kg	46	85	
장작		lb	kg	37	69	
소계						

표 B-3 · 당월 교통 발자국

품목	당월 사용량	단위		(미국 표준) 발자국 인자	(미터법) 발자국 인자	발자국
		미국 표준	미터법			
품목	양 × ff = 발자국					
버스, 시내		mi	km	17	9	
버스, 도시 간		mi	km	4	2	
열차, 시내		mi	km	11	6	
열차, 도시 간		mi	km	17	9	
택시/렌트카/타인의 차 (어린이와 운전자를 제외한 동승자의 수를 나눈 거리)		mi	km	40	21	
가솔린(어린이를 제외한 동승자의 수로 나눈 양)		gal	ℓ	500	113	
수리 부품		lb	kg	663	1220	
비행기						
이코노미석		hrs	hrs	5216	4361	
비즈니스석		hrs	hrs	6040	5050	
1등석		hrs	hrs	6864	5739	
소계						

표 B-4 · 당월 재화와 서비스 발자국

품목	당월 사용량	단위		(미국 표준) 발자국 인자	(미터법) 발자국 인자	발자국
		미국 표준	미터법			
	양 × ff = 발자국					
우편 서비스						
국제우편		lb	kg	300	552	
국내우편		lb	kg	60	110	
드라이클리닝, 세탁 서비스		$	$	79	66	
전화비		$	$	13	11	
의료보험, 서비스		$	$	53	44	
주택소유 보험		$	$	110	92	
오락		$	$	79	66	
교육		$	$	40	33	
의약품		lb	kg	1325	2440	
위생, 클리닝 제품		lb	kg	266	488	
담배류		lb	kg	1246	2295	
소계						

표 B-5 • 당월 고정 자산 발자국

	당월 사용량	단위		(미국 표준) 발자국 인자	(미터법) 발자국 인자	발자국
		미국 표준	미터법			
품목	양 × ff = 발자국					
구조물, 목재		lb	kg	254	467	
목재 가구		lb	kg	483	890	
플라스틱&철제가구류		lb	kg	397	732	
주요 가전제품		lb	kg	994	1830	
소형 가전제품		lb	kg	663	1220	
옷&직물(중고일 경우 무게의 1/3로 칠 것)						
면		lb	kg	1342	2474	
모직		lb	kg	1886	3474	
합성섬유		lb	kg	133	244	
내구지(서적, 잡지, 파일, 재생 불능지, 화장지, 페이퍼 타올 등)		lb	kg	569	1049	
금속 제품&연장		lb	kg	397	732	
가죽		lb	kg	2119	3904	
플라스틱 제품&사진		lb	kg	331	610	
컴퓨터&전자 장비		lb	kg	1325	2440	
유리&도자기 제품		lb	kg	99	183	
소계						

표 B-6 • 당월 쓰레기 발자국

품목	당월 사용량	단위		(미국 표준) 발자국 인자	(미터법) 발자국 인자	발자국
		미국 표준	미터법			
품목	양 × ff = 발자국					
썩는 모든 쓰레기가 퇴비로 쓰인다는 전제로						
재생 가능한 집쓰레기						
종이, 판지류		lb	kg	194	359	
알루미늄		lb	kg	83	153	
기타 금속 제품		lb	kg	335	622	
유리		lb	kg	69	128	
플라스틱		lb	kg	98	183	
버린 쓰레기		lb	kg	481	897	
소계						

표 B-7 • 연습용 작업지 1 ― 당월 유동 품목

이름 : _________________________ From : _______________ To : _______________

(날짜) (날짜)

품목	세부사항	1인당 사용량	비용	수입

표 B-8 • 연습용 작업지 2 — 당월 고정 자산

이름 : _________________________ From : _____________ To : _____________
　　　　　　　　　　　　　　　　　　　　　(날짜)　　　　　　　　　　(날짜)

품목	세부사항	무게	사용자 수	수명 (개월수)	당월 무게	가격	불필요한지의 여부

표 B-9 • 당월 총계

이름 : ________________________ From : ______________ To : ______________
(날짜)   (날짜)

카테고리	발자국		소비한 돈	수입
1. 식품				
2. 주택				
3. 교통				
4. 재화와 서비스				
5. 고정 자산				
6. 쓰레기				
합계				

표 B-10 · 발자국 일람표

단위
50
20
45
18
40
16
35
14
30
12
25
10
20
8
15
6
10
4
5
2
1월 2월 3월 4월 5월 6월 7월 8월 9월 10월 11월 12월
5
2
당신의 월별 발자국만큼 색칠하시오.

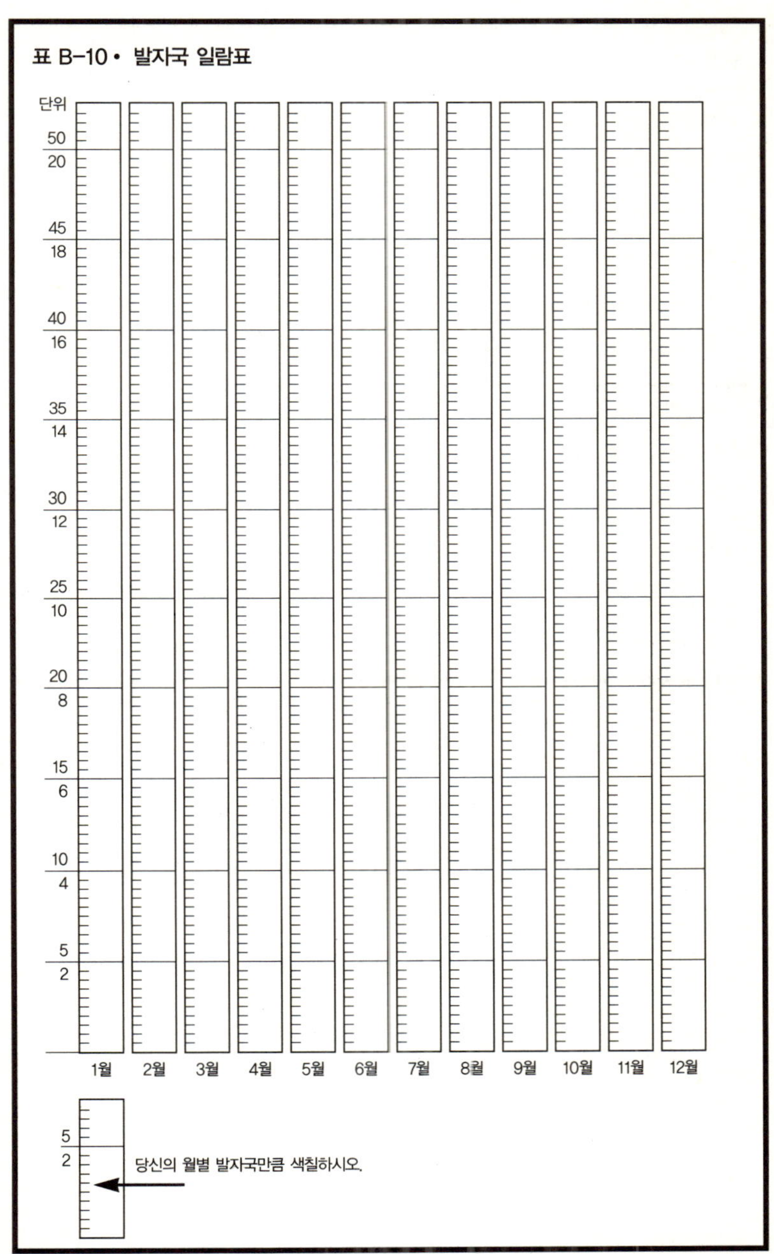

표 B-11 • 거대 티켓 품목 & 다 익은 과일 품목

거대 티켓 품목	다 익은 과일 품목
1. _______________	1. _______________
2. _______________	2. _______________
3. _______________	3. _______________
4. _______________	4. _______________
5. _______________	5. _______________
거대 티켓 품목	다 익은 과일 품목
1. _______________	1. _______________
2. _______________	2. _______________
3. _______________	3. _______________
4. _______________	4. _______________
5. _______________	5. _______________

《YMOYL》연습용 작업지

〈*Y M O Y L*〉 W O R K S H E E T S

표 C-1 • 당월 식품 — 돈, 생활 에너지 & 가치

품목	실제 시간당 임금 : 달러				
	당월 소비한 돈(달러)	소비한 생활 에너지(시간)	만족도 (+, −, 0)	일치도 (+, −, 0)	재정독립 이후(+, −, 0)
채소, 감자&과일류					
빵류, 제과점 제품					
밀가루, 쌀, 국수, 씨리얼					
옥수수					
콩류&건조콩류					
우유, 요구르트, 크림류					
아이스크림, 냉동유제품					
치즈, 버터					
계란(개수)					
돼지고기					
닭고기, 칠면조고기					
쇠고기					
생선					
설탕					
식물성 기름					
마가린					
커피 & 차					
쥬스 & 와인					
맥주					
밭크기(식품 재배에 사용되는)					
외식(육식)					
외식(채식)					
소계					

표 C-2 • 당월 주택 — 실제 시간당 임금 VS 만족도

품목	실제 시간당 임금 : 달러				
	당월 소비한 돈(달러)	소비한 생활 에너지(시간)	만족도 (+, −, 0)	일치도 (+, −, 0)	재정독립 이후(+, −, 0)
주택&아파트					
주택 나이 : 40					
: 60					
: 80					
: 100					
: 120					
건물을 포함한 전체					
호텔, 모텔					
전기					
그리드					
화석, 원자력 연료					
수력전기 大					
수력전기 小					
태양광 발전력					
도시 천연가스					
프로판가스					
중유 · 등유					
석탄					
상 · 하수도, 쓰레기 처리서비스					
짚					
장작					
소계					

표 C-3 · 당월 교통 — 실제 시간당 임금 VS 만족도

품목	실제 시간당 임금 : 달러				
	당월 소비한 돈(달러)	소비한 생활 에너지(시간)	만족도 (+, −, 0)	일치도 (+, −, 0)	재정독립 이후 (+, −, 0)
버스, 시내					
버스, 도시 간					
열차, 시내					
열차, 도시 간					
택시/렌트카/타인의 차 (어린이와 운전자를 제외한 동승자의 수를 나눈 거리)					
가솔린(어린이를 제외한 동승자의 수로 나눈 양)					
수리 부품					
비행기					
이코노미석					
비즈니스석					
1등석					
소계					

표 C-4 • 당월 재화와 서비스 — 실제 시간당 임금 VS 만족도

품목	실제 시간당 임금 : 달러				
	당월 소비한 돈(달러)	소비한 생활 에너지(시간)	단족도 (+, −, 0)	일치도 (+, −, 0)	재정독립 이후 (+, −, 0)
우편 서비스					
국제 우편					
국내 우편					
드라이클리닝, 세탁 서비스					
전화비					
의료보험, 서비스					
주택소유 보험					
오락					
교육					
의약품					
위생, 클리닝 제품					
담배류					
소계					

표 C-5 • 당월 고정 자산 — 실제 시간당 임금 VS 만족도

품목	실제 시간당 임금 : 달러				
	당월 소비한 돈(달러)	소비한 생활 에너지(시간)	만족도 (+, −, 0)	일치도 (+, −, 0)	재정독립 이후 (+, −, 0)
구조물, 목재					
목재 가구					
플라스틱&철제가구류					
주요 가전제품					
소형 가전제품					
옷&직물(중고일 경우 무게의 1/3로 칠 것)					
면					
모직					
합성섬유					
내구지(서적, 잡지, 파일, 재생 불능지, 화장지, 페이퍼 타올 등)					
금속 제품&연장					
가죽					
플라스틱 제품&사진					
컴퓨터&전자 장비					
유리&도자기 제품					
소계					

표 C-6 • 당월 쓰레기 — 실제 시간당 임금 VS 만족도

품목	실제 시간당 임금 : 달러				
	당월 소비한 돈(달러)	소비한 생활 에너지(시간)	관족도 (+, −, 0)	일치도 (+, −, 0)	재정독립 이후 (+, −, 0)
재생 가능한 집쓰레기					
종이, 판자류					
알루미늄					
기타 금속제품					
유리					
플라스틱					
버린 쓰레기					
소계					

소득	$ __________________
유동 자산	$ __________________
고정 자산 +	$ __________________
소계 =	$ __________________
부채 −	$ __________________
총가치 =	$ __________________

표 C-8 · 시간당 임금 VS 실제 시간당 임금

시간당 임금 — 주급을 단위로 세금 공제한 임금을 일한 시간으로 나눈다.

기본 임금 (세금 공제 후)	달러 / 주 $ _______	÷	시간 / 주 _______ hrs.	=	달러 / 시간 (시간당 임금)

실제 시간당 임금 — 주급 단위로 세금 공제한 임금에서 기타 업무 관련 비용과 업무와 관련한 소득 없는 활동을 하는 시간을 고려해 실제로 받게 되는 임금

업무 관련 비용과 소득 없는 활동	달러 / 주	시간 / 주
통근		
소모량	$	hrs
가스 & 석유 연료	$	hrs
대중교통	$	hrs
주차 & 통행료	$	hrs
걷기 혹은 자전거	$	hrs
의복		
옷	$	hrs
화장	$	hrs
서류 가방과 기타 업무용품	$	hrs
신발	$	hrs
면도	$	hrs
육아		
교육 프로그램	$	hrs
가정교사	$	hrs
육아 도우미(베이비시터)	$	hrs
운전	$	hrs
식사		
커피, 자동판매기 음료	$	hrs
점심	$	hrs

오락	$	hrs
기분전환용 간식	$	hrs
인스턴트 식품	$	hrs
업무 준비		
휴식	$	hrs
기분전환	$	hrs
스케줄 정리	$	hrs
업무 방침	$	hrs
생산적인 시간 외의 시간	$	hrs
대체 오락		
영화, 케이블 TV	$	hrs
술집	$	hrs
주말 휴식	$	hrs
휴가, 갑비싼		
_________ 휴가지	$	hrs
운동, 스포츠 장비	$	hrs
보트, 여름 별장	$	hrs
컨트리 클럽 회비	$	hrs
업무 관련 질병		
감기, 독감, 피부 트러블, 스트레스	$	hrs
등 결림	$	hrs
위험물질, 안과 질환	$	hrs
입원	$	hrs
기타 업무 관련 비용		
회의	$	hrs
무역 잡지	$	hrs
전문 자격증	$	hrs
조합비	$	hrs
자택 컴퓨터	$	hrs

도우미 고용		
집청소	$	hrs
잔디 정돈	$	hrs
자동차 수리	$	hrs
세탁, 다림질, 드라이크리닝	$	hrs
기타 :		
직장 생활 유지에 드는 시간과 비용 총계	$	hrs

A단계 ─ 미지급되는 비용과 시간의 합계를 내어 표에 적는다.

B단계 ─ 주급에서 미지급되는 비용(달러) 총계를 뺀 다음 그 값을 아래 박스 (A)칸에 적는다.

C단계 ─ 매주 미지급되는 업무 관련 시간을 업무시간에 더한 다음 (B)칸에 적는다.

D단계 ─ (A)를 (B)로 나눈 값이 실제 시간당 은금

달러 / 주 $ ______ (A)	÷	시간 / 주 ______ hrs. (B)	=	실제 시간 임금 (RHW) $ ______

한 시간 실제 임금 (   ) 달러와 내 생활 에너지를 교환하였음.
실제 시간당 임금을 표시 C.1~C.6까지의 맨 위에 기록한다.

1달러를 벌기 위해 몇 분을 투자했는지 알아보려면 60분을 실제 시간당 임금으로 나눈다.

60 ÷ 실제 시간당 임금 = 1달러를 벌기 위해 일한 _____ 분

와이즈에이커 연습용 작업지

WISEACRE WORKSHEETS

품목	단위	총발자국 4,047㎡ (1ac) 식품 발자국 1,619㎡(0.4ac)	총발자국 12,141㎡ (3ac) 식품 발자국 4,856㎡(1.2ac)	총발자국24,282㎡ (6ac) 식품 발자국 6,475(1.6ac)
		한 달 사용량	한 달 사용량	한 달 사용량
채소, 감자&과일 (슈퍼에서 산것)	kg	4.5	11.3	13.5
식품 재배용 밭				
토질 : 상	㎡		88	68
중	㎡	205		
하	㎡			
빵류, 제과점 식품류	kg		1.4	1.8
곡물, 밀가루, 국수, 씨리얼 제품	kg	2.3	6.8	9
콩류&건조콩류	kg	0.9	1.8	2.3
우유, 요구르트, 크림류	ℓ			1
아이스크림, 기타 냉동 유제품	ℓ			0.25
치즈, 버터	ℓ			0.2
50g짜리 달걀	개	8	13	12
설탕	lb	0.2	0.4	0.9
식품성 기름	qt	0.05	0.5	0.5
마가린	lb	0.05	0.4	0.4
커피&차	lb	0.09	0.4	0.4
쥬스&와인	qt			1
맥주	qt			1
외식(채식)	$		13	23
대략적인 한 달 사용량	kg	35	35	40

표 D-2 • 주택 와이즈에이커

품목	단위	총발자국 4,047㎡(1ac) 주택 발자국 1,214(0.3ac)	총발자국 12,141(3ac) 주택 발자국 4,047(1ac)	총발자국 24,282㎡(6ac) 주택 발자국 6,475㎡(1.6ac)
		한달 사용량	한달 사용량	한달 사용량
주택(1인당 거주 공간)				
평균구조물(80년 수명)	㎡			14
짚단	㎡	9.3	14	
전기				
그리드	KWh	3	10	20
프로판 가스	ℓ	3.8	7.6	15.1
상·하수도 쓰레기 처리 서비스	$		1	1.5
난방(택일)				
석유	ℓ	7.6	31.4	49.2
장작	kg	9.5	39	62.6
총발자국	㎡			

품목	단위	총발자국 4,047(1ac) 교통 발자국 405㎡(0.1ac)	총발자국 12,141㎡(3ac) 교통 발자국 1,214(0.3ac)	총발자국 24,282㎡(6ac) 교통 발자국 4,856(1.2ac)
		한달 사용량	한달 사용량	한달 사용량
버스				
시내	km	16	16	
도시 간	km	67	67	139
열차				
시내	km			
도시 간	km			80
택시/렌트카/기타 (운전자와 아동을 제외한 동승자 수로 나눈 거리)	km	10		
자가용	ℓ		8	15
비행기(이코노미)	km			0.8
총발자국				

표 D-4 · 재화와 서비스 와이즈에이커

품목	단위	총발자국 4,047㎡(1ac) 재화와 서비스 발자국 405㎡(0.1ac)	총발자국 12,141㎡(3ac) 재화와 서비스 발자국 1,214㎡(0.3ac)	총발자국 24,282㎡(6ac) 재화와 서비스 발자국 3,238㎡(0.8ac)
		한 달 사용량	한 달 사용량	한 달 사용량
우편 서비스				
국내 우편	kg	0.09	0.18	0.45
전화비	$	2	10	20
의료보험, 의료 서비스	$	4.4	10	30
교육	$		10	30
의약품	lb	0.05	0.09	0.18
위생, 클리닝 제품	lb	0.14	0.23	0.32
총발자국	㎡			

품목	단위	총발자국 4,047(1ac) 고정 자산 발자국 4,052(0.1ac)		총발자국 12,141㎡(3ac) 고정 자산 발자국 607㎡(0.15ac)		총발자국 24,282㎡(6ac) 고정 자산 발자국 2,428㎡(0.6ac)	
		양	수명	양	수명	양	수명
구조물, 목재&가구	kg	54	23	54	23	135	23
주요 가전제품	kg					87	9
소형 가전제품	kg	6	9	6	9	9	9
옷/직물							
면	kg	5	4.5	5	4.5	10	4.5
모직	kg	6	18	6	18	8	18
합성섬유	kg	4.5	9	4.5	9	9	9
내구지 제품류	kg	32	27	32	27	68	27
금속류. 연장류	kg	45	23	45	23	136	23
가죽	kg	0.9	4.5	0.9	4.5	1.8	4.5
플라스틱	kg	4.5	4.5	4.5	4.5	11	4.5
컴퓨터&전자 제품	kg			6	2	26	2
유리&자기 제품	kg	4.5	9	9	9	45	9
총계	kg	162.4		172.9		545.8	

표 D-6 • 쓰레기 와이즈에이커

품목	단위	총발자국 4,047㎡(1ac) 쓰레기 발자국 0㎡(0ac) 한 달 사용량	총발자국 12,141㎡(3ac) 쓰레기 발자국 202㎡(0.05ac) 한 달 사용량	총발자국 24,282㎡(6ac) 쓰레기 발자국 809㎡(0.2ac) 한 달 사용량
종이	kg	0	0.14	0.68
기타금속	kg	0	0.14	0.54
유리	kg	0	0.23	0.45
플라스틱	kg	0	0.23	0.45
음식물 쓰레기	kg			0.09
총계	㎡			

단순하게 살기

첫판 1쇄 펴낸날 2005년 9월 30일

지은이 | 짐 머켈
옮긴이 | 홍대운
펴낸이 | 지평님
기획 · 편집 | 지평님
마케팅 | 김재균
본문 조판 | 성인기획 (02)360~4567
종이 공급 | 화인페이퍼 (02)3275~0526
인쇄 · 제본 | 한영문화사 (031)903~1101

펴낸곳 | 황소자리 출판사
출판등록 | 2003년 7월 4일 제2003-123호
주소 | 서울시 종로구 누상동 10 웰빙하우스 101호 (110-041)
대표전화 | (02)720-7542 팩시밀리 (02)723-5467
E-mail : candide1968@hanmail.net

ⓒ 황소자리, 2005

ISBN 89-91508-08-1 03530